大学物理实验教程

（第二版）

孙宝印　徐亚东　沈桓羽　主编

苏州大学出版社

图书在版编目(CIP)数据

大学物理实验教程 / 孙宝印,徐亚东,沈桓羽主编. 2版. —— 苏州：苏州大学出版社,2025.2. —— ISBN 978-7-5672-5178-6

I. O4-33

中国国家版本馆CIP数据核字第2025TN1437号

书　　名	大学物理实验教程(第二版)
主　　编	孙宝印　徐亚东　沈桓羽
责任编辑	周建兰
出版发行	苏州大学出版社(Soochow University Press)
社　　址	苏州市十梓街1号　邮编：215006
印　　刷	常熟市华顺印刷有限公司
邮购热线	0512-67480030
销售热线	0512-67481020
开　　本	787 mm×1 092 mm　1/16　印张：20　字数：512千
版　　次	2025年2月第1版
印　　次	2025年2月第1次印刷
书　　号	ISBN 978-7-5672-5178-6
定　　价	56.00元

若有印装错误,本社负责调换
苏州大学出版社营销部　电话：0512-67481020
苏州大学出版社网址　http://www.sudapress.com
苏州大学出版社邮箱　sdcbs@suda.edu.cn

前言

大学物理实验是理工科学生必修的一门重要实验课程,也是理工科学生在大学阶段接触到的第一门比较系统的实践类课程.学生通过该课程的学习,不仅可以较为系统地掌握实验的基本理论、技能以及科学研究的方法,而且在培养学生严谨的科学态度、应用知识解决实际问题的能力、综合应用和创新能力等方面具有其他实践类课程不可替代的作用.

本书是按照教育部高等学校大学物理课程教学指导委员会制定的《理工科类大学物理实验课程教学基本要求》(2023版)中的规定,在参考、借鉴许多其他高校大学物理实验教材的基础上,结合我校现有的仪器设备和多年的教学、教研、教改经验及成果编写而成的.本书重视培养学生的物理思维能力和科学探究能力,注重发挥学生的学习自主性.物理实验的基础知识以及书中每个实验都提供相关微课视频,以二维码的形式附在教材中,方便学生在预习过程中结合教材灵活自主地学习.本书对实验数据记录和数据处理采用整页单独排版的形式,注重学生数据处理的规范化训练,提高学生对实验结果进行科学分析和处理的能力.在实验内容的安排和选择上,结合理工科的专业特点,分为力学和热学实验、电磁学实验、光学实验、设计性实验和研究性实验,全书内容丰富,层次分明,可满足不同专业学生的需求.设计性实验给出实验题目、要求和实验条件,由学生自己设计方案并独立完成全过程实验.研究性实验结合了物理在工程技术中的应用,包含了部分科学前沿实验,学生围绕实验课题,以科研方式进行实验,提高了创新能力.

本教材在编写和出版过程中得到了苏州城市学院各部门领导的大力支持,教务处、光学与电子信息学院、国有资产与实验室管理中心为教材出版给予了重要帮助.光学与电子信息学院高雷教授作为本教材的主审,为教材的完善和改版提出了许多建设性意见.邹丽新教授、李成金教授等前辈同仁对教材的立项与编写提供了许多宝贵的建议和意见.本教材得以出版,尤其要感谢苏州大学出版社的领导和同仁的大力支持.

本书由孙宝印、徐亚东、沈桓羽主编,丁云、周坤、曹芳副主编,孙宝印、徐亚东主要负责测量误差与实验数据处理的基本概念、设计性实验、部分研究性实验等内容的编写,沈桓羽、周坤负责力学和热学实验、电磁学实验等内容的编写,丁云、鲍美美负责光学实验等内容的编写,曹芳负责部分研究性实验的编写,其他参编人员有蒋新晨、刘佳欣、王增资、刘媛媛、曹梦、王成琳、卢雪梅等,最后由孙宝印、徐亚东、沈桓羽统编定稿.

由于编者的水平有限和实验室条件的限制,书中难免有一些错误、不当之处,真诚地希望各位同行和使用本教材的教师和学生提出宝贵的意见和建议.

编 者

2025年1月

目录

绪论 ·· 1

第1章 测量误差与实验数据处理的基本概念 ··· 4

1.1 测量与误差 ·· 4
1.1.1 测量 ·· 4
1.1.2 直接测量与间接测量 ·· 4
1.1.3 等精度测量与非等精度测量 ··· 5
1.1.4 测量误差及其分类 ·· 5
1.1.5 测量结果的定性评价 ··· 8
1.1.6 可定系统误差的消除或修正 ·· 8

1.2 随机误差的估算 ·· 10
1.2.1 测量结果的最佳值 ·· 10
1.2.2 随机误差的统计分布规律 ·· 11
1.2.3 随机误差的估算 ··· 12

1.3 仪器误差 ··· 13
1.3.1 仪器误差限 ·· 13
1.3.2 仪器的等价标准偏差 ·· 15

1.4 测量不确定度 ·· 16
1.4.1 不确定度的概念 ··· 16
1.4.2 不确定度的分类 ··· 16
1.4.3 直接测量不确定度的估算 ·· 17
1.4.4 间接测量不确定度的估算 ·· 20

1.5 有效数字及其运算规则 ··· 24
1.5.1 有效数字的概念 ··· 24
1.5.2 有效数字的运算规则 ··· 25
1.5.3 修约法则 ··· 26

1.6 实验数据处理的几种基本方法 ··· 27
1.6.1 列表法 ·· 27
1.6.2 作图法 ·· 27
1.6.3 逐差法 ·· 30
1.6.4 最小二乘法与线性拟合 ·· 31

第 2 章　力学和热学实验 ·· 37

实验 2.1　长度和固体密度的测定 ··· 37
实验 2.2　用三线摆测定物体的转动惯量 ·· 43
实验 2.3　金属线胀系数的测定(光杠杆法) ··· 49
实验 2.4　空气中声速的测定 ··· 55
实验 2.5　验证动量守恒定律 ··· 61
实验 2.6　用倾斜气垫导轨测重力加速度 ·· 67
实验 2.7　金属丝杨氏模量的测定(拉伸法) ··· 73
实验 2.8　液体表面张力系数的测定 ·· 79
实验 2.9　弦振动的研究 ··· 85
实验 2.10　冷却法测量金属的比热容 ··· 91

第 3 章　电磁学实验 ·· 97

实验 3.1　电子元件伏安特性的测量和修正 ·· 97
实验 3.2　模拟法测绘静电场 ··· 103
实验 3.3　示波器的基本操作与波形观察 ·· 109
实验 3.4　示波器的双踪显示与相位差测量 ·· 115
实验 3.5　用单臂电桥测电阻 ··· 121
实验 3.6　电位差计的原理及其应用 ··· 129
实验 3.7　RLC 串联电路谐振特性的研究 ·· 135
实验 3.8　RLC 串联电路的暂态过程 ·· 141
实验 3.9　霍尔效应测磁感应强度 ·· 147
实验 3.10　电介质介电常数的测定 ··· 153

第 4 章　光学实验 ··· 159

实验 4.1　用显微镜测量微小长度 ·· 159
实验 4.2　牛顿环与劈尖干涉 ··· 165
实验 4.3　迈克耳孙干涉仪的使用 ·· 171
实验 4.4　用白光干涉测定薄膜介质的折射率 ··· 177
实验 4.5　分光计的调节与棱镜折射率的测定 ··· 181
实验 4.6　用透射光栅测定光的波长 ··· 189
实验 4.7　薄透镜焦距的测定 ··· 195
实验 4.8　单缝衍射 ··· 201
实验 4.9　液晶的电光效应及其特性研究 ·· 207
实验 4.10　普朗克常量的测定 ·· 213

第 5 章　设计性实验 ··· 219

实验 5.1　用落球法测液体的黏度系数 ·· 219

实验 5.2　空气比热容比的测定 ………………………………………………………… 225
实验 5.3　音叉的受迫振动与共振实验 …………………………………………………… 231
实验 5.4　p-n 结物理特性研究 ……………………………………………………………… 237
实验 5.5　铁磁材料磁化曲线和磁滞回线的测定 ………………………………………… 243
实验 5.6　用超声光栅测定声速 …………………………………………………………… 249
实验 5.7　太阳能电池基本特性的测定 …………………………………………………… 255
实验 5.8　音频信号光纤传输实验 ………………………………………………………… 259
实验 5.9　密立根油滴仪测电子的电荷量 ………………………………………………… 265

第6章　研究性实验 ……………………………………………………………………… 271

实验 6.1　用拉伸法测量橡胶材料的泊松比 ……………………………………………… 271
实验 6.2　劈尖干涉法测量金属的线胀系数 ……………………………………………… 277
实验 6.3　有效媒质理论的验证及研究 …………………………………………………… 281
实验 6.4　基于声光效应的液体温度的测定 ……………………………………………… 287
实验 6.5　光声效应及其应用研究 ………………………………………………………… 293
实验 6.6　光分支流现象及其物理特性研究 ……………………………………………… 299

附　表 ……………………………………………………………………………………… 305

绪 论

一、物理实验课的地位、作用和任务

物理学是一门实验科学,无论是物理概念的建立、物理规律的发现还是物理理论的形成,都必须以物理实验为基础,并受到物理实验的检验.在自然科学其他领域、各高新技术领域的应用也离不开物理实验.在物理学发展和应用的过程中,科学家们总结出了丰富的物理实验方法以及设计、制造出了各种精密巧妙的仪器设备,使物理实验课程有了充实的实验内容和丰富的内涵.

大学物理实验是理工科学生进入大学后接受系统的实验思想和实验技能训练的开端,课程涵盖了力学、热学、电磁学、光学以及近代物理等多个学科方向,包含多样化的实验方法和实验内容,以及许多综合性的基础实验技能训练.它是培养学生实践能力和创新能力、引导学生树立正确的科学观、提高学生科学素养的重要基础.

物理实验课的具体任务如下:

(1) 学生通过对实验现象的观察、分析以及对物理量的测量,能运用物理学原理和物理实验方法研究物理现象和规律,加深对物理知识的理解.

(2) 培养与提高学生的科学实验能力,其中包括:

① 自行阅读实验教材或资料,做好实验前的准备;

② 借助教材或仪器说明书正确使用常用仪器;

③ 运用物理学理论对实验现象进行初步分析和判断;

④ 学会对实验进行误差分析和不确定度评定的基本方法,正确记录和处理实验数据,绘制曲线,解释实验结果,写出合格的实验报告;

⑤ 完成简单的设计性和研究性实验,为以后独立设计实验方案和开展实验研究课题创造条件;

⑥ 提高进行科学实验工作的综合能力,包括动手能力、分析判断能力、独立思考能力.

(3) 提高学生的科学实验素养,培养学生实事求是的科学作风,严肃认真的工作态度,勇于探索和坚韧不拔的钻研精神,以及遵守纪律、爱护公共财物的优良品德.

二、物理实验课的基本程序

(一) 课前预习

课前认真阅读教材中有关内容,观看实验预习视频,在理解本次实验目的、原理的基础上弄清楚实验要观察哪些现象,测量哪些物理量,需要用到什么测量方法和仪器,在此基础上写出预习报告.实验预习报告需要包含有关测量的工作原理、计算式,画出电路图、光路图或示意图,了解所用实验仪器以及其正确使用方法等.

（二）实验操作

实验操作是实验课的重要环节，学生需要准时进入实验室，按下列要求进行实验.

1. 登记签到.在实验签到本上写下姓名、实验桌号等信息.

2. 认真听取教师对本实验的要求、重难点、操作方法以及注意事项的讲解；对照仪器，参照仪器说明和注意事项进一步明确本实验的具体要求.

3. 调节仪器.许多实验仪器使用前需要进行初始调节，像三线摆、油滴仪等实验前的水平调节，电表使用前的调零，等等；电磁学实验接好电路，通电前需要把仪器调节到"安全待测状态"，请教师检查确定无误后方可进行实验；光学实验的仪器调节需要严格按照教师指导细心调节，这决定实验能否顺利进行和测量结果的准确可靠与否.

4. 观测记录.实验中必须仔细观察、积极思考、防止急躁.遇到问题时要冷静分析和处理；仪器发生故障时，要在教师指导下学习排查障碍的方法；在实验中要培养自己独立处理问题的能力.实验数据的记录是计算结果和分析问题的依据，要实事求是地把实验数据记录在实验报告的数据记录表格中，应使用黑色签字笔，不要用铅笔，记录错误也不要涂改，应轻轻画上一道斜线，在旁边写上正确值.

5. 实验完成后要整理仪器.

（三）课后小结

在理解实验原理，充分分析实验现象、结果的基础上写出实验报告.实验报告包括实验方法及步骤、数据处理及实验结果、问题讨论三部分.实验方法及步骤要写出实验的具体方法和步骤，对实验中关键性的调整方法和测量技巧应着重写出；数据处理及实验结果要求写出数据处理的主要过程，进行误差分析和不确定度评定，并给出最后结果，还应包含数据表格以及根据要求所作的一些曲线；问题讨论包括对实验现象的分析、实验中存在的问题、改进实验的建议、回答讨论题等，此部分非常重要.

实验报告是对已做实验的全面总结，是写给别人看以供他人借鉴的.一份合格的实验报告可以让阅读者了解实验人员利用了什么仪器设备，做了什么事情，做到了什么程度，需要注意什么问题，得到了什么结果.它可以让阅读者按照实验报告顺利地重复相关工作.实验报告要求思路清晰，字迹端正，数据记录、图表整洁规范，现象分析合理，结论可靠.实验报告一律用规范的实验报告纸书写.

三、物理实验规则

为保证实验正常进行，培养严肃认真的工作作风和良好的实验习惯，应遵守如下实验规则：

1. 进入实验室前，应接受实验室安全培训，了解实验室各项规章制度，在遇突发情况时应会正确处理.

2. 学生应在课表规定的时间内按时进行实验，不得无故缺席或迟到.实验时间若有变动，要经实验室批准，以便安排补做.

3. 学生在每次开始实验前，要认真做好实验预习，并在预习的基础上写出预习报告.

4. 学生进入实验室后，指导教师将检查预习情况，并提问，将提问反馈结果记入预习成绩，学生经检查合格后方可进行实验.

5. 实验时应配带好相关物品，如实验报告纸、计算器、草稿纸和作图纸等.

6. 学生进入实验室后,应核对自己使用的仪器有无缺少或损坏,若发现问题,应向指导教师提出.需要借用的仪器,实验完毕应及时归还.

7. 实验数据记录后,应将实验数据交指导教师检查,实验合格者予以通过,否则要重测或补测.

8. 每组实验报告(预习、数据、实验方法及步骤三部分,用订书机装订好)于下次实验前,由组长收齐,交至任课教师处.

9. 要保持实验室整洁干净,实验完毕应将仪器恢复原状,放置整齐,并把自己的实验桌清理干净,放好凳子.

10. 仪器如有损坏,请及时报告老师,以便及时维修.

第1章 测量误差与实验数据处理的基本概念

本章介绍的是关于测量误差的基础知识以及对实验数据进行处理的方法,希望读者通过对本章的学习,初步了解测量与误差的基本物理思想,学会误差分析、不确定度的计算及数据处理,领会误差分析的思想对做好物理实验的意义.

1.1 测量与误差

1.1.1 测量

在进行物理实验时,除了要定性地观察物理现象和物理过程,还要定量地测定物理量的大小,以得到所要测量的物理量或验证物理规律.为了进行测量,必须首先选定一些标准单位,比如在国际单位制中选定质量的单位为千克(kg),长度的单位为米(m),时间的单位为秒(s),电流强度的单位为安培(A),等等.所谓**测量**,就是将所要测定的物理量与该物理量的标准单位进行比较,比较得到的倍数即为该物理量的**测量值**.因此,一个物理量的测量值由数值和单位两部分组成,缺一不可.

1.1.2 直接测量与间接测量

一般的测量仪器或仪表上都按单位的一定倍数刻有刻度,这样可以在仪器上直接读出待测量的数值.像这种可以通过仪器直接读出测量值的测量,称为**直接测量**,测得的物理量称为**直接测量量**.例如,用于测量长度的米尺上通常以毫米为单位刻有许多等间隔的刻线,可以直接读出所测量的长度;用于测量电流的电流表在不同的量程下以不同的单位(比如毫安)刻出刻线,可以直接读出所测电流的大小.但对大多数物理量来说,没有可以直接读出测量值的仪表,而只能用间接的办法来进行测量.例如,我们可以用铜制成的圆柱体来测量铜的密度.先用游标卡尺或螺旋测微器测出它的高度 h 和直径 d,利用 $V = \dfrac{\pi d^2 h}{4}$ 计算出铜圆柱体的体积,再用天平称出它的质量 M,则铜的密度 $\rho = \dfrac{M}{V} = \dfrac{4M}{\pi d^2 h}$.像这类利用直接测量量经过运算而得到测量值的测量称为**间接测量**,相应的测量量称为**间接测量量**.

有些物理量当采用不同的测量方法时可以是直接测量量,也可以是间接测量量.例如,利用上述方法测得的圆柱体的体积为间接测量量;而当采用量筒排水法测量圆柱体的体积时,它是直接测量量.

1.1.3 等精度测量与非等精度测量

设在对某一物理量进行多次重复测量的过程中测得一组实验数据$(x_1, x_2, \cdots, x_n)$,这组数据称为测量列.尽管各次测量所得的结果会有所不同,没有理由可以认为某一次测量比另一次测量更精确,但如果每次测量的条件都相同(同一个实验者、同一种实验方法、同一组仪器、同一种实验环境等),则可以认为每次测量的精确程度是相同的,因此将这种测量精确程度相同的测量称为**等精度测量**.而在测量过程中,只要有一个测量条件发生了变化,这时所进行的测量就称为**非等精度测量**.

严格来说,在物理实验过程中要保持所有测量条件完全不变是非常困难的,但当某些条件的变化对测量结果影响不大,以致可以忽略不计时,仍可视这种测量为等精度测量.在本章中,如果没有特别指明,所讨论的测量均为等精度测量.

1.1.4 测量误差及其分类

一、真值与测量误差

物理实验离不开对物理量的测量,由于所选的测量仪器、理论计算公式、实验条件和实验者的操作水平等的限制,测量不可能是无限精确的,测量的结果和被测量的客观真实值之间总是存在一定的差异,也就是说,测量总是存在着误差.测量误差与实验的各个方面都有着密切的关系,误差的大小反映了我们的认知与客观真实之间的接近程度.

任何被测物理量的大小在一定条件下总是存在着一个真实的数值,该数值称为真值,记为 R.由于测量总是存在着误差,测量值 x 与真值不会完全相等.测量值与真值之差称为**测量误差**,也称为**绝对误差**,简称**误差**,用符号 ε_x 表示,即

$$\varepsilon_x = x - R \tag{1.1-1}$$

误差不仅具有大小,而且具有与测量值相同的量纲或单位.

显然,绝对误差越小,表示测量的精确度越高,但仅凭绝对误差的大小还不足以评价一个测量结果的好坏,还需要看被测量本身的大小.比如,当我们测量一个长度约为 100 cm 的物体时,如果测量误差为 1 cm,则误差占测量量本身的 $\frac{1}{100}$.如果被测物体的长度约为 10 cm,而测量误差依然为 1 cm,则误差占测量量本身的 $\frac{1}{10}$.虽然两次测量的误差均为 1 cm,显然第一次测量明显好于第二次测量.因此,为了评价测量结果的可靠程度,还需要引入相对误差的概念.**相对误差**反映的是测量值偏离真值的相对大小,其定义为

$$E_x = \frac{|\varepsilon_x|}{R} \times 100\% \tag{1.1-2}$$

相对误差 E_x 是一个没有量纲的纯数,用百分比表示.

一般来说,真值是个理想的概念,具有不可知性,误差存在于一切科学实验和测量过程的始终,人们在长期的实践和科学研究中归纳出以下几种约定真值:

(1) 理论真值:理论设计值、公理值、理论公式计算值.

(2) 计量约定值:国际计量大会规定的各种基本单位值、基本常数值.

(3) 标准器件值：用准确度高一个等级的仪器校正的测定值.

(4) 算术平均值：指多次测量的平均结果.当测量次数趋于无穷多时,算术平均值趋近于真值.

二、误差的分类

根据误差的性质和产生误差的原因,通常将误差分为三大类,即系统误差、随机误差和过失误差.

（一）系统误差

在保持同一测量条件(实验方法、实验仪器、实验环境和实验者等条件不变)下对同一物理量进行多次测量时,测量误差的大小和符号始终保持恒定或按一定规律变化,这种误差称为**系统误差**.系统误差主要来源于以下几个方面：

1. 仪器误差.这是由于仪器本身的制造缺陷或实验者未按规定条件使用仪器而造成的误差.比如电流表或电压表的零点未校准,在 20 ℃下标定的标准电阻箱在 30 ℃下使用,标准电池在较大的电流下工作,等等.

读者可以做一个简单的实验：将两把塑料直尺或三角尺的零刻度线对准,一般会发现两把尺的最大刻度总是会有一些没有对齐,说明其中一把尺或两把尺的刻线与标准长度之间有差异,这就是仪器误差.当我们用刻线间距大于标准长度的尺去测量物体的长度时,测量值总会偏小；反之,尺的刻线间距小于标准长度时,测量值会偏大.

2. 理论误差(或方法误差).这是由于测量所依据的方法或理论计算公式本身的近似性,或实验条件不能满足理论公式所规定的要求所产生的.物理公式大多是在理想条件下推导出来的,而实验的具体情况往往不能满足这些理想条件.比如在用落球法测量重力加速度时,采用的理论公式 $h=\frac{1}{2}gt^2$ 中忽略了空气阻力的影响,但实验时,空气对下落小球的影响会使小球下落的时间比在真空条件下稍长；电学实验中没有把导线电阻和接触电阻考虑在内；用伏安法测电阻时未考虑电表内阻；等等.这些均属于方法误差.

3. 环境误差.这是由于实验时外界环境(如温度、湿度、电磁场和光照等)发生变化,或不满足测量仪器规定的使用条件时造成的误差.

4. 个人误差.这是由于观测者本身的生理、心理或习惯特点造成的误差.比如,有人读数时习惯用左眼,也有人习惯用右眼.读者可以伸直手臂并伸出一根手指(相当于仪表指针)挡住远处的景物(相当于仪表盘),当分别用左眼和右眼观察时,可以发现被手指挡住的区域是不同的.所以,实验者在读数时可能因为习惯用左眼读数而使测量值偏大,或用右眼读数而使测量值偏小.另外,在用秒表计时时,也会因为每个人的反应快慢不同而使测得的时间略有不同.

有些系统误差是有定值的,如电表的零点未校准,读数就会始终大于或小于待测值.有些是具有积累性的,如用受热膨胀的钢质米尺测量长度时,其示值就会小于实际长度,并且随着待测长度的增加成比例增加.还有一些是周期性变化的,如某机械秒表指针的转轴 O 与表盘中心 O' 不重合, O 在表盘 0.0 s 和 30.0 s 连线的上方.这样,当秒针转过 $\frac{1}{4}$ 圈时,指针的示值小于 15.0 s；指针转过 $\frac{3}{4}$ 圈时,指针的示值大于 45.0 s；而当指针转过半圈或一圈时,指针的示值为 30.0 s 和 60.0 s. 显然, 秒针在不同位置时系统误差的数值不同, 它是按周期性规律变化的, 但对于一定位置, 它的误差是一定值.

系统误差的特点是其确定性, 系统误差总是使测量结果偏向一边, 或者偏大, 或者偏小. 因此, 采用多次测量取平均值的方法并不能消除系统误差. 但如果找到了系统误差产生的原因, 就可以采用一定的方法去消除或减小对测量结果的影响, 或进行修正.

（二）随机误差（偶然误差）

除了系统误差之外, 在一定条件下对某一物理量进行多次重复测量的过程中, 测量值还会出现一些看似毫无规律的起伏变化. 这种变化是由于实验中出现的一些偶然或不确定因素的影响, 如在实验过程中温度、湿度的起伏变化, 电源电压的涨落, 周围人员走动造成的振动, 甚至测量者的情绪波动等而产生的, 使测量值有时偏大, 有时偏小. 这种大小和符号随机变化的误差, 称为**随机误差**或**偶然误差**.

理论和实践都证明, 在同一条件下对同一物理量进行大量测量时, 随机误差的分布服从一定的统计规律. 大多数物理实验中, 随机误差的分布遵守正态分布（高斯分布）, 如图 1.1-1 所示. 图中横坐标表示随机误差 ΔN, 纵坐标表示随机误差出现的概率密度 $f(\Delta N)$. 由图可见, 随机误差具有以下特性:

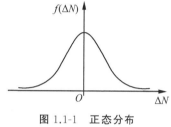

图 1.1-1　正态分布

(1) 单峰性. 绝对值小的随机误差出现的概率大, 绝对值大的随机误差出现的概率小. 随机误差出现的概率密度函数只有一个极大值（峰值）.

(2) 对称性. 绝对值相等的正负误差出现的概率相等.

(3) 有界性. 概率密度随随机误差的绝对值增大而趋于零, 说明在一定的测量条件下, 误差的绝对值不会超过一定的限度.

(4) 抵偿性. 由对称性可知, 随机误差可以通过增加测量次数而减小. 理论上, 当测量次数无限增加时, 随机误差的算术平均值趋于零, 即

$$\lim_{n \to \infty} \frac{1}{n} \sum_{i=1}^{n} \Delta N_i = 0 \tag{1.1-3}$$

随机误差产生的原因很多, 也较为复杂. 它是大量不确定因素对测量结果产生的各种微小影响的综合结果, 并且这些因素的影响无法预知, 也很难控制. 但当测量次数足够多时, 其总体服从一定的统计规律. 因此, 我们无须了解各种引起随机误差因素的具体细节, 用统计的方法即可估算其对测量结果的影响. 关于随机误差的估算方法, 将在 1.2 节中作具体讨论.

（三）过失误差

过失误差也称粗大误差, 这种误差是因为测量者的粗心大意、缺乏经验、疲劳或未按操作规范进行测量等因素而引起的. 例如, 读错数据, 记录错误或计算错误, 等等. 由于过失误差明显歪曲客观事实, 其往往表现为误差数值较大, 当发现某个数据属于过失误差时, 必须将其剔除. 显然, 过失误差不属于测量误差, 它是可以通过实验者认真、仔细操作和计算而避免的.

综上所述, 系统误差的特点是确定性和可知性, 它不可能通过对同一物理量的多次测量来消除, 但可以通过对误差来源的分析和判断以及通过使用更精密的测量仪器来减小或修正. 随机误差的特点是具有随机性和不可避免性, 可以通过对待测物理量的多次测量来抵偿.

过失误差的特点是人为性,只要实验者精力集中,认真仔细,是完全可以避免的.

在任何物理测量中,系统误差和随机误差总是同时存在的,有些实验的误差以系统误差为主,而有些实验的误差以随机误差为主,测量结果总的误差是这两种误差的总和.由于系统误差和随机误差产生的原因不同,性质也不同,所以处理的方法也不同.然而,系统误差和随机误差之间没有绝对的界限,当条件改变时,这两种误差可以相互转化.例如,按照同一测量精度要求制造的同一批电流表,由于制造误差的存在,使不同电流表的误差不同,这时的制造误差属于随机误差,但对其中某一个电流表来说,制造误差属于系统误差.

1.1.5 测量结果的定性评价

测量结果的好坏,通常可以用精密度、准确度和精确度来评价.

一、精密度

精密度用于评价测量结果中随机误差的大小.它是指在规定条件下对被测量进行多次测量时,各次测量结果之间的离散程度.精密度高,则各测量值的离散度小,数据的重复性大,随机误差小,但它不能反映测量结果与真值的偏离程度.

二、准确度

准确度用于评价测量结果中系统误差的大小.它是指在规定条件下对被测量进行多次测量时,各次测量结果与真值的接近程度.准确度高,则各测量值接近真值的程度高,系统误差小,但它不能反映测量的随机误差大小.

三、精确度

精确度用于综合评价测量结果中系统误差与随机误差的大小.它是指测量结果的重复性和接近真值的程度.对于测量来说,精密度高,准确度不一定高;而准确度高,精密度不一定高;只有当精确度高时,精密度和准确度都高.

以打靶为例,来说明这三个概念之间的区别.如图 1.1-2(a)所示,子弹在靶子上的位置比较集中,但都偏离靶心,说明射击的精密度较高,但准确度较低.图 1.1-2(b)中子弹均匀落在靶心的周围,但比较分散,说明射击的准确度较高,而精密度较低.图 1.1-2(c)中子弹都集中在靶心的周围,说明射击的精密度和准确度都较高,即精确度较高.

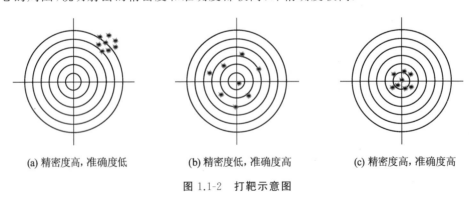

(a) 精密度高,准确度低　　　(b) 精密度低,准确度高　　　(c) 精密度高,准确度高

图 1.1-2　打靶示意图

1.1.6 可定系统误差的消除或修正

可定系统误差(或称可修正系统误差)是指误差的数值和符号可以确定的系统误差.如

仪器的零位误差、实验方法或理论的误差等.只能估计其大小但不能确定其符号的系统误差称为不可定系统误差(或称不可修正系统误差).对某些可定系统误差,可以通过校准或改进实验仪器、改进实验方法或对测量结果进行理论分析等减小、消除或修正,使系统误差对测量结果的影响小于随机误差.下面列举几个消除或修正可定系统误差的方法.

一、仪器零位误差的修正

像指针式电流表、电压表、天平等仪器都有零位调节器,在使用这些仪器前,必须认真检查仪器指针是否指在零位.若发现存在零位误差,则通过零位调节器进行调整.对没有零位调节装置的仪器,如游标卡尺、螺旋测微器(千分尺)等,可以在使用前先将其零位读数记录下来.设零位读数为 x_0,测量值为 x',则修正后的结果为

$$x = x' - x_0 \tag{1.1-4}$$

式中,零位读数 x_0 有时为正,有时为负.由上式可见,当零位读数为正时,测量结果为测量值 x' 减去 x_0;而当零位读数为负时,测量结果为测量值 x' 加上 x_0 的绝对值.

二、理论误差的修正

如前所述,大多数物理公式都是在理想条件下推导出来的,而实验的具体情况往往不能满足这些理想条件.减小或消除此类可修正系统误差的方法是根据实验的实际情况将理论公式中因近似而忽略的那部分作为修正值,对测量结果进行修正.

例如,在用单摆法测量重力加速度 g 的实验中,设摆长为 l,则当忽略摆角 θ 对周期的影响(即令 $\theta \to 0$)时,单摆的摆动可看作简谐运动,其周期 T 的公式为

$$T = 2\pi \sqrt{\frac{l}{g}} \tag{1.1-5}$$

为了测量周期,在实验中摆角 θ 不可能为零.若考虑摆角对周期的影响,理论上周期的公式应为

$$T = 2\pi \sqrt{\frac{l}{g}} \left(1 + \frac{1}{4}\sin^2\frac{\theta}{2} + \frac{9}{64}\sin^4\frac{\theta}{2} + \cdots\right) \tag{1.1-6}$$

若取上式中的二级小量作为修正量,则

$$T = 2\pi \sqrt{\frac{l}{g}} \left(1 + \frac{1}{4}\sin^2\frac{\theta}{2}\right) \tag{1.1-7}$$

由上式,得计算重力加速度的公式为

$$g = \frac{4\pi^2 l}{T^2} \left(1 + \frac{1}{4}\sin^2\frac{\theta}{2}\right)^2 \tag{1.1-8}$$

利用上式对测量结果进行修正,可以部分消除摆角 θ 对测量结果的影响.

三、对低精度等级仪器的仪器误差进行修正

在使用精度等级较低的仪器进行测量之前,可以用精度等级较高的仪器作为标准仪器对它进行校准.在相同的实验条件下,分别用标准仪器和低精度仪器测量同一物理量,在低精度仪器的整个测量范围内,均匀选取各测量点进行比较,得出低精度仪器的读数 x_i 和标准仪器的读数 x_i',并计算差值 $\Delta x_i = x_i - x_i'$.然后作 $\Delta x - x$ 修正曲线或 $x - x'$ 校准曲线,并用折线连接各选取点.当使用低精度仪器得到测量值后,从修正曲线或校准曲线上查出相应的修正量,对结果进行修正.

四、消除造成某项可定系统误差的因素

例如,在测量弹性模量和研究简谐运动等实验中,钢丝或弹簧在自然状态下一般都不是完全伸直的,可以采用加载初始载荷的方法来消除此类"起始"系统误差.

五、利用实验曲线的内插、外推和补偿方法

例如,在用落球法测量液体的黏度系数实验中,装待测液体的圆筒形容器的内壁对测量结果会产生系统误差,这时可采用多管法测定液体的黏度系数.先测出相同的钢球在不同内径的管子中经过相同距离所用的时间,再作出 $\dfrac{d}{D} - t$ 曲线,然后外推到管子内径 D 趋于无限大时的极限时间.

分析、寻找和消除系统误差是一项较为复杂和困难的工作,在工科类大学物理实验中,不对系统误差问题作过多的讨论,只是结合某些具体实验做一些简单的分析和讨论.而关于随机误差的估算,则是本课程的重点,我们将在下面做比较详细的讨论.

1.2 随机误差的估算

由于误差的存在,测量结果的真值无法得到,因此在测量中,最佳值的求解具有重要意义.从一次测量来看,随机误差是随机的,没有确定的规律,也不能预知.但研究表明,当等精度测量的次数足够多时,测量值和随机误差服从一定的统计分布规律.根据随机误差产生的原因不同,随机误差有多种分布形式,正态分布规律是最典型的分布规律.

1.2.1 测量结果的最佳值

由于测量存在误差,所以被测量的真值总是不可能确切知道的,在对某一物理量进行多次测量的过程中,每次测量结果不会完全相同.为了更好地表示测量结果,常用的方法是在测量条件不变的情况下,以多次测量的算术平均值作为测量结果.设对某一物理量进行了 n 次等精度测量,各次的测量值分别为 $x_1, x_2, \cdots, x_n$,称为一个**测量列**,测量列的算术平均值定义为

$$\bar{x} = \frac{1}{n}\sum_{i=1}^{n} x_i = \frac{1}{n}(x_1 + x_2 + \cdots + x_n) \tag{1.2-1}$$

其中,x_i 是第 i 次测量值.即使在完全相同的条件下进行等精度测量,$\bar{x}$ 的值也会随测量次数的增减而变化,说明它是随机变量.由随机误差的统计特性可以证明,测量次数 n 越多,测量列的算术平均值 $\bar{x}$ 就越接近被测量的真值.

设被测量的真值为 R,由误差的定义可知,每次测量值的误差分别为:$\Delta x_1 = x_1 - R$,$\Delta x_2 = x_2 - R, \cdots, \Delta x_n = x_n - R$,则误差的算术平均值为

$$\frac{1}{n}\sum_{i=1}^{n}\Delta x_i = \frac{1}{n}\sum_{i=1}^{n} x_i - R = \bar{x} - R \tag{1.2-2}$$

根据随机误差的对称性和抵偿性,当 $n \to \infty$ 时,$\dfrac{1}{n}\sum_{i=1}^{n}\Delta x_i \to 0$,因此有 $\bar{x} \to R$.尽管在实

际实验中,对一个物理量的测量次数总是有限的,不可能为无限大.这时测量列的算术平均值不是真值,但它是最接近于真值的测量值.因此,在实际测量中,可将测量列的算术平均值视为待测物理量的最佳估计值,称为**近真值**或**最佳值**.

1.2.2 随机误差的统计分布规律

根据随机误差的特点可知,在对同一物理量进行等精度多次测量的过程中,各次的测量值与真值相比,有时偏大,有时偏小.也就是说,随机误差的大小和符号都是不固定的、偶然的.但理论和实验均证明,当测量次数很多时,随机误差的分布服从一定的统计规律.根据实验情况的不同,随机误差的统计分布有正态分布、均匀分布、t 分布等.下面简要介绍随机误差的正态分布(又称高斯分布).图 1.2-1 为随机误差概率密度分布曲线,测量次数越多,随机误差的分布越接近于正态分布,而当测量次数趋于无穷时,随机误差严格服从正态分布.图中横坐标表示随机误差 $\varepsilon = x - R$(R 为真值),纵坐标表示随机误差的概率密度函数 $f(\varepsilon)$.

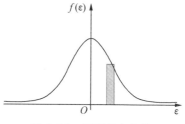

图 1.2-1 正态分布曲线

由概率论和数理统计的知识可得

$$f(\varepsilon) = \frac{1}{\sigma\sqrt{2\pi}} e^{-\frac{\varepsilon^2}{2\sigma^2}} \tag{1.2-3}$$

式中,σ 是一个统计分布的特征参量,称为**标准偏差**.设 ε_i 为第 i 次测量的误差,n 为测量次数,则标准偏差的表达式为

$$\sigma = \sqrt{\frac{\sum_{i=1}^{n} \varepsilon_i^2}{n}} = \sqrt{\frac{\sum_{i=1}^{n} (x_i - R)^2}{n}} \tag{1.2-4}$$

可见,标准偏差 σ 是各次测量误差的平方和取平均后再开方,所以又称为方均根误差.

图 1.2-1 中的阴影部分的面积 $f(\varepsilon)d\varepsilon$ 表示测量值的误差出现在 ε 到 $\varepsilon + d\varepsilon$ 区间内的概率,而测量误差出现在 $(\varepsilon_1, \varepsilon_2)$ 区间内的概率 P 为

$$P = \int_{\varepsilon_1}^{\varepsilon_2} f(\varepsilon) d\varepsilon \tag{1.2-5}$$

显然,测量误差出现在 $(-\infty, +\infty)$ 区间内的概率为

$$P_\infty = \int_{-\infty}^{+\infty} f(\varepsilon) d\varepsilon = 1 \tag{1.2-6}$$

即概率密度函数下的总面积等于 1,上式称为概率密度函数的归一化条件.

正态分布曲线的形状取决于标准偏差 σ 的大小.由式(1.2-3)可见,当 $\varepsilon = 0$ 时,$f(0) = \frac{1}{\sigma\sqrt{2\pi}}$,若 σ 越小,则 $f(0)$ 越大,分布曲线越陡,说明绝对值小的随机误差出现的概率大,测量值的重复性好,测量的精密度高.反之,若 σ 越大,则 $f(0)$ 越小,曲线越平坦,说明测量值的重复性差,测量值的精密度低.可见,标准偏差反映了测量值的离散程度.

由数学推导可得,测量值的误差出现在 $(-\sigma, +\sigma)$ 区间内的概率为

$$P_\sigma = \int_{-\sigma}^{+\sigma} f(\varepsilon) d\varepsilon = \int_{-\sigma}^{+\sigma} \frac{1}{\sigma\sqrt{2\pi}} e^{-\frac{\varepsilon^2}{2\sigma^2}} d\varepsilon = 0.683 \tag{1.2-7}$$

可见，标准偏差 σ 所表示的意义是：任做一次测量，测量值的随机误差出现在 $(-\sigma,+\sigma)$ 区间内的概率为 68.3%，这个概率值称为置信概率或置信水平．

同样可以计算，在等精度多次测量中，任一次测量值的随机误差出现在 $(-2\sigma,+2\sigma)$ 和 $(-3\sigma,+3\sigma)$ 区间内的概率分别为

$$P_{2\sigma}=\int_{-2\sigma}^{+2\sigma}f(\varepsilon)\mathrm{d}\varepsilon=\int_{-2\sigma}^{+2\sigma}\frac{1}{\sigma\sqrt{2\pi}}\mathrm{e}^{-\frac{\varepsilon^2}{2\sigma^2}}\mathrm{d}\varepsilon=0.954 \qquad(1.2\text{-}8)$$

$$P_{3\sigma}=\int_{-3\sigma}^{+3\sigma}f(\varepsilon)\mathrm{d}\varepsilon=\int_{-3\sigma}^{+3\sigma}\frac{1}{\sigma\sqrt{2\pi}}\mathrm{e}^{-\frac{\varepsilon^2}{2\sigma^2}}\mathrm{d}\varepsilon=0.997 \qquad(1.2\text{-}9)$$

测量误差出现在 $(-3\sigma,+3\sigma)$ 区间内的概率为 99.7%，说明绝对值大于 3σ 的随机误差只有 0.3% 的概率，即在 1 000 次测量中，只有 3 次测量值误差的绝对值大于 3σ．在物理实验中，一般测量次数不会超过几十次，可以认为测量值误差的绝对值大于 3σ 的可能性几乎是不存在的．如果发现测量列中某次测量值误差的绝对值大于 3σ，可以认为是由某种非正常因素造成的"坏值"，应该将其剔除．因此，把 3σ 称为极限误差．

1.2.3 随机误差的估算

由于真值无法测得，因而测量值与真值的误差 $\varepsilon_i=x_i-R$ 也是无法计算的，但由式（1.2-2）可知，当测量次数 n 无限多或足够多时，测量列的算术平均值 $\bar{x}$ 趋于真值 R，即 $\bar{x}\rightarrow R$．此时可以用测量列的算术平均值 $\bar{x}$ 代替真值来计算标准偏差 σ_x：

$$\sigma_x=\sqrt{\frac{\sum_{i=1}^{n}\varepsilon_i^2}{n}}=\sqrt{\frac{\sum_{i=1}^{n}(x_i-\bar{x})^2}{n}} \quad (n\rightarrow\infty \text{ 或 } n \text{ 足够大}) \qquad(1.2\text{-}10)$$

然而，在实验中对被测量的测量次数总是有限的，当测量次数 n 有限时，$\bar{x}\neq R$，我们可以根据测量列中各次测量值 x_i 与测量列的算术平均值 $\bar{x}$ 之差——偏差，来估算有限次测量的误差．

一、平均绝对误差

最简便的随机误差估算方法是计算平均误差．在实验中，当对某物理量的测量次数较少时，可采用平均绝对误差．对有限次测量，设 x_i 是各次测量值，$\bar{x}$ 是测量列的算术平均值，则可将某次测量量的偏差定义为

$$\delta_i=x_i-\bar{x} \qquad(1.2\text{-}11)$$

算术平均绝对误差定义为

$$\delta=\frac{|\delta_1|+|\delta_2|+\cdots+|\delta_i|}{n}=\frac{1}{n}\sum_{i=1}^{n}|\delta_i| \qquad(1.2\text{-}12)$$

即以各次测量值绝对偏差的算术平均值作为平均绝对误差．由误差理论可以计算得到，误差出现在 $(-\delta,+\delta)$ 区间内的概率为 57.5%，即对于任一次测量，测量误差处于 $\bar{x}-\delta$ 到 $\bar{x}+\delta$ 之间的可能性为 57.5%．

二、有限次等精度测量的标准偏差

当测量次数 n 足够多时，可以用式（1.2-10）来估算标准偏差．但在实际实验中，我们不可能也没有必要对某一物理量进行非常多次的测量．当测量次数有限时，由误差理论可以证明，测量列中某一次测量结果的标准偏差为

$$S_x = \sqrt{\frac{\sum_{i=1}^{n} \delta_i^2}{n-1}} = \sqrt{\frac{\sum_{i=1}^{n}(x_i - \bar{x})^2}{n-1}} \quad (n \text{ 有限时}) \tag{1.2-13}$$

上式称为贝塞尔公式.通过计算可以发现,当测量次数 $n > 10$ 时,用式(1.2-10)和用式(1.2-13)计算的结果已经非常接近,因此可以认为 S_x 是 σ_x 的最佳估算值,S_x 称为测量列的标准偏差,它表示测量过程中每次测量值的离散程度,S_x 的值越小,则每次测量值就越接近.一般 $5 \leq n \leq 10$ 时,就可以用式(1.2-13)来估算测量值的随机误差.

三、算术平均值的标准偏差

如前所述,对某物理量 x 进行了 n 次等精度测量后,取它们的算术平均值 $\bar{x}$ 作为最佳值,显然 $\bar{x}$ 比任意一个测量值 x_i 更可靠.但 $\bar{x}$ 毕竟不是真值.即使在完全相同的测量条件下进行等精度测量,每次得到的 $\bar{x}$ 并不完全相同.这说明被测量的算术平均值 $\bar{x}$ 仍具有一定的离散性,它也是一个随机变量,并且其大小随测量次数 n 的增减而变化.根据误差理论,算术平均值 $\bar{x}$ 偏离真值的大小,可以用算术平均值的标准偏差 $S_{\bar{x}}$ 表示为

$$S_{\bar{x}} = \frac{S_x}{\sqrt{n}} = \sqrt{\frac{\sum_{i=1}^{n}(x_i - \bar{x})^2}{n(n-1)}} \tag{1.2-14}$$

由上式可见,算术平均值的标准偏差 $S_{\bar{x}}$ 是测量列标准偏差 S_x 的 $\frac{1}{\sqrt{n}}$,且随着测量次数的增加而减小,即通过增加测量次数的方法可以减小随机误差对测量结果的影响.但是,因为 $S_{\bar{x}}$ 是与 n 的平方根成反比,当 n 增大到一定值($n>10$)时,$S_{\bar{x}}$ 的减小就不太明显了.所以在实际测量中,并不是测量次数越多越好.在科学研究中,一般取测量次数 n 为 10~20 次;而在物理实验中,n 取 5~10 次.

1.3 仪器误差

1.3.1 仪器误差限

仪器误差是指实验仪器在生产制造过程中的不完善或缺陷而在实验过程中对测量结果带来的误差.比如,轴承之间的摩擦,游丝不均匀,刻度的分度不均匀,检测标准本身的误差,等等.由于仪器误差的存在,即使在正常使用条件下,测量结果与被测量真值之间也会存在着差异.仪器误差限就是指仪器在正确使用的条件下,测量结果与被测量真值之间可能产生的最大误差,用 $\Delta_{仪}$ 表示.它包含了在规定条件下的可定系统误差、未定系统误差和制造随机误差的总效果.例如,数字仪表是将检测到的被测信号以一定的量化标准通过适当放大(或衰减)后,给出数字显示的.由于放大(或衰减)系数与量化单位之间的不准造成的误差属于可定系统误差;来自测量过程中电子系统的漂移现象而产生的误差属于未定系统误差;而量化过程的尾数截断造成的误差又具有随机误差的性质.

仪器误差限 $\Delta_{仪}$ 可以由仪器的准确度级别和量程通过计算得到.仪器的准确度级别是由

制造厂商和计量机构使用计量标准或准确度级别更高的仪器,通过检测比较后给出的.下面给出几种常用仪器的误差限(各测量类的误差限见附表3).

一、长度测量类

(一) 直尺、钢卷尺的示值误差

量程为 0~300 mm 的钢直尺,$\Delta_仪$ 一般取 0.1 mm;量程为 0~1 m 的钢卷尺,$\Delta_仪$ 一般取 0.8 mm.

(二) 游标卡尺的示值误差

游标卡尺不分精度等级,一般测量范围在 150 mm 以下的游标卡尺,取其分度值为仪器的示值误差,因为确定游标卡尺是哪条线与主尺上某一刻线对齐,最多有左右一条线之差.如测量范围为 0~150 mm,分度值为 0.02 mm 的游标卡尺,其仪器误差限 $\Delta_仪 = 0.02$ mm.

(三) 螺旋测微器(千分尺)的示值误差

螺旋测微器分零级和一级两类,实验室通常使用一级螺旋测微器,其示值误差根据测量范围的不同而不同.如测量范围为 0~50 mm 的螺旋测微器,其示值误差 $\Delta_仪 = 0.004$ mm.

二、电学测量类

根据国家标准,电学仪器按照其准确度大小分为若干等级,其误差限可以通过准确度等级按照有关公式来计算.

(一) 电阻箱的示值误差限

电阻箱的阻值可以通过旋钮进行调节,一般在电阻箱的铭牌上标出了各旋钮电阻值的准确度等级和零位电阻 R_0(各旋钮取 0 时,开关接触点的电阻值).如某旋钮的电阻值为 R_{x_i},该旋钮的准确度等级为 K_i,则其误差为

$$R_{x_i} \times K_i \% \tag{1.3-1}$$

此时电阻箱的仪器示值误差限为

$$\Delta_仪 = \sum_{i=1}^{n} R_{x_i} \times K_i \% + R_0 \tag{1.3-2}$$

式中,n 表示电阻箱上旋钮的个数.

(二) 电磁式电表的示值误差限

根据中华人民共和国国家标准 GB 776—1976《电气测量指示仪表通用技术条例》,规定电表准确度等级 S_n 分为 0.1、0.2、0.5、1.0、1.5、2.5、5.0 七级,在规定条件下使用时,其示值 x 的最大绝对误差为

$$\Delta_仪 = \pm 量程 \times 准确度等级\% \tag{1.3-3}$$

例如,0.5 级电压表的量程为 0~3.0 V 时,有

$$\Delta_仪 = \pm 3.0 \times 0.5\% \text{ V} = \pm 0.015 \text{ V} = \pm 0.02 \text{ V}$$

(三) (箱式)直流电桥的示值误差限

(箱式)直流电桥的示值误差限为

$$\Delta_仪 = K\% \times \left(\frac{R_N}{N} + R_x \right) \tag{1.3-4}$$

式中,K 为电桥的准确度等级;N 为常数,一般取 $N=10$;R_x 为测量值;R_N 为电桥有效量程的最高位幂次方.例如,某一电阻的测量值为 R_x,电桥的量程为 0~999.9 Ω,在其量程内最大的 10 的整数幂为 100,即 10^2,则 $R_N = 100$ Ω;如果测量另一阻值时,电桥的量程为 0~99.99 Ω,则 $R_N = 10$ Ω.

(四) (箱式)电位差计的示值误差限

(箱式)电位差计的示值误差限为

$$\Delta_{\text{仪}} = K\% \times \left(\frac{V_N}{N} + V_x\right) \tag{1.3-5}$$

式中,K 为电位差计的准确度等级;N 为常数,一般取 $N=10$;V_x 为测量值;V_N 为电位差计有效量程的最高位幂次方,其含义与式(1.3-4)中 R_N 相似.

(五) 读数显微镜的仪器误差限

测微鼓轮的最小分度值为 0.01 mm 的读数显微镜的仪器误差限一般为

$$\Delta_{\text{仪}} = \left(0.005 + \frac{L}{15\,000}\right) \text{mm} \tag{1.3-6}$$

式中,L 为被测长度,其单位为 mm.

三、质量测量类

物理实验中用于称衡质量的仪器主要是天平.天平的测量误差主要包括示值变动性误差、分度值误差和砝码误差等.单杠杆天平的精度分为十级,砝码的精度分为五等,一定精度级别的天平要配用等级相当的砝码.一般在较为简单的实验中,通常取天平分度值的一半作为仪器的误差限.

四、时间测量类

秒表是物理实验中最常用的计时仪器,机械式秒表属于不可估读仪器,对于较短时间的计时,通常取其最小分度值作为仪器的误差限.对于石英电子秒表,其仪器的误差限可按下式估计:

$$\Delta_{\text{仪}} = (15.8 \times 10^{-6} t + 0.01) \text{ s} \tag{1.3-7}$$

式中,t 是时间的测量值.

五、温度测量类

物理实验中常用的测温仪器包括水银温度计、热电偶温度计和电阻温度计等,水银温度计的仪器误差限一般取其最小分度值的一半,不同量程下的热电偶温度计和电阻温度计的仪器误差限可查相关的手册.

1.3.2 仪器的等价标准偏差

仪器误差也同样包含系统误差和随机误差两部分,实验中以哪个误差为主,要根据具体情况具体分析.对于级别较高的仪表(如 0.2 级),主要是随机误差;而对于级别较低的仪表,则主要是系统误差.对于实验室常用的 0.5 级仪表,则两种误差的数值相近.

一般仪器误差的概率密度函数遵循均匀分布.在 $(-\Delta_{\text{仪}}, \Delta_{\text{仪}})$ 范围内,各种误差的大小和符号出现的概率相同,误差出现在 $(-\Delta_{\text{仪}}, +\Delta_{\text{仪}})$ 区间外的概率为零.例如,游标卡尺的仪器误差、仪器度盘或其他传动齿轮的回差、机械秒表在其分度内因不能分辨所引起的误差、级别较高的仪器和仪表的误差等都呈现均匀分布.服从均匀分布的误差出现在 $(-\Delta_{\text{仪}}, +\Delta_{\text{仪}})$ 区间内的概率为 100%,即

$$\int_{-\Delta_{\text{仪}}}^{+\Delta_{\text{仪}}} f(\Delta x) \text{d}\Delta x = 1 \tag{1.3-8}$$

所以,误差服从的规律为

$$f(\Delta x) = \frac{1}{2\Delta_{仪}} \tag{1.3-9}$$

仪器的等价标准偏差为

$$\sigma_{仪} = \frac{\Delta_{仪}}{\sqrt{3}} \tag{1.3-10}$$

需要注意的是,仪器误差限给出的是在正常工作条件下误差的极限值,而不是测量的真实误差,其符号也无法确定,因此它属于不确定度的范畴.实际测量时的误差 δ 应当小于仪器误差限,即 $|\delta| \leqslant \Delta_{仪}$.

1.4 测量不确定度

1.4.1 不确定度的概念

前面我们讨论了测量与误差的概念.测量的主要目的有两个:一是通过测量得到待测量的最佳值(近真值);二是要对最佳测量值的可靠性(可信程度)作出评价,以确定测量结果的质量.以前都是用实验误差来评定测量结果的质量的,误差是测量值与真值之差,但由于真值无法得到,因此用误差去评定测量的质量有些不合适.1981 年,国际计量委员会(CIPM)推荐采用不确定度理论作为测量质量的评定标准,并于 1993 年制定了《测量不确定度表达指南 ISO1993(E)》.测量不确定度(又称实验不确定度)是指由于测量误差的存在而对被测量值不能肯定的程度,它用于对被测量的真值在某个量值范围的评定.不确定度越小,说明测量结果越接近于真值,结果的可信度越高;不确定度越大,则测量结果偏离真值越远,可信度越低,测量结果的使用价值也越低.

测量的不确定度与误差的关系是:误差表示测量值与真值之差,其值可能为正,也可能为负.而不确定度是指测量结果的不确定程度,它总是一个不为零的正值.误差与不确定度是从不同角度对测量结果的评价,它们都可以从测量结果导出,都是与测量结果相关的参量.

1.4.2 不确定度的分类

由于误差的种类很多,实验结果的不确定度通常包含若干个分量,根据不确定度理论,可将这些分量分为 A、B 两类标准不确定度.

一、A 类标准不确定度

凡是可通过多次重复测量,并用统计的方法来估算的不确定度,称为 A 类标准不确定度,又称为统计不确定度,用字母 u_A 表示.

由于误差的来源不同,在对某一物理量进行多次测量时,可能有若干个 A 类不确定度 $u_{A_1}, u_{A_2}, \cdots, u_{A_m}$,称为 A 类不确定度分量.如果这 m 个分量之间彼此独立,则对该物理量多次测量总的 A 类不确定度 u_A 为这 m 个分量的方和根,即

$$u_A = \sqrt{u_{A_1}^2 + u_{A_2}^2 + \cdots + u_{A_m}^2} \tag{1.4-1}$$

在普通物理教学实验中,通常只有一个分量 u_{A_1},这个分量就是 A 类不确定度 u_A.

二、B 类标准不确定度

凡是只能用非统计方法估算的不确定度,称为 B 类标准不确定度,又称为非统计不确定度,用字母 u_B 表示.

同样地,由于误差的来源不同,一个测量可能存在多个 B 类不确定度 $u_{B_1}, u_{B_2}, \cdots, u_{B_n}$,称为 B 类不确定度分量.如果这 n 个分量彼此独立,则总的 B 类不确定度 u_B 为

$$u_B = \sqrt{u_{B_1}^2 + u_{B_2}^2 + \cdots + u_{B_n}^2} \tag{1.4-2}$$

如果只有一个分量 u_{B_1},则 B 类不确定度 u_B 就等于 u_{B_1}.

在用不确定度来评价测量结果的质量时,我们采用统计(A 类)不确定度和非统计(B 类)不确定度,而不再将误差分为随机误差和系统误差.但不确定度与误差有着一定的对应关系.随机误差全部可用 A 类不确定度来评定,但用 A 类不确定度评定的不都是随机误差.系统误差也不能都用 B 类不确定度来评定,具有随机性质的系统误差也都可用 A 类不确定度来评定.另外,在用不确定度进行误差评定时,要先将已定系统误差修正,所以在 A、B 两类不确定度中是不包含已定系统误差的.

三、合成不确定度

如果对某一物理量 x 的测量含有 m 个 A 类不确定度分量和 n 个 B 类不确定度分量,并且这些分量相互独立,则测量的合成不确定度 $u_{c,x}$ 为

$$u_{c,x} = \sqrt{\sum_{i=1}^{m} u_{A_i}^2 + \sum_{i=1}^{n} u_{B_i}^2} \tag{1.4-3}$$

如果 $m = n = 1$,则

$$u_{c,x} = \sqrt{u_{A_1}^2 + u_{B_1}^2} \tag{1.4-4}$$

1.4.3 直接测量不确定度的估算

一、A 类标准不确定度的估算

设对某物理量进行了多次(n 次)等精度直接测量,其中某一次测量值为 x_i,测量列的算术平均值为 $\bar{x}$,测量的 A 类不确定度只有一个分量 $u_A = u_1$,则该被测量的 A 类不确定度与用标准偏差计算随机误差的方法完全相同.其中某一测量值 x_i 的不确定度为

$$S_x = \sqrt{\frac{\sum_{i=1}^{n}(x_i - \bar{x})^2}{n-1}} \tag{1.4-5}$$

测量列算术平均值 $\bar{x}$ 的不确定度为

$$u_A = S_{\bar{x}} = \sqrt{\frac{\sum_{i=1}^{n}(x_i - \bar{x})^2}{n(n-1)}} \tag{1.4-6}$$

当测量次数 $n \to \infty$ 时,算术平均值 $\bar{x}$ 将无限接近于被测量的真值 R.这时 u_A 的统计意义为:被测量落在 $(\bar{x} - S_{\bar{x}}, \bar{x} + S_{\bar{x}})$ 区间内的概率为 68.3%;落在 $(\bar{x} - 2S_{\bar{x}}, \bar{x} + 2S_{\bar{x}})$ 区间内的概率为 95.4%;而落在 $(\bar{x} - 3S_{\bar{x}}, \bar{x} + 3S_{\bar{x}})$ 区间内的概率为 99.7%.

测量次数 $n \to \infty$ 时,随机误差的概率密度为正态分布,但这只是一个理想的情况,在普通物理实验中,通常测量次数为 5~10 次($5 \leqslant n \leqslant 10$).当测量次数较少时,概率密度曲线会

变得较平坦,这时随机误差的分布称为 t 分布.此时若仍以算术平均值的标准偏差作为 A 类不确定度,会出现较大的偏差.因此,在有限次测量中,为保持同样的置信概率,需要扩大置信区间.通常是在算术平均偏差前面乘以一个大于 1 的因子 t_p,即在 t 分布下 A 类扩展不确定度 u_A 表示为

$$u_A = t_p S_{\bar{x}} \tag{1.4-7}$$

上式说明,在测量次数较少时,为了使随机误差与正态分布时有相同的置信概率 $P = 68.3\%$,置信区间要扩大到 $(\bar{x} - t_p S_{\bar{x}}, \bar{x} + t_p S_{\bar{x}})$.因子 t_p 与测量次数的关系见表 1.4-1.

表 1.4-1　t_p 与 n 的关系

P	n	t_p	P	n	t_p
0.68	3	1.32	0.95	3	4.30
	4	1.20		4	3.18
	5	1.14		5	2.78
	6	1.11		6	2.57
	7	1.09		7	2.45
	8	1.08		8	2.36
	9	1.07		9	2.31
	10	1.06		10	2.26
	15	1.04		15	2.14
	20	1.03		20	2.09
	∞	1.000		∞	1.960
0.90	3	2.92	0.99	3	9.93
	4	2.35		4	5.84
	5	2.13		5	4.60
	6	2.02		6	4.03
	7	1.94		7	3.71
	8	1.89		8	3.50
	9	1.86		9	3.36
	10	1.83		10	3.25
	15	1.76		15	2.98
	20	1.73		20	2.86
	∞	1.645		∞	2.576

二、B 类标准不确定度的估算

由于 B 类标准不确定度是非统计不确定度,所以不能采用统计方法进行估算.在有些实验中会遇到一些不能进行多次重复测量的物理量,比如在测量金属线胀系数的实验中,被加

热金属棒的温度是连续变化的,不能进行多次测量.有时所用仪器的精度较低,多次测量的结果可能完全相同,没有必要进行多次测量.这时一般采用等价标准偏差 $\sigma_仪$ 的方法估算 B 类不确定度.对于仪器误差限为 $\Delta_仪$ 的仪器,其等价标准偏差可表示为

$$\sigma_仪 = \frac{\Delta_仪}{C}$$

式中,C 为置信系数,它的取值取决于仪器误差限 $\Delta_仪$ 服从的分布规律.对于正态分布,$C=3$,即 $\sigma_仪 = \frac{\Delta_仪}{3}$;对于均匀分布,$C=\sqrt{3}$,即 $\sigma_仪 = \frac{\Delta_仪}{\sqrt{3}}$;对于三角分布,$C=\sqrt{6}$,即 $\sigma_仪 = \frac{\Delta_仪}{\sqrt{6}}$.

为简便起见,在物理实验中,我们不考虑 $\Delta_仪$ 服从的分布规律,都认为它服从均匀分布,即置信系数取 $\sqrt{3}$.这样,B 类不确定度 u_B 可表示为

$$u_B = \sigma_仪 = \frac{\Delta_仪}{\sqrt{3}} \tag{1.4-8}$$

仪器误差限 $\Delta_仪$ 可根据下面的几种情况来确定.

(1) 在仪器上直接标出或用准确度表示误差的仪器,如仪器上标出准确度为 0.05 mm,则 $\Delta_仪 = 0.05$ mm.

(2) 给出仪器准确度级别的仪器,可根据下式计算仪器误差限:

$$\Delta_仪 = 量程 \times 级别\% \tag{1.4-9}$$

比如,某电流表的量程为 0~100 mA,准确度级别为 1 级,则 $\Delta_仪 = 1$ mA.

(3) 对于未标出仪器误差限的仪器,我们做如下规定:对于能对最小分度值的下一位进行估读的仪器,取最小分度值的一半作为仪器的误差限,如米尺、螺旋测微器等;对于不能估读到最小分度值以下的仪器,则取最小分度值作为仪器误差限,如游标卡尺、数字显示的仪表等.

(4) 根据实际情况估计误差限.例如,在用拉伸法测量杨氏模量实验中,用卷尺测量金属丝的长度时,由卷尺的误差限计算的不确定度为 $u_{B_1} = \frac{\Delta_{仪_1}}{\sqrt{3}} = \frac{0.5 \text{ mm}}{\sqrt{3}} \approx 0.3$ mm.但由于测量时卷尺不能准确对准金属丝的两端所引起的误差,可根据实际情况取 $\Delta_{仪_2} = 2$ mm,相应的不确定度 $u_{B_2} = \frac{\Delta_{仪_2}}{\sqrt{3}} = \frac{2 \text{ mm}}{\sqrt{3}} \approx 1.2$ mm.

三、直接测量结果的表示

直接测量量 x 的测量结果应表示为

$$x = \bar{x} \pm u_x \text{(单位)} (P = 0.683) \tag{1.4-10}$$

$$E_x = \frac{u_x}{\bar{x}} \times 100\% \tag{1.4-11}$$

式中,$\bar{x}$ 为测量列的算术平均值.若只对被测量 x 进行了单次测量,则 $\bar{x}$ 直接用测量值表示.u_x 为测量的合成不确定度.式(1.4-10)的含义是:被测量 x 的真值落在 $(\bar{x} - u_x, \bar{x} + u_x)$ 置信区间内的概率为 0.683,或被测量 x 的误差在该置信区间内的概率为 0.683.式(1.4-11)则表示合成不确定度占被测量大小的百分比.显然,E_x 越小,表示测量的精确度越高.

在式(1.4-10)中,不确定度 u_x 一般只取 1~2 位数字,算术平均值 $\bar{x}$ 的最后一位应与不

确定度 u_x 对齐,详细的修约规则见 1.5.3 节.

如果被测物理量 x 有理论值或公认值 x_0,则也可以用百分误差 E_0 来评价测量结果的优劣,即

$$E_0 = \frac{|\bar{x} - x_0|}{x_0} \times 100\% \tag{1.4-12}$$

需要注意的是,百分误差只能表示测量结果的优劣,即与理论值或公认值偏离的相对值,而不能表示测量误差的统计意义.

例1 某一数字多用表,最大允许误差为 $\Delta_仪 = 0.005\% \times $读数$ + 3 \times$最小步进值.用此仪表测高值电阻,共测量 10 次,数据为 999.31 kΩ, 999.41 kΩ, 999.59 kΩ, 999.26 kΩ, 999.54 kΩ, 999.23 kΩ, 999.34 kΩ, 999.28 kΩ, 999.42 kΩ, 999.62 kΩ. 写出测量结果表达式.

解:测量结果

$$\bar{R} = \frac{1}{10} \sum_{i=1}^{10} R_i = 999.40 \text{ kΩ}$$

实验标准偏差为

$$S_R = \sqrt{\frac{\sum_{i=1}^{n}(R_i - \bar{R})^2}{n-1}} = 0.138 \text{ kΩ}$$

平均值的标准偏差为

$$S_{\bar{R}} = \frac{S_R}{\sqrt{n}} = 0.044 \text{ kΩ}$$

由随机效应引入的 A 类不确定度为

$$u_A = S_{\bar{R}} = 0.044 \text{ kΩ}$$

由系统效应引入的 B 类不确定度为

$$u_B = \frac{\Delta_仪}{\sqrt{3}} = \frac{1}{\sqrt{3}}(0.005\% \times 999.40 + 3 \times 0.01) \text{ kΩ} = 0.046 \text{ kΩ}$$

测量结果的标准不确定度为

$$u = \sqrt{u_A^2 + u_B^2} = 0.064 \text{ kΩ} \approx 0.06 \text{ kΩ} \quad (保留 1 位有效数字)$$

测量结果的相对不确定度为

$$E = \frac{u}{\bar{R}} = \frac{0.064}{999.40} = 0.006\ 4\% \approx 0.006\% \quad (保留 1 位有效数字)$$

结果表达式为

$$R = (999.40 \pm 0.06) \text{ kΩ}$$

1.4.4 间接测量不确定度的估算

在物理实验中,大多数物理量是间接测量量,它们不可能从测量仪器上直接读出测量值,而是要先测量一些直接测量量,被测物理量是由这些直接测量量经过公式运算而得到的.由于各直接测量量的测量结果都有自己的不确定度,因此经过运算而得到的间接测量量结果也必然有不确定度.间接测量量的不确定度是根据各直接测量量的不确定度按一定的公式计算得到的,这就是不确定度的传递与合成.

一、间接测量结果的最佳值

设间接测量量 N 与各直接测量量 $x_1, x_2, \cdots, x_n$ 之间有下列函数关系：
$$N = f(x_1, x_2, \cdots, x_n) \tag{1.4-13}$$

在直接测量量中，我们以各直接测量量的算术平均值 $\bar{x}_1, \bar{x}_2, \cdots, \bar{x}_n$ 作为测量结果的最佳值.可以证明，间接测量量 N 的测量最佳值为
$$\bar{N} = f(\bar{x}_1, \bar{x}_2, \cdots, \bar{x}_n) \tag{1.4-14}$$

即间接测量结果的最佳值是将各直接测量量的最佳值（算术平均值）代入函数关系式(1.4-13)而求得的.

二、间接测量不确定度的传递与合成

对式(1.4-14)求全微分，有
$$dN = \frac{\partial f}{\partial x_1} dx_1 + \frac{\partial f}{\partial x_2} dx_2 + \cdots + \frac{\partial f}{\partial x_n} dx_n \tag{1.4-15}$$

或先将式(1.4-14)取对数，得
$$\ln N = \ln f(x_1, x_2, \cdots, x_n)$$

再求全微分，有
$$\frac{dN}{N} = \frac{\partial \ln f}{\partial x_1} dx_1 + \frac{\partial \ln f}{\partial x_2} dx_2 + \cdots + \frac{\partial \ln f}{\partial x_n} dx_n \tag{1.4-16}$$

式(1.4-15)和式(1.4-16)就是不确定度传递的基本公式，式中 $dx_1, dx_2, \cdots, dx_n$ 是自变量的微小增量，dN 是由于自变量的微小变化而引起的函数值的微小增量. $\frac{\partial f}{\partial x_1}, \frac{\partial f}{\partial x_2}, \cdots, \frac{\partial f}{\partial x_n}$ 或 $\frac{\partial \ln f}{\partial x_1}, \frac{\partial \ln f}{\partial x_2}, \cdots, \frac{\partial \ln f}{\partial x_n}$ 称为传递系数.

由于测量的不确定度也都是微小量，所以只要将式(1.4-15)和式(1.4-16)中的增量符号换成不确定度符号，再采用一定的合成方式合成后就可以得到间接测量量的不确定度传递公式.

间接测量不确定度的合成方式有很多种，其中能满足物理测量的最合理合成方式是"方和根"合成.设各直接测量量的合成不确定度分别为 $u_{x_1}, u_{x_2}, \cdots, u_{x_n}$，相对不确定度分别为 $E_{x_1}, E_{x_2}, \cdots, E_{x_n}$，则可以由理论证明，间接测量量 N 的合成不确定度 u_N 为
$$u_N = \sqrt{\left(\frac{\partial f}{\partial x_1}\right)^2 u_{x_1}^2 + \left(\frac{\partial f}{\partial x_2}\right)^2 u_{x_2}^2 + \cdots + \left(\frac{\partial f}{\partial x_n}\right)^2 u_{x_n}^2} \tag{1.4-17}$$

相对不确定度 E_N 为
$$E_N = \sqrt{\left(\frac{\partial \ln f}{\partial x_1}\right)^2 u_{x_1}^2 + \left(\frac{\partial \ln f}{\partial x_2}\right)^2 u_{x_2}^2 + \cdots + \left(\frac{\partial \ln f}{\partial x_n}\right)^2 u_{x_n}^2} \tag{1.4-18}$$

由上面两式可见，间接测量量的合成不确定度和相对不确定度不仅取决于各直接测量量的合成不确定度，还取决于传递系数.

三、常用函数的不确定度传递公式

为了使用方便，将常用函数的不确定度计算公式列入表1.4-2中，在计算不确定度时，能够从表中查到的公式就不必再推导了.

表 1.4-2 常用函数的不确定度传递公式

函数表达式	不确定度传递公式
$N = x + y$	$u_N = \sqrt{u_x^2 + u_y^2}$
$N = x - y$	$u_N = \sqrt{u_x^2 + u_y^2}$
$N = xy$	$E_N = \dfrac{u_N}{N} = \sqrt{\left(\dfrac{u_x}{x}\right)^2 + \left(\dfrac{u_y}{y}\right)^2}$
$N = \dfrac{x}{y}$	$E_N = \dfrac{u_N}{N} = \sqrt{\left(\dfrac{u_x}{x}\right)^2 + \left(\dfrac{u_y}{y}\right)^2}$
$N = \dfrac{x^k y^m}{z^n}$	$E_N = \dfrac{u_N}{N} = \sqrt{k^2\left(\dfrac{u_x}{x}\right)^2 + m^2\left(\dfrac{u_y}{y}\right)^2 + n^2\left(\dfrac{u_z}{z}\right)^2}$
$N = kx$	$u_N = k u_x, \dfrac{u_N}{N} = \dfrac{u_x}{x}$
$N = \sqrt[k]{x}$	$E_N = \dfrac{u_N}{N} = \dfrac{1}{k} \cdot \dfrac{u_x}{x}$
$N = \sin x$	$u_N = |\cos x| u_x$
$N = \ln x$	$\dfrac{u_N}{N} = \dfrac{u_x}{x}$

对表 1.4-2 中各函数，有的给出了不确定度 u_N 的传递公式，有的给出了相对不确定度 E_N 的传递公式. 对于和差运算，先计算不确定度 u_N 较为简单；对于乘除运算，先计算相对不确定度 $E_N = \dfrac{u_N}{N}$ 较为简单. 合成不确定度和相对不确定度只需先计算其中的一个，然后利用它们之间的关系

$$E_N = \frac{u_N}{N} \times 100\%$$

即可计算出另一个.

在间接测量结果的合成不确定度中，有时起主要作用的往往只是少数几个直接测量量，当某个直接测量量的不确定度对间接测量量的合成不确定度贡献很小时，如只占 $\dfrac{1}{10}$ 以下，就可以略去不计. 由于总不确定度来自各直接测量量不确定度的平方相加，所以当某一项不确定度小于总不确定度 $\dfrac{1}{3}$ 以下时，就可以略去不计. 这可大大简化间接测量不确定度的计算.

四、间接测量结果的表示

间接测量量 N 的测量结果应表示为

$$N = \bar{N} \pm u_N \text{（单位）} (P = 0.683) \tag{1.4-19}$$

$$E_N = \frac{u_N}{\bar{N}} \times 100\% \tag{1.4-20}$$

与直接测量结果的表达式(1.4-10)和式(1.4-11)一样,不确定度 u_N 只取 1~2 有效数字,$\bar{N}$ 的末尾数应与不确定度 u_N 对齐,详细的修约法则见 1.5.3 节.

例 2 用游标精度为 0.02 mm 的游标卡尺测量某金属圆柱体的外径 D 和高度 H,所得数据如表 1.4-3 所示,求圆柱体的体积 V 和不确定度 u_V,并写出测量结果的表示式.

表 1.4-3 用游标卡尺测量圆柱体的外径 D 和高度 H

D_i/cm	6.004	6.002	6.006	6.000	6.006	6.000	6.006	6.004	6.000	6.000
H_i/cm	8.096	8.094	9.092	8.096	8.096	8.094	8.094	8.098	8.094	8.096

解:(1) 计算平均值和标准偏差:

外径平均值 $\quad \bar{D} = \dfrac{1}{n}\sum D_i = 6.002\,8 \text{ cm}$

外径平均值的标准偏差 $\quad S_{\bar{D}} = \sqrt{\dfrac{\sum(D_i - \bar{D})^2}{n(n-1)}} = 0.000\,85 \text{ cm}$

高度平均值 $\quad \bar{H} = \dfrac{1}{n}\sum H_i = 8.095\,0 \text{ cm}$

高度平均值的标准偏差 $\quad S_{\bar{H}} = \sqrt{\dfrac{\sum(H_i - \bar{H})^2}{n(n-1)}} = 0.000\,54 \text{ cm}$

(2) 由游标卡尺示值误差限为 0.02 mm,可得 B 类不确定度为

$$u_B = \frac{\Delta_{\text{仪}}}{\sqrt{3}} \approx 0.012 \text{ mm(均匀分布)}$$

(3) 直接测量量的合成不确定度为

$$u_D = \sqrt{S_{\bar{D}}^2 + u_B^2} = \sqrt{(8.5\times10^{-4})^2 + (1.2\times10^{-3})^2} \text{ cm} = 1.5\times10^{-3} \text{ cm}$$

$$u_H = \sqrt{S_{\bar{H}}^2 + u_B^2} = \sqrt{(5.4\times10^{-4})^2 + (1.2\times10^{-3})^2} \text{ cm} = 1.3\times10^{-3} \text{ cm}$$

(4) D 和 H 的表示式为

$$D = 6.002\,8(15) \text{ cm}$$
$$H = 8.095\,0(13) \text{ cm}$$

(5) 圆柱体的体积为

$$\bar{V} = \frac{\pi}{4}\bar{D}^2\bar{H} = \frac{1}{4}\times 3.141\,6 \times (6.002\,8)^2 \times 8.095\,0 \text{ cm}^3 = 229.11 \text{ cm}^3$$

圆柱体体积的测量不确定度为

$$u_V = \bar{V} \cdot \sqrt{2^2\left(\frac{u_D}{D}\right)^2 + \left(\frac{u_H}{H}\right)^2} = 229.11 \times \sqrt{4\times\left(\frac{0.001\,5}{6.002\,8}\right)^2 + \left(\frac{0.001\,3}{8.095\,0}\right)^2} \text{ cm}$$
$$= 0.16 \text{ cm}^3$$

(6) 测量结果的表示式为

$$V = \bar{V} \pm u_V = (229.11 \pm 0.16) \text{ cm}^3$$

$$E_V = \frac{u_V}{\bar{V}} \times 100\% = \frac{0.16}{229.11} \times 100\% = 0.07\%$$

1.5 有效数字及其运算规则

既然对任何一个物理量的测量结果总是存在着一定的误差,那么在记录被测量的数值时,其有效的位数就不能随意选取,而是要根据测量仪器的精度和计算得到的不确定度来决定被测量的有效位数.如果记录或运算结果的位数比应取的位数多一位,相当于错误地将测量的精度提高了一个数量级;反之,如果少取一位,则相当于错误地将测量的精度降低了一个数量级.这两种情况都不能真实合理地评价测量结果.本节将讨论有效数字的概念及有效数字的运算规则.

1.5.1 有效数字的概念

一、有效数字

直接测量量的有效数字由被测量的大小和测量仪器的精确度所决定.由于仪器的指针或被测物体的末端一般不会正好指在某条刻度线上,而是指在相邻的两条刻度线之间,因此最后一位读数只能估读.如图 1.5-1 所示,用最小分度为 1 mm 的米尺测量物体的长度,通常将物体的左端对准米尺的零刻度线,这时物体的右端在 58 mm 和 59 mm 刻度线之间,该物体长度的测量值 $L=58.4$ mm.其中前两位读数 58 是确定的,称为**可靠数字**(或**准确数字**).而最后一位估读的数字 4,会因为不同测量者的估读习惯的差异而不同,我们把这一位数字称为**可疑数字**(或**欠准数字、存疑数字**).从测量仪器上读数时,必须而且只能估读到仪器最小刻度单位的下一位.但有些仪器,如游标卡尺或数字式仪表,是不可能估读到最小刻度的下一位数字的,这时我们将读数的最后一位作为可疑数字.**一个测量结果的全部可靠数字,再加上一位可疑数字,称为该测量结果的有效数字**.

图 1.5-1 米尺

从测量仪器上直接读出的有效数字称为直接有效数字,它可以直观反映仪器的分度值.例如,由上面的长度测量值 58.4 mm,说明所用米尺的最小分度值是 1 mm.经过运算而得到的有效数字称为间接有效数字,它一般不能反映测量仪器的分度值.例如,用分度值为 0.1 s 的机械秒表测量单摆的周期 T,为了减小随机误差,通常先测量单摆连续的若干个(比如 100 个)周期 t,若 $t=100T=142.9$ s,则 $T=1.429$ s,显然这里的 T 已不能反映所用秒表的最小分度值.

二、关于有效数字的几点说明

1. 一个被测量能取多少位有效数字,与测量仪器的精度有关.例如,用钢卷尺测量一个圆柱体的高度为 30.5 mm,有三位有效数字;用游标卡尺测得 30.52 mm,有四位有效数字;若用螺旋测微器测得 30.517 mm,则有五位有效数字.可见,测量同一个被测量时,所用仪器的精度越高,有效数字的位数就越多.

2. 有效数字的位数不能随意增减,且与所采用的单位(或小数点的位置)无关.例如,在十进制单位换算中,长度 $L=304.8$ mm$=30.48$ cm$=0.304\ 8$ m 都是四位有效数字.当采用的单位变小时,不能在实验数据的右边随意加"0".比如上面的数值如果以 μm 为单位时,不能写作 $304\ 800\ \mu$m,因为这样就改变了有效数字的位数.为了保证有效数字的位数不变,通常以科学计数法表示,将上面的数据写为 $3.048\times10^5\ \mu$m.

3. 在测量数据中,出现在第一个非零数字左边的"0"不是有效数字,但在它右边的"0"都是有效数字.例如,数据 $0.060\ 80$ m 中,数字"6"是第一个非零数字,它前面的两个"0"不是有效数字,而数字"6"后面的两个"0"都是有效数字,所以该数据的有效数字有四位.另外,实验数据的数值与数学中的数值有着不同的意义.在数学上 $0.060\ 80$ m$=0.060\ 8$ m,而根据有效数字的意义,$0.060\ 80$ m 的可疑数字是其末位的"0",所以它有四位有效数字;而 $0.060\ 8$ m 的可疑数字是末位的"8",它只有三位有效数字.这两个数值代表的测量精度相差一个数量级,所以实验数据右边的"0"不能随意增减.

4. 在运算公式中出现的常数,如 π、e、$\sqrt{2}$ 等,它们的有效数字可根据运算的需要多取几位,至少比参与运算的数据中有效数字最多的数据多取一位.

1.5.2 有效数字的运算规则

有效数字运算总的原则是:可靠数字与可靠数字运算后仍为可靠数字,可疑数字与任何数字运算后均为可疑数字,在运算过程中的中间数据可以保留一位或两位可疑数字,但最终运算结果的末位应与不确定度的末位对齐.

一、加减运算

统一单位后,几个精度不同的有效数字作加减运算时,它们的和(或差)的可疑位应与参与运算的各个数据中可疑位数量级最高的一位一致,后面的数字四舍五入.例如:
$$1.38\underline{9}+17.\underline{2}-5.3\underline{2}=13.\underline{3} \quad (\text{注:带有下划线的数字为可疑数字})$$
上面参与运算的三个数据中,$17.\underline{2}$ 的可疑位的数量级最高,在十分位(10^{-1})上,所以运算结果的可疑位也在十分位上.

二、乘除运算

几个精度不同的有效数字作乘除运算时,结果的有效数字的位数与参与运算的各个数据中有效数字位数最少的那个相同.例如:
$$\frac{603.\underline{2}\times0.3\underline{2}}{4.00\underline{1}}=4\underline{8}$$
上面参与运算的三个数据中,$0.3\underline{2}$ 的有效数字位数最少,为两位,所以结果的有效数字位数也取两位.

三、乘方与开方

某数的乘方(或开方)的有效数字位数与其底数的有效数字位数相同.例如:
$$(25\underline{6})^2=6.5\underline{5}\times10^4,\quad \sqrt{28.3\underline{6}}=5.32\underline{5}$$

四、函数的运算规则

函数运算应根据结果的不确定度来决定有效数字的位数.设 x 的有效数字位数已确定,

当对 x 作函数运算(常用对数、自然对数、指数运算、三角函数运算等)时,一般可由改变 x 末位一个单位,根据不确定度传递公式计算所引起的不确定度来决定运算结果的有效数字位数.在物理实验中,为简单起见,常用函数运算的有效数字位数可按如下规定处理.

1. 常用对数.

常用对数 $\lg x$ 的值由首数与尾数(小数点后面的数值)组成,首数不算有效数字,尾数的位数与真数 x 的有效数字位数相同.例如:

$$\lg 3.52 = 0.546$$

$$\lg 3.256 + \lg 6.547 = 0.512\ 7 + 0.816\ 0 = 1.328\ 7$$

即运算结果小数点后的有效数字位数与真数的有效数字位数相同.

2. 自然对数.

自然对数 $\ln x$ 的有效数字小数点后的位数与真数 x 的有效数字位数相同.例如:

$$\ln 888 = 6.789$$

3. 指数函数.

对指数函数 10^x,计算结果以科学计数法表示,小数点后保留的位数与 x 值的小数点的位数相同或少一位.例如:

$$10^{3.14} = 1.38 \times 10^3$$

4. 三角函数运算.

三角函数运算的有效数字位数与函数形式和角度的数值有关.当角度的不确定度为 $1'$ 时,运算后的有效数字位数取五位,一般不会引入取位误差.

1.5.3 修约法则

一、有效数字的修约法则

数学中所讲的"四舍五入"修约法则,是指进位时遇到 1、2、3、4 四个数字则"舍",而遇到 5、6、7、8、9 五个数字则"入",即"入"的机会大于"舍".在物理实验中处理进位时,我们遵循如下法则:小于 5 舍,大于 5 入,等于 5 时将末位凑成偶数.

例如:将下列数据修约到千分位,有

$$3.141\ 69 \rightarrow 3.142;\quad (大于 5 入)$$
$$2.718\ 39 \rightarrow 2.718;\quad (小于 5 舍)$$
$$2.345\ 50 \rightarrow 2.346;\quad (等于 5 末位凑成偶数)$$
$$0.376\ 5 \rightarrow 0.376.\quad (等于 5 末位凑成偶数)$$

二、不确定度的修约法则

对于不确定度的修约,有一种说法认为,为了结果可靠,不确定度只进不舍,这种做法并不妥当.不确定度说明结果在该范围内的某种概率,本身就是一个统计概念,以合理为佳.比如,将 0.91 修约为 0.9,相差 1% 左右;而若修约为 1,则相差 10% 左右.

对于测量结果和不确定度,不确定度通常保留 2 位有效数字,要求测量结果与不确定度的末位要对齐,若测量结果需要补零,则不确定度取 1 位.

如果出现测量结果的实际位数不足,无法与其不确定度的末位对齐的情况,应在测量结果后面补"0",实现对齐(出现这种情况,可能是读数或运算过程中随意减少了末位的 0 的个数,应仔细检查).如果计算的不确定度的位数低于测量结果的末位几个数量级,说明测量模型丢失了不确定度的主要贡献项,应修正测量模型.

下面给出报告不确定度的几个示例.

$$\bar{x}=1.245\ 0\ \text{g}, u_c(x)=0.25\ \text{g}; x=1.25(25)\ \text{g}$$
$$\bar{x}=2\ 345.56\ \text{mA}, u_c(x)=17\ \text{mA}; x=(2\ 346\pm17)\ \text{mA}$$
$$\bar{x}=3.200\ 05\ \text{ms}, u_c(x)=13\ 535\ \text{ns}; x=3.200(14)\ \text{ms}$$

当报告合成标准不确定度 $u_c(x)$ 的测量结果时,应提供被测量 X 的充分描述,确保其定义明确.如果适用,应当给出相对标准不确定度 $u_c(x)/\bar{x}$.

当使用扩展不确定度 $U=t_p u_c(x)$ 报告测量结果时,应报告获得 U 时所用的 t_p 值、说明与区间 $x=\bar{x}\pm U$ 有关的近似置信水平.标准不确定度 $u_c(x)$ 或扩展不确定度 U 不应给出过多位数的数字,通常这些值最多保留 2 位有效数字.

1.6 实验数据处理的几种基本方法

1.6.1 列表法

在实验过程中,我们会得到许多测量数据,记录这些数据最简单明确的方法是设计一份清晰合理的表格,把实验测得的数据一一对应地排列在表格中,称为列表法.它能使实验数据一目了然,有助于找出相关物理量之间的对应关系,同时还为进一步用其他方法处理数据创造了条件.

列表没有固定的格式,可根据实验的具体情况和实验者的个人习惯进行设计.设计数据表格时一般应遵循以下原则:

(1) 表格上方要写出表格序号和名称,说明是关于何种测量的表格.

(2) 表格中的各栏目(横或纵)要标明物理量的符号,并在符号后面或下方注明单位和数量级,不能将单位重复记录在各数据栏内.

(3) 表格所列数据要正确反映测量数据的有效数字,以正确反映所用仪器的准确度.

(4) 各栏目排列的顺序要与测量顺序或计算顺序相对应,数据书写必须整齐清楚,不能随意涂改.

例如,测量某铜丝的电阻随温度的变化关系,如表 1.6-1 所示.

表 1.6-1 铜丝的电阻与温度的变化关系

温度 $t/℃$	10.0	20.0	30.0	40.0	50.0	60.0	70.0	80.0
铜丝的电阻 R/Ω	10.4	10.9	11.2	11.6	12.0	12.5	12.9	13.4

1.6.2 作图法

在处理实验数据时,把测量得到的一系列相关数据在坐标纸上用曲线(或直线)表示出来的方法,称为作图法.作图法具有简单、直观的特点,除了能形象地表示出相关物理量之间的关系和变化规律之外,对于变量间解析表达式尚未明了的实验结果,还可以从所画图线中去寻找相应的经验公式.利用作图法可以求直线的斜率、截距,曲线的切线、渐近线、极值等,还可以采用内插和外推的方法得到某些无法用实验得到的物理量的数值.

一、作图步骤及规则

作图的基本步骤包括坐标纸的选择、坐标的分度和标记、实验数据点的标出以及曲线的描绘.能作出一幅实用、标准的图是一项基本的实验技能,它既要准确表达物理量之间的函数关系,又要反映测量的精确程度,因此必须按照一定的要求作图.

1. 选择图纸.作图一定要根据具体实验的要求使用合适的坐标纸.通常有直角坐标纸、对数坐标纸、极坐标纸等.

2. 坐标轴的分度和标记.一般应以自变量为横坐标,因变量为纵坐标,并标明各坐标轴代表的物理量名称(或符号)及其单位.确定坐标轴单位长度对应的物理量值时应根据测量值的有效数字和对结果的要求,原则上坐标轴的最小分度应该对应于数据中可靠数字的最后一位,误差位在坐标轴上的最小分度之间,使测量值中的可靠数字在图上看也是可靠数字,可疑数字在图上看也是估读的数字,不能因作图而引入额外的误差.

两个坐标轴的比例不一定取为相同,坐标原点也不一定从零开始,可以用小于最小测量数据的某一整数作为坐标轴的起点,而用大于最大测量值的某一整数作为坐标轴的终点,这样做的好处是使图线充满整张坐标纸,既美观,又能减小作图产生的误差.

3. 描点.根据实验数据在图纸上描点时,可以用"+""×""△""▽""⊙"等符号标明数据在图上的位置.当在同一图纸上描绘多条曲线时,不同曲线上的数据点要用不同的符号表示,以避免连线时发生错误.

4. 连线.连线时应使用直尺或曲线板把各数据点连成直线或光滑的曲线,图线不一定通过所有的数据点,但要使所有数据点尽量靠近并均匀分布于直线(或曲线)的两侧.除校正曲线外,一般不能将图线画成折线.对于个别严重偏离图线的点,在连线时可将其剔除.

5. 加注解和说明.在图的明显位置写出图名,在图的边缘处注明作图人的姓名、作图日期和必要的文字说明等.

二、作图法的应用

(一) 根据图线建立经验公式

由作图法所得到的实验曲线能直观地显示出相关物理量之间的变化规律,从而建立经验公式.如果实验曲线为一条直线,则经验公式为直线方程,即

$$y = ax + b \tag{1.6-1}$$

为了保证计算直线的斜率时不会减少结果的有效数字位数,在直线上尽量选择相距较远处的任意两点 $A(x_1, y_1)$ 和 $B(x_2, y_2)$,并用与实验数据点不同的符号标记,且在标记旁注明相应的坐标值.将 A、B 两点的坐标代入直线方程(1.6-1),可求得直线的斜率为

$$a = \frac{y_2 - y_1}{x_2 - x_1} \tag{1.6-2}$$

截距为

$$b = \frac{x_2 y_1 - x_1 y_2}{x_2 - x_1} \tag{1.6-3}$$

例 3 用伏安法测电阻的数据如表 1.6-2 所示,试用作图法求 R_x 的值.

表 1.6-2 用伏安法测电阻

测量次数	1	2	3	4	5	6	7
电压 U/V	0.00	1.00	2.22	3.71	5.00	5.80	7.55
电流 $I/(\times 10^{-3}$ A)	0.00	0.51	1.20	1.81	2.51	3.22	3.81

解：(1) 选取比例．用一张毫米分格的直角坐标纸，根据原始数据的有效数字位数及图线的对称性，考虑所作图线大致占据的范围和应取的比例大小．根据所给数据，若取 U 为 $1:1$，I 取 $2:1$，则 U 需要 9 cm，I 需要 8 cm，这样图线比较均匀，又不损失有效数字位数．

(2) 确定纵横坐标的坐标名称，以整数进行标度，注明单位，然后将实验点逐点标在图纸上，如图 1.6-1 所示．

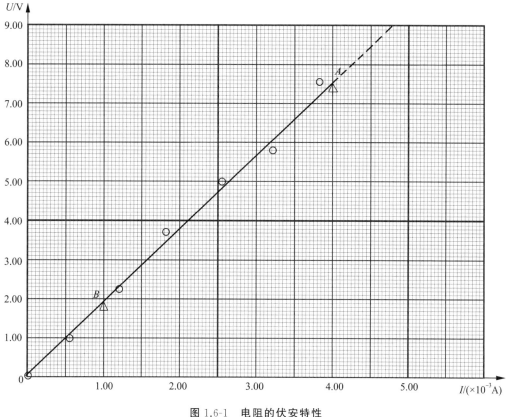

图 1.6-1 电阻的伏安特性

(3) 根据数据点画出函数曲线，本例为直线，应使实验数据点均匀地分布在直线两侧．

(4) 用两点求斜率的方法求出 R_x．

在直线上选取便于读数的 A、B 两点，并标出其坐标，特别需要注意这两点需要保持合适的间距，以便使 $U_A - U_B$ 和 $I_A - I_B$ 都能保持原来的有效数字位数，从而使计算出来的 R_x 保持应有的有效数字位数．

$$R_x = \frac{U_A - U_B}{I_A - I_B} = \frac{7.60 - 2.00}{(4.00 - 1.00) \times 10^{-3}} \ \Omega = 1.87 \times 10^3 \ \Omega$$

(5) 标出图线名称：本例可以标为"电阻的伏安特性"．

(二) 内插和外推

利用所画的实验图线,还可以读出测量范围内没有进行观测的点的数据,称为内插法. 如从图 1.6-1 中可以读电压为 2.00 V 时电流值为 1.00×10^{-3} A. 此外,还可以从图线向外延伸至测量范围以外的部分,称为外推法. 如把图 1.6-1 中的实验图线外推至电压为 8 V 以外的范围(见图 1.6-1 中的虚线部分),读得电压为 8.50 V 时,电流大小为 4.50×10^{-3} A. 但必须注意的是,使用外推法时,必须假定在测量范围内的物理规律在外延范围内也是成立的.

(三) 函数关系的线性化和曲线改直

在物理实验中,许多物理量之间的关系比较复杂,并不成线性关系. 但由于直线最容易绘制,有时可以通过变量的变换,将曲线的函数关系变为线性函数关系,称为"曲线改直". 举例如下:

(1) 函数 $y=a+b\dfrac{1}{x}$,其中 a、b 均为常数. 令变量 $u=\dfrac{1}{x}$,得 $y=a+bu$,则自变量 u 与函数 y 呈线性关系,其斜率为 b,截距为 a.

(2) 函数 $y=ax^b$,其中 a、b 均为常数. 对原式两边取对数,得 $\lg y=\lg a+b\lg x$,若以 $\lg x$ 为自变量,$\lg y$ 为因变量,则得到斜率为 b、截距为 $\lg a$ 的直线方程.

(3) 函数 $y^2=2px$,其中 p 为常数. 将原式改写为 $y=\pm\sqrt{2px}$,则自变量 $\sqrt{x}$ 与函数 y 呈线性关系,直线的斜率为 $\pm\sqrt{2p}$.

(4) 函数 $y=ae^{bx}$,其中 a、b 为常数. 对原式取自然对数,得 $\ln y=\ln a+bx$,则自变量 x 与因变量 $\ln y$ 呈线性关系,直线的斜率为 b,截距为 $\ln a$.

1.6.3 逐差法

逐差法是物理实验中常用的数据处理方法之一. 使用逐差法的条件是:① 自变量必须等间隔变化;② 因变量与自变量之间为多项式函数关系,在物理实验中则大多为线性关系.

逐差法就是把实验测得的数据进行逐项相减,或分为前后两组,并将两组数据中的对应项分别相减,然后再求平均值. 前者可以验证被测量之间的函数关系,而后者则可以充分利用实验测得的每一个数据,具有取平均值和减小系统误差的效果. 下面举例说明.

在用拉伸法测量钢丝的杨氏模量实验中,用相等质量 $m=0.500$ kg 的砝码依次加载在钢丝的下端,则在一定范围内,钢丝的伸长量与挂载的砝码质量成正比,即满足线性关系. 已知望远镜中标尺的读数 x 和砝码质量 m 之间的关系为 $m=kx$,求式中的比例系数 k. 测量和部分计算数据见表 1.6-3.

表 1.6-3 用拉伸法测量钢丝的杨氏模量

次数	质量 m/kg	标尺读数 x/cm	逐项逐差 $\Delta x_i=(x_{i+1}-x_i)$/cm	分组逐差 $\Delta x_i'=(x_{i+5}-x_i)$/cm
1	0.500	15.95	—	3.07
2	1.000	16.55	0.60	3.08
3	1.500	17.18	0.63	3.04
4	2.000	17.80	0.62	3.04
5	2.500	18.40	0.60	3.07

续表

次数	质量 m/kg	标尺读数 x/cm	逐项逐差 $\Delta x_i=(x_{i+1}-x_i)$/cm	分组逐差 $\Delta x_i'=(x_{i+5}-x_i)$/cm
6	3.000	19.02	0.62	
7	3.500	19.63	0.61	
8	4.000	20.22	0.59	
9	4.500	20.84	0.62	
10	5.000	21.47	0.63	
分组逐差的平均值				3.06

(1) 从表中数据可见,标尺的读数与砝码质量之间成较好的线性关系.如果用逐项相减的数据计算每增加 0.500 kg 砝码标尺读数变化的平均值 $\overline{\Delta x_1}$,有

$$\overline{\Delta x_1}=\frac{\sum_{i=1}^{n}\Delta x_i}{n}=\frac{(x_2-x_1)+(x_3-x_2)+\cdots+(x_{10}-x_9)}{9}$$

$$=\frac{x_{10}-x_1}{9}=\frac{21.47-15.95}{9}\text{ cm}\approx 0.613\text{ cm}$$

于是比例系数

$$k=\frac{\overline{\Delta x_1}}{\Delta m}=\frac{0.613\text{ cm}}{0.500\text{ kg}}\approx 1.23\text{ cm/kg}=1.23\times 10^{-2}\text{ m/kg}$$

由上面的运算过程可见,在计算 $\overline{\Delta x_1}$ 时,数据 $x_2, x_3, \cdots, x_9$ 全部抵消掉了,仅用到了两个测量值 x_1 和 x_{10},这和一次增加 9 个砝码的单次测量是等价的,失去了多次测量的意义.

(2) 如果用分组逐差法来处理数据,就可以避免数据抵消的问题.先将测量数据分为前组 $(x_1, x_2, x_3, x_4, x_5)$ 和后组 $(x_6, x_7, x_8, x_9, x_{10})$,然后用对应项相减求平均值,即

$$\overline{\Delta x_5}=\frac{(x_6-x_1)+(x_7-x_2)+(x_8-x_3)+(x_9-x_4)+(x_{10}-x_5)}{5}$$

$$=\frac{3.07+3.08+3.04+3.04+3.07}{5}\text{ cm}=3.06\text{ cm}$$

于是有

$$k=\frac{\overline{\Delta x_5}}{5m}=\frac{3.06\text{ cm}}{5\times 0.500\text{ kg}}\approx 1.22\text{ cm/kg}=1.22\times 10^{-2}\text{ m/kg}$$

$\overline{\Delta x_5}$ 是每增加 5 个砝码时标尺读数变化的平均值.由上面的运算可见,采用分组逐差法计算 $\overline{\Delta x_5}$ 时,标尺上的 10 个读数均参与了运算,充分利用了所有的测量数据,这样就保证了多次测量的优越性,减小了测量误差.

1.6.4 最小二乘法与线性拟合

用作图法来找出或研究物理量之间的变化关系具有简单、直观、方便等优点,但它是一种较为粗略的数据处理方法,存在一定的主观随意性.对同一组测量数据,由不同实验者作图,所得结果往往是不同的,因此作图法的结果不具有唯一性和最佳性.

相比较而言,用最小二乘法处理数据可以得到唯一的和最佳的结果,它是采用严格的数

学方法,由一组实验数据找出一条最佳的拟合曲线,称为方程的回归,该曲线方程称为回归方程.下面只介绍一元线性回归.

方程的回归首先要确定函数的形式,函数的形式可以根据理论推断来确定,或由实验数据的变化趋势来推测.如果推测出物理量 y 和 x 之间服从线性关系,则可将函数形式写成

$$y = ax + b \tag{1.6-4}$$

上式称为线性回归方程.由于自变量 x 只有一个,所以称为一元线性回归.

假设由实验测得一组数据 $(x_i, y_i)(i=1,2,\cdots,n)$,由于方程(1.6-4)是物理量 y 和 x 之间服从的规律,所以在 a、b 确定后,如果实验没有误差,则由每一组数据确定的点都正好落在直线上.但实际上,测量总是伴随着误差,实验数据不可能都落在由式(1.6-4)所表示的直线上.与某一个 x_i 相对应的 y_i 与直线在 y 方向的偏差为

$$\delta_i = y_i - y = y_i - ax_i - b \tag{1.6-5}$$

最小二乘法的目的就在于利用所测得的实验数据来确定直线方程(1.6-4)中的斜率 a 和截距 b,以得到一条最佳的拟合直线,使这条拟合直线上各相应的 y 值与测量点的纵坐标 y_i 偏差的平方和 $\sum_{i=1}^{n} \delta_i^2$ 为最小.由于这种处理数据的方法要满足偏差的平方和为最小,所以称为最小二乘法.由式(1.6-5),得测量数据与拟合直线偏差的平方和为

$$H = \sum_{i=1}^{n} \delta_i^2 = \sum_{i=1}^{n}(y_i - ax_i - b)^2 \tag{1.6-6}$$

为了使 H 为最小值,令式(1.6-6)对 a 和 b 的偏导数都等于零,即

$$\begin{cases} \dfrac{\partial H}{\partial a} = -2\sum_{i=1}^{n}(y_i - ax_i - b)x_i = 0 \\ \dfrac{\partial H}{\partial b} = -2\sum_{i=1}^{n}(y_i - ax_i - b) = 0 \end{cases} \tag{1.6-7}$$

所以有

$$\begin{cases} \sum_{i=1}^{n} x_i y_i - a\sum_{i=1}^{n} x_i^2 - b\sum_{i=1}^{n} x_i = 0 \\ \sum_{i=1}^{n} y_i - a\sum_{i=1}^{n} x_i - nb = 0 \end{cases} \tag{1.6-8}$$

令 $\bar{x}$ 表示 x_i 的平均值,即 $\bar{x} = \dfrac{1}{n}\sum_{i=1}^{n} x_i$;$\bar{y}$ 表示 y_i 的平均值,即 $\bar{y} = \dfrac{1}{n}\sum_{i=1}^{n} y_i$;$\overline{x^2}$ 表示 x_i^2 的平均值,即 $\overline{x^2} = \dfrac{1}{n}\sum_{i=1}^{n} x_i^2$;$\overline{xy}$ 表示 x_i 与 y_i 乘积的平均值,即 $\overline{xy} = \dfrac{1}{n}\sum_{i=1}^{n} x_i y_i$.代入式(1.6-8),得

$$\begin{cases} \overline{xy} - a\,\overline{x^2} - b\bar{x} = 0 \\ \bar{y} - a\bar{x} - b = 0 \end{cases} \tag{1.6-9}$$

解方程,得

$$\begin{cases} a = \dfrac{\overline{xy} - \bar{x}\,\bar{y}}{\overline{x^2} - \bar{x}^2} \\ b = \bar{y} - a\bar{x} \end{cases} \tag{1.6-10}$$

为了说明当取式(1.6-10)中的 a 和 b 为拟合直线的斜率和截距时,H 为最小值,对

式(1.6-7)求二阶偏导数,得

$$\frac{\partial^2 H}{\partial a^2} = 2\sum_{i=1}^{n} x_i^2 > 0$$

$$\frac{\partial^2 H}{\partial b^2} = 2n > 0$$

可见 H 对 a 和 b 的二阶导数均大于零,说明由式(1.6-10)给出的 a、b 对应的 $H = \sum_{i=1}^{n} \delta_i^2$ 为最小值.

需要注意的是,上面讨论的多次测量为等精度测量,而且假定自变量 x_i 的误差很小,可以忽略,只有 y_i 存在测量误差.若 x_i、y_i 均有误差,可将相对误差较小的变量作为 x.有些变量之间虽为非线性关系,但经过一定的变换之后,新的变量之间为线性关系,仍然可以用最小二乘法来进行线性拟合.

当 y_i 有较明显的随机误差时,还可以进一步计算 a 和 b 的标准偏差 S_a 和 S_b:

$$\begin{cases} S_a = \sqrt{\dfrac{\sum_{i=1}^{n} x_i^2}{n\sum_{i=1}^{n} x_i^2 - \left(\sum_{i=1}^{n} x_i\right)^2}} \cdot S_y = \sqrt{\dfrac{\overline{x^2}}{n(\overline{x^2} - \bar{x}^2)}} \cdot S_y \\ S_b = \sqrt{\dfrac{n}{n\sum_{i=1}^{n} x_i^2 - \left(\sum_{i=1}^{n} x_i\right)^2}} \cdot S_y = \sqrt{\dfrac{1}{n(\overline{x^2} - \bar{x}^2)}} \cdot S_y \end{cases} \quad (1.6\text{-}11)$$

其中 S_y 为测量值 y 的标准偏差,即

$$S_y = \sqrt{\frac{\sum_{i=1}^{n} \delta_i^2}{n-2}} = \sqrt{\frac{\sum_{i=1}^{n} (y_i - ax_i - b)^2}{n-2}} \quad (1.6\text{-}12)$$

式中,$n-2$ 称为自由度.

如果已知函数关系是线性的,那么用最小二乘法拟合直线时,只需要确定最佳直线的斜率 a 和截距 b.如果要通过实验数据来判断 x、y 之间是否服从线性关系,则还应判断由上述线性拟合所得的方程是否恰当,这可以由 x、y 的相关系数 r 来判别,即

$$r = \frac{\sum_{i=1}^{n} (x_i - \bar{x})(y_i - \bar{y})}{\sqrt{\sum_{i=1}^{n} (x_i - \bar{x})^2 \times \sum_{i=1}^{n} (y_i - \bar{y})^2}} = \frac{\overline{xy} - \bar{x}\bar{y}}{\sqrt{(\overline{x^2} - \bar{x}^2)(\overline{y^2} - \bar{y}^2)}} \quad (1.6\text{-}13)$$

$|r|$ 越接近 1,各数据点越接近拟合直线.若 $r = \pm 1$,表示变量 x、y 完全线性相关,拟合直线通过全部测量点.$|r|$ 越小,线性越差.若 $r = 0$,则表示 x 与 y 完全不相关.

例 4 用最小二乘法对一组实测的普朗克常量实验数据进行处理.根据爱因斯坦方程,使用减速电位法求普朗克常量 h,其截止电压 U_s 与入射光频率 ν 的关系有

$$U_s = \frac{h}{e}(\nu - \nu_0) \ (e \text{ 为基本电荷,且 } e = 1.602 \times 10^{-19} \text{ C},\nu_0 \text{ 为截止频率})$$

实测电压、频率数据见表 1.6-4.

表 1.6-4 普朗克常量实验中的电压、频率

次数	1	2	3	4	5
频率 $\nu/(\times 10^{14}\,\text{Hz})$	8.22	7.41	6.88	5.49	5.19
截止电压 U_s/V	1.85	1.54	1.33	0.75	0.64

解：首先令 $y=U_s$，$x=\nu$，$a=\dfrac{h}{e}$，$b=-\dfrac{h\nu_0}{e}$，则原方程 $U_s=\dfrac{h}{e}(\nu-\nu_0)$ 变为 $y=ax+b$，用实测数据计算 $\bar{x}$、$\bar{y}$、$\overline{x^2}$、$\overline{y^2}$、$\overline{xy}$，结果见表 1.6-5.

表 1.6-5 用实测数据计算 $\bar{x}$、$\overline{x^2}$、$\bar{y}$、$\overline{y^2}$、$\overline{xy}$ 结果

次数	$x_i/(\times 10^{14}\,\text{Hz})$	$x_i^2/(\times 10^{28}\,\text{Hz}^2)$	y_i/V	y_i^2/V^2	$x_i y_i/(\times 10^{14}\,\text{Hz}\cdot\text{V})$
1	8.22	67.57	1.85	3.42	15.21
2	7.41	54.91	1.54	2.37	11.41
3	6.88	47.33	1.33	1.77	9.15
4	5.49	30.14	0.75	0.56	4.12
5	5.19	26.94	0.64	0.41	3.32
平均值	6.64	45.38	1.22	1.71	8.64

根据式(1.6-10)，得

$$a=\dfrac{\bar{x}\bar{y}-\overline{xy}}{\bar{x}^2-\overline{x^2}}$$

$$=\dfrac{[(6.64\times 1.22)-8.64]\times 10^{14}}{[(6.64)^2-45.38]\times 10^{28}}\,\text{V/Hz}$$

$$\approx 4.178\times 10^{-15}\,\text{V/Hz}$$

所以 $h=a\times e=4.178\times 10^{-15}\times 1.602\times 10^{-19}\,\text{J}\cdot\text{s}\approx 6.693\times 10^{-34}\,\text{J}\cdot\text{s}$

理论值 $h=6.626\times 10^{-34}\,\text{J}\cdot\text{s}$，故相对误差为

$$\dfrac{6.693\times 10^{-34}-6.626\times 10^{-34}}{6.626\times 10^{-34}}\approx 1.0\%$$

得到相关系数 r 为

$$r=\dfrac{\overline{xy}-\bar{x}\bar{y}}{\sqrt{(\overline{x^2}-\bar{x}^2)(\overline{y^2}-\bar{y}^2)}}=\dfrac{8.64-6.64\times 1.22}{\sqrt{(45.38-6.64^2)\times(1.71-1.22^2)}}\approx 1$$

用最小二乘法处理数据，虽然计算公式复杂，数据处理量较大，但结果准确，相对误差减小了.在一些科研性实验中，需要用实验的方法解决科技问题，实验处理数据结果要求更加精确，因此最好采用最小二乘法处理数据.

习 题

1. 指出下列情况属于随机误差还是系统误差：
(1) 米尺刻度不均匀；

(2) 米尺因温度改变而伸缩；

(3) 千分尺零点不准；

(4) 水银温度计毛细管不均匀；

(5) 观察者读数时习惯性偏向；

(6) 电网电压扰动对加热功率带来的影响；

(7) 天平未调水平；

(8) 忽略空气浮力对单摆周期测量的影响；

(9) 电压起伏引起电表读数不准；

(10) 电表接入其内阻引起的测量误差.

2. 指出下列各量是几位有效数字：

(1) $L = 0.00001$ cm；

(2) $T = 1.0001$ s；

(3) $E = 2.7 \times 10^{25}$ J；

(4) $g = 980.12306$ cm·s^{-1}.

3. 根据测量不确定度和有效数字的概念，改正以下错误：

(1) $m = (25.355 \pm 0.02)$ g；

(2) $U = (1.915 \pm 0.05)$ V；

(3) $L = (20\,500 \pm 400)$ m；

(4) $R = (12\,345.6 \pm 4) \times 10$ Ω；

(5) $I = (5.354 \times 10^4 \pm 0.454 \times 10^3)$ mA；

(6) $L = (10.0 \pm 0.095)$ mm.

4. 用米尺测量一物体的长度，测得的数值为 98.98 cm、98.94 cm、98.96 cm、98.97 cm、99.00 cm、98.95 cm 及 98.97 cm. 试求出：

(1) 物体长度的平均值；

(2) A 类不确定度；

(3) B 类不确定度；

(4) 合成不确定度；

(5) 相对不确定度；

(6) 测量结果的表示式.

5. 测得一个铅质圆柱体的直径 $d = (2.040 \pm 0.001)$ cm，高度 $h = (4.120 \pm 0.001)$ cm，质量 $m = (149.10 \pm 0.05)$ g(式中不确定度均为合成不确定度).

试求：

(1) 铅的密度 ρ；

(2) 铅密度的合成不确定度 $u_{c,\rho}$ 及相对不确定度 E_ρ；

(3) 铅密度测量结果 ρ 的完整表示.

6. 用 50 分度(0.02 mm)的游标卡尺测量圆柱体的直径共 10 次，测量值如下表所示：

次数	1	2	3	4	5	6	7	8	9	10
d/mm	19.78	19.80	19.70	19.78	19.74	19.76	19.72	19.68	19.80	19.72

试求出:

(1) 近真值 $\bar{d}$;

(2) A 类不确定度 $u_{A,d}$;

(3) B 类不确定度 $u_{B,d}$;

(4) 合成不确定度 $u_{c,d}$;

(5) 相对不确定度 E_d;

(6) 测量结果的表示式 d.

7. 试用有效数字运算法则计算下列各式,要求写出计算过程.

(1) $108.748+1.4$;

(2) $56.35 \text{ mm} - 3.1 \text{ cm}$;

(3) $\pi \times 3.02$;

(4) $\dfrac{76.000}{40.00-2.0}$;

(5) $\dfrac{100.0 \times 10.0}{1.0 \times 110.0} + 110.0$;

(6) $\dfrac{9.000 \times (3.10-0.10)}{447 \times 50.00 \times (80.0-10.5)}$.

8. 测量金属丝的线胀系数,所得数据如下表所示:

$t/℃$	30.0	40.0	50.0	60.0	70.0	80.0	90.0	100.0
L/cm	60.124	60.162	60.206	60.242	60.284	60.320	60.366	60.402

已知 $L = L_0(1+bt)$,其中 L_0 为 0 ℃ 时的长度.试用作图法、逐差法求该金属丝的线胀系数 b 及它在 0 ℃ 时的长度 L_0.

9. 由下表实验结果推测物理量 y 与 x 成正比: $y = a + bx$,试用最小二乘法作直线拟合,求出 a 和 b.

x	0	1	2	3	4	5	6	7
y	0	0.780	1.576	2.332	3.083	3.898	4.683	5.458

10. 金属的电阻与温度的关系为 $R = R_0(1+\alpha T)$,这里的 R 表示 T ℃ 时的电阻,R_0 表示 0 ℃ 时的电阻,α 是电阻的温度系数.实验测得 R 和 T 的数据如下表所示.

次数	1	2	3	4	5	6	7	8
$T/℃$	10.0	20.0	30.0	40.0	50.0	60.0	70.0	80.0
R/Ω	12.3	12.9	13.6	13.8	14.5	15.1	15.2	15.9

(1) 用作图法求电阻的温度系数 α 和 0 ℃ 时的电阻 R_0;

(2) 用线性拟合法求 α 和 R_0.

第 2 章　力学和热学实验

实验 2.1　长度和固体密度的测定

长度测量是最基本的测量,能正确使用各种长度测量仪器非常重要.实验中常用的长度测量仪器有米尺、游标卡尺、螺旋测微器和读数显微镜等.常用的测量质量的工具为物理天平.本实验通过对长度和固体密度的测定来训练同学们对基本长度测量仪器和质量测量仪器的使用.

【实验目的】

1. 学会用游标卡尺、螺旋测微器测量长度.
2. 学会用物理天平测量质量.
3. 练习不确定度的计算.

预习视频

【实验原理】

一、直接测量法测固体的密度（适用于规则物体）

测量固体密度的公式如下：

$$\rho = \frac{m}{V} \tag{2.1-1}$$

式中,m 和 V 分别为固体的质量和体积,ρ 为固体的密度.

圆柱体的体积 $V = \frac{1}{4}\pi d^2 h$,式中 d 和 h 分别为实心圆柱体的直径和高度,将其代入式(2.1-1),得

$$\rho = \frac{4m}{\pi d^2 h} \tag{2.1-2}$$

二、流体静力称衡法测固体的密度（适用于不规则物体）

设被测物不溶于水,其质量为 m_1(其密度大于水的密度),用细丝将其悬吊在水中,称衡值为 m_2.又设水在当时温度下的密度为 ρ_0,物体的体积为 V,则由阿基米德定律,可得

$$\rho_0 g V = (m_1 - m_2) g$$

式中,g 为重力加速度,整理后可得

$$V = \frac{m_1 - m_2}{\rho_0} \tag{2.1-3}$$

则固体的密度为

$$\rho = \frac{m_1}{m_1 - m_2} \rho_0 \qquad (2.1\text{-}4)$$

【实验仪器】

物理天平、游标卡尺、螺旋测微器、铜圆柱、铁块、烧杯、温度计、蒸馏水、细线等,如图 2.1-1 所示.

图 2.1-1　物理天平、游标卡尺及螺旋测微器等仪器

【实验内容及步骤】

一、测铜圆柱的密度

1. 用螺旋测微器测铜圆柱的直径 $d_{铜}$(图 2.1-2),在不同位置测量 5 次,将数据记录在表 2.1-1 中.

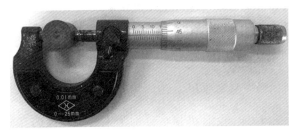

图 2.1-2　测铜圆柱的直径

2. 用游标卡尺测铜圆柱的高 $h_{铜}$(图 2.1-3),在不同位置测量 5 次,将数据记录在表 2.1-1 中.

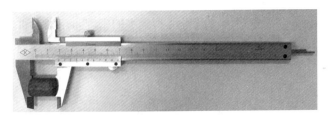

图 2.1-3　测铜圆柱的高

3. 天平调平:首先把游标移到标尺最左边零刻度线处,然后顺时针旋转物理天平中间的旋钮(图 2.1-4),使其上升至测量状态,这时观察天平平衡情况,通过多次调节两边的平衡螺母,使指针指在分度盘的中央,这时天平平衡.

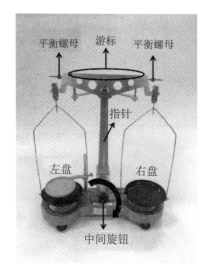

图 2.1-4　物理天平实物图

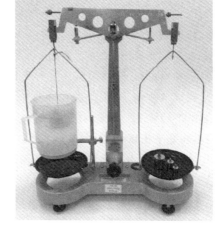

图 2.1-5　测铁块的密度

4. 将铜圆柱放在左边托盘上,用镊子向右边托盘上依次加减砝码,并移动游码直到指针指在分度盘的中央,这时读出铜圆柱的质量 $m_左$,并记录在表 2.1-1 中.

5. 将步骤 4 中铜圆柱放在右边托盘上,砝码放在左边托盘上,重复操作,测出此时铜圆柱的质量 $m_右$,并记录在表 2.1-1 中.

二、测铁块的密度

1. 天平调平后,将铁块放在左边托盘上,用镊子向右边托盘上依次加减砝码,并移动游码,直到指针指在分度盘的中央,这时读出铁块的质量 m_1,并记录在表 2.1-2 中.

2. 在烧杯中装入适量的水,查附表 5 得水在当时温度下的密度为 ρ_0.用细线将铁块挂在左边的天平钩上,将水杯放在托架上并移至铁块下方,将铁块浸入水杯中,注意防止铁块碰触杯壁,如图 2.1-5 所示,测出当前铁块的质量 m_2,并记录在表 2.1-2 中.

【注意事项】

1. 测量铜圆柱的质量的过程中,将物体放在天平的左盘和右盘分别来测量,以消除天平的不等臂造成的误差.

2. 正确使用天平,每测一次都应检查和调整天平的零点.

3. 用镊子夹砝码,不能用手拿.

4. 将铁块浸入水中测质量时,注意铁块不要接触杯子.

【思考题】

1. 推导圆柱体体积 $\overline{V}=\dfrac{\pi d^2 h}{4}$ 的合成不确定度和相对不确定度 $\dfrac{u_{c,V}}{V}$.

2. 实验结束后,存放游标卡尺和螺旋测微器时应注意哪些事项?

【知识拓展】

一、物理天平结构介绍

物理天平主要由横梁、支柱、底盘、托盘及吊耳构成.物理天平的构造如图 2.1-6 所示,在横梁上装有三角刀口 A、F_1、F_2,中间刀口 A 置于支柱顶端的玛瑙刀口垫上,作为横梁的支点.两边刀口各有秤盘 P_1、P_2,随横梁上升或下降.当横梁下降时,制动架就会把它托住,以免刀口磨损.横梁两端各有一平衡螺母 B_1、B_2,用于空载调节平衡.横梁上装有游动砝码 D,用于 1 g 或 2 g 以下的称量.

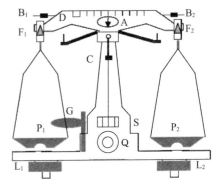

图 2.1-6　物理天平

二、表示天平性能的指标

物理天平的规格由最大称量值和感量(或灵敏度)来表示.

1. 最大称量:天平允许称量的最大质量.

2. 感量:天平平衡时,为使指针偏转一格所需增加或减少的砝码数.感量越小,灵敏度就越高.灵敏度是感量的倒数.

三、物理天平的操作步骤

1. 调节水平.使用天平时,首先调节天平底座下两个螺钉 L_1、L_2,使水准仪中的气泡位于圆圈线的中央位置.

2. 调节平衡(或调零).天平空载时,将游动砝码拨到左端点,与零刻度线对齐.两端秤盘悬挂在刀口上,顺时针方向旋转制动旋钮 Q,启动天平,观察天平是否平衡.当指针在刻度尺 S 上来回摆动,左右摆幅近似相等或指在标尺中间刻度处时,便可认为天平达到了平衡.如果不平衡,反时针方向旋转制动旋钮 Q,使天平制动,调节横梁两端的平衡螺母 B_1、B_2,再用前面的方法判断天平是否处于平衡状态,直至达到空载平衡为止.

3. 称量.把待测物体放在左盘中,右砝码盘中放置砝码,轻轻右旋制动旋钮,使天平启动,观察天平向哪边倾斜,立即反向旋转制动旋钮,使天平制动,酌情增减砝码,再启动,观察天平倾斜情况.如此反复调整,直到天平能够左右对称摆动.然后调节游动砝码,使天平达到平衡,此时砝码加游动砝码的质量就是待测物体的质量.称量时选择砝码应由大到小,逐个试用,直到最后利用游动砝码使天平平衡为止.

四、天平的操作规则和维护方法

1. 天平的负载量不得超过其最大称量值,以免损坏刀口或横梁.

2. 为了避免刀口受冲击而损坏,在取放物体、砝码和调节平衡螺母以及不使用天平时,都必须使天平制动.只有在判断天平是否平衡时才将天平启动.天平启动或制动时,旋转制动旋钮动作要轻.

3. 不能用手直接取拿砝码,只能用镊子间接夹取.从秤盘上取下砝码后应立即放入砝码盒中.

4. 天平的各部分以及砝码都要防锈、防腐蚀,高温物体以及有腐蚀性的化学药品不得直接放在盘内称量.

5. 称量完毕,左旋制动旋钮,放下横梁,保护刀口.

【数据记录】

表 2.1-1 铜圆柱的密度

物理量	次数					平均值	不确定度	结果表示
	1	2	3	4	5			
$d_{铜}$/mm								
$h_{铜}$/mm								
$m_{左}$/g			$m_{右}$/g			$\bar{m}=\sqrt{m_{左}\cdot m_{右}}$		
$\rho_{铜}=(\bar{\rho}\pm u_{c,\rho})\times 10^3$ kg/m³							$E_{铜}=$ %	

表 2.1-2 铁块的密度

m_1/g	m_2/g	温度 t/℃	ρ_0	$\rho_{铁}$	$E_{铁}$	$u_{铁}$	结果表示

教师签字：＿＿＿＿＿＿＿＿

实验日期：＿＿＿＿＿＿＿＿

【数据处理】

1. 铜圆柱直径 d 的计算.

铜圆柱直径 d 的平均值为

$$\bar{d}=\frac{d_1+d_2+d_3+d_4+d_5}{5}=$$

A 类不确定度为

$$u_{A,d}=\sqrt{\frac{\sum_{i=1}^{n}(d_i-\bar{d})^2}{n(n-1)}}=$$

B 类不确定度为

$$u_{B,d}=\frac{\Delta_{仪}}{\sqrt{3}}=$$

合成不确定度为

$$u_{c,d}=\sqrt{u_{A,d}^2+u_{B,d}^2}=$$

直径 d 测量结果表示：

$$d=\bar{d}\pm u_{c,d}=$$

2. 铜圆柱高度 h 的计算.

铜圆柱高度 h 的平均值为

$$\bar{h}=\frac{h_1+h_2+h_3+h_4+h_5}{5}=$$

A 类不确定度为

$$u_{A,h}=\sqrt{\frac{\sum_{i=1}^{n}(h_i-\bar{h})^2}{n(n-1)}}=$$

B 类不确定度为

$$u_{B,h} = \frac{\Delta_{仪}}{\sqrt{3}} =$$

合成不确定度为

$$u_{c,h} = \sqrt{u_{A,h}^2 + u_{B,h}^2} =$$

高度 h 测量结果表示：

$$h = \bar{h} \pm u_{c,h} =$$

3. 铜圆柱质量 m 的计算.

铜圆柱质量 m 的平均值为

$$\bar{m} = \sqrt{m_左 \cdot m_右} =$$

合成不确定度为

$$u_{c,m} = u_{B,m} = \frac{\Delta_{仪}}{\sqrt{3}} =$$

4. 铜圆柱密度 ρ 的计算.

铜圆柱密度 ρ 的平均值为

$$\bar{\rho} = \frac{4\bar{m}}{\pi \bar{d}^2 \bar{h}} =$$

铜圆柱密度的相对不确定度为

$$E_{c,\rho} = \frac{u_{c,\rho}}{\bar{\rho}} = \sqrt{\left(\frac{u_{c,m}}{\bar{m}}\right)^2 + 4\left(\frac{u_{c,d}}{\bar{d}}\right)^2 + \left(\frac{u_{c,h}}{\bar{h}}\right)^2} =$$

铜圆柱密度的合成不确定度为

$$u_{c,\rho} = E_{c,\rho} \cdot \bar{\rho} =$$

铜圆柱密度 ρ 的结果表示：

$$\rho = \bar{\rho} \pm u_{c,\rho} =$$

5. 铁块密度 ρ 的计算.

铁块密度 ρ 的平均值为

$$\bar{\rho} = \frac{m_1}{m_1 - m_2} \rho_0 =$$

铁块质量的合成不确定度为

$$u_{c,m_1} \approx u_{c,m_2} = u_{B,m} = \frac{\Delta_{仪}}{\sqrt{3}} =$$

铁块密度的相对不确定度为

$$E_{c,\rho} = \frac{u_{c,\rho}}{\bar{\rho}} = \left\{\left[\frac{m_2}{m_1(m_1-m_2)}\right]^2 u_{c,m_1}^2 + \left(\frac{1}{m_1-m_2}\right)^2 u_{c,m_2}^2\right\}^{\frac{1}{2}} =$$

铁块密度的合成不确定度为

$$u_{c,\rho} = E_{c,\rho} \cdot \bar{\rho} =$$

铁块密度 ρ 的结果表示：

$$\rho = \bar{\rho} \pm u_{c,\rho} =$$

实验 2.2　用三线摆测定物体的转动惯量

转动惯量是刚体转动时惯性大小的量度,是表征刚体特性的一个物理量.它与刚体质量、转动位置和质量分布有关.一般形状简单刚体的转动惯量可以直接计算出来,而对于形状复杂刚体的转动惯量,往往需要用实验方法测定.因此,学会刚体转动惯量的测量方法具有重要的现实意义,其被广泛应用于动力装置的传动、惯性制导等方面.本实验采用三线摆测定物体的转动惯量.

【实验目的】

1. 研究物体的转动惯量与其质量、形状及转轴位置的关系.
2. 学会用三线摆测定物体的转动惯量,并与理论值进行比较.
3. 学会用累计放大法测量周期运动的周期.

预习视频

【实验原理】

1. 当三线摆调平后,扭动上圆盘($\alpha < 5°$,图 2.2-1),使三线摆发生扭转运动,当下圆盘的扭转角很小时,下圆盘的振动可以看作是理想的简谐运动.由理论推得圆盘的转动惯量为

$$I_0 = \frac{m_0 g R r}{4\pi^2 H} T_0^2 \quad (2.2\text{-}1)$$

式中,m_0 为下圆盘的质量,g 为当地的重力加速度,R、r 分别为下圆盘和上圆盘三线摆的三个悬挂点的重心至悬点的距离,H 为上、下盘之间的高度,T_0 为下圆盘的摆动周期.由此可见,只要准确测出三线摆的有关参数 m_0、R、r、H 和 T_0,就可以精确地求出下圆盘的转动惯量 I_0.

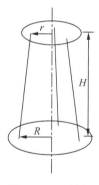

图 2.2-1　三线摆

2. 如果要测定一个质量为 m 的物体的转动惯量,可先测定无负载时下圆盘的转动惯量 I_0,然后将物体放在下圆盘上.注意,必须让待测物的质心恰好在仪器的转动轴线上.测量整个系统的转动周期 T,则系统的转动惯量可由下式求出:

$$I = \frac{(m+m_0) g R r}{4\pi^2 H} T^2 \quad (2.2\text{-}2)$$

式中,T 为下圆盘和待测物整体的摆动周期.因此,可以得到待测物体的转动惯量为

$$I_物 = I - I_0 = \frac{gRr}{4\pi^2 H}[m_0(T^2 - T_0^2) + mT^2] \quad (2.2\text{-}3)$$

用这种方法,在满足实验要求的条件下,可以测定任何形状物体的转动惯量.

【实验仪器】

三线摆(DH4601 型,图 2.2-2)、待测圆环、水平仪、秒表、电子计数计时仪、米尺、游标卡尺.

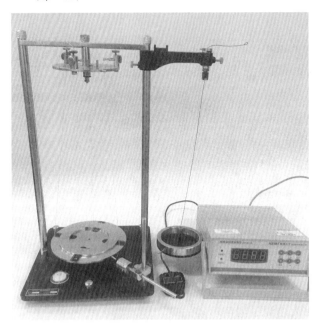

图 2.2-2 三线摆实验装置

【实验内容及步骤】

一、调节上、下圆盘水平及三悬线等长

1. 将水平仪置于上圆盘上,调节支架的底角螺钉,使上圆盘水平.

2. 将水平仪分别靠近三根悬线中的两根,通过多次调整小圆盘上的三个旋钮,改变三悬线的长度,使水平仪水泡均居中,直至下圆盘水平,并用固定螺丝将旋钮固定.

二、相关参数的测定

1. 记录下圆盘的质量 m_0 及圆环的质量 m,并填入表 2.2-1 中.

2. 用米尺测量下圆盘的直径 D,如图 2.2-3 所示.用游标卡尺测量圆环的内、外直径 $D_内$、$D_外$,如图 2.2-4、图 2.2-5 所示.将测量结果填入表 2.2-1 中.

图 2.2-3 测量下圆盘的直径

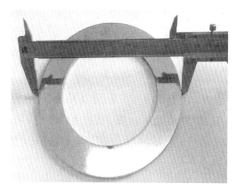

图 2.2-4 测量圆环的外径

图 2.2-5 测量圆环的内径

3. 用米尺测量上圆盘三个悬挂点两两之间的距离 a_1、a_2、a_3 及下圆盘三个悬挂点两两之间的距离 b_1、b_2、b_3，填入表 2.2-2 中. 如图 2.2-6 所示，根据几何关系，即可求出上悬挂点到圆心的距离 r 和下悬挂点到圆心的距离 R.

4. 用米尺测量上、下圆盘之间的距离 H，如图 2.2-7 所示，将数据记录在表 2.2-2 中.

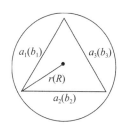

图 2.2-6 悬点与圆心位置示意图

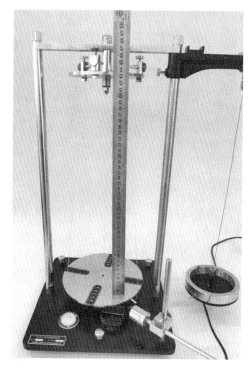

图 2.2-7 上、下圆盘之间距离 H 测量示意图

三、圆盘的周期的测定

扭动上圆盘（$\alpha<5°$），借助悬线的张力，使悬挂的下圆盘绕中心轴做扭转摆动. 此时有两种方法测周期：

1. 待下圆盘做稳定摆动后,在圆盘经过平衡位置时(自己认定一个中间位置),按下秒表并自"0"开始数摆动的次数(当圆盘第二次以同方向经过平衡位置时为一个完全摆动),记下完全摆动 30 次的总时间 t,重复测量 5 次,求平均值并算出摆动周期 T_0,将数据记录在表 2.2-3 中.

2. 待下圆盘做稳定摆动后,调节传感器的位置,使其恰好在下圆盘粘着的小磁钢下方 10 mm 左右,设置电子计数计时仪的周期数为 30,即数值为 60,按下"执行"按钮,开始计时,如图 2.2-8 所示.计数结束随即显示 30 个周期总时间 t,重复测量 5 次,求平均值并算出摆动周期 T_0,将数据记录在表 2.2-3 中.

四、下圆盘加圆环后的周期的测定

1. 将圆环放在下圆盘上,并使其中心对准圆盘中心,如图 2.2-9 所示.
2. 重复三的步骤,记录下圆盘和圆环共同完全摆动 30 次的总时间 t,重复测量 5 次,并算出摆动周期 T,将数据记录在表 2.2-3 中.
3. 计算转动惯量的实验值、理论值、百分误差以及不确定度,记录在表 2.2-4 中.

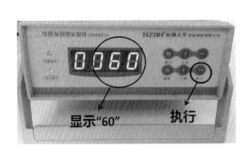

图 2.2-8 电子计数计时仪

图 2.2-9 圆环放在下圆盘上

【注意事项】

1. 转动三线摆上圆盘,带动下圆盘摆动,当下圆盘摆动稳定后,不可使上圆盘跟着左右晃动.
2. 切不可直接转动下圆盘,转动上圆盘的扭角不要过大($\alpha<5°$ 为宜).
3. r 及 R 为上、下悬挂点至圆心的距离,并不是上圆盘和下圆盘的半径,两者不要混淆.
4. 将待测圆环置于下圆盘上,注意使两者的中心重合.

【思考题】

1. 为什么质量相同的物体其转动惯量不一定相同?转动惯量与哪些因素有关?
2. 实验中为什么要求做到:两盘水平、三悬线等长、三悬线张力相等?为什么圆盘在实验中只能摆动,不能晃动?
3. 三线摆的振幅受空气的阻尼会逐渐变小,它的周期也会随时间变化吗?

【数据记录】

表 2.2-1 下圆盘、圆环的质量和直径

物理量	下圆盘	圆环
质量/g	$m_0=$	$m=$
直径/cm	$D=$	$D_外=$
		$D_内=$

表 2.2-2 上、下圆盘几何参数及其间距

上圆盘两两悬挂点间的距离/cm	a_1		$r=\dfrac{a_1+a_2+a_3}{3\sqrt{3}}$
	a_2		
	a_3		
下圆盘两两悬挂点间的距离/cm	b_1		$R=\dfrac{b_1+b_2+b_3}{3\sqrt{3}}$
	b_2		
	b_3		
H/cm			

表 2.2-3 摆动周期 T

t/s	t/s(30次)					$\bar{t}$	$\bar{T}$
	1	2	3	4	5		
下圆盘							
下圆盘＋圆环							

表 2.2-4 转动惯量的计算

物理量	下圆盘	下圆盘＋圆环	圆环
实验值 $I_实/(\mathrm{kg \cdot m^2})$			
理论值 $I_理/(\mathrm{kg \cdot m^2})$			
百分误差			
$u_{c,I}/(\mathrm{kg \cdot m^2})$			
$I=I\pm u_{c,I}/(\mathrm{kg \cdot m^2})$			

教师签字：_____

实验日期：_____

【数据处理】

$$r = \frac{a_1 + a_2 + a_3}{3\sqrt{3}} =$$

$$R = \frac{b_1 + b_2 + b_3}{3\sqrt{3}} =$$

$$\overline{T_0} = \frac{\overline{t_0}}{30} =$$

$$\overline{T} = \frac{\overline{t}}{30} =$$

1. 圆盘转动惯量的计算.

$$I_\text{实} = \frac{m_0 g R r}{4\pi^2 H} \overline{T_0}^2 =$$

$$I_\text{理} = \frac{1}{2} m_0 \left(\frac{D}{2}\right)^2 =$$

$$E = \frac{|I_\text{理} - I_\text{实}|}{I_\text{理}} \times 100\% =$$

2. 圆环转动惯量的计算.

$$I_\text{实} = \frac{(m + m_0) g R r}{4\pi^2 H} \overline{T}^2 - \frac{m_0 g R r}{4\pi^2 H} \overline{T_0}^2 =$$

$$I_\text{理} = \frac{1}{2} m \left[\left(\frac{D_\text{外}}{2}\right)^2 + \left(\frac{D_\text{内}}{2}\right)^2 \right] =$$

$$E = \frac{|I_\text{理} - I_\text{实}|}{I_\text{理}} \times 100\% =$$

实验 2.3　金属线胀系数的测定(光杠杆法)

线胀系数是表征物质膨胀特性的重要参数.测量固体的线胀系数,实际上归结为测量在某一范围内固体的相对伸长量.此相对伸长量的测量与杨氏弹性模量的测定相类似.本实验采用光杠杆法.而加热固体,有通入蒸汽法和电热法两种方法.一般认为,用电热丝通电加热,用温度计实时记录温度,是比较经济又相对可靠的方法.

【实验目的】

1. 掌握用光杠杆放大法测量微小长度变化的原理和方法.
2. 学习望远镜的调节和正确使用方法.
3. 掌握测定金属棒线胀系数的方法.

预习视频

【实验原理】

一、金属线胀系数的测量公式

固体的长度一般是温度的函数,在温度不太高的情况下,固体的长度 L 与温度 t 有如下关系:

$$L = L_0(1 + \alpha t + \beta t^2 + \cdots) \tag{2.3-1}$$

式中,L_0 为固体在 0 ℃时的长度;$\alpha,\beta \cdots\cdots$ 是和被测材料有关的常数,数值都很小,β 以下各系数和 α 相比,在温度不太高时可忽略,则式(2.3-1)可写成

$$L = L_0(1 + \alpha t) \tag{2.3-2}$$

此处 α 就是线胀系数,单位为 ℃$^{-1}$.

设物体在 t_1 ℃时的长度为 L,温度升到 t_2 ℃时,其长度增加了 ΔL.根据式(2.3-2),可得

$$L = L_0(1 + \alpha t_1)$$
$$L + \Delta L = L_0(1 + \alpha t_2)$$

从上面两式消去 L_0,整理后可得

$$\alpha = \frac{\Delta L}{L(t_2 - t_1) - \Delta L \cdot t_1} \tag{2.3-3}$$

由于 $\Delta L \ll L$,故式(2.3-3)可近似为

$$\alpha = \frac{\Delta L}{L(t_2 - t_1)} \tag{2.3-4}$$

为了测定线胀系数 α,由式(2.3-4)可知,只要测得 L、ΔL、t_1、t_2 即可.其中 L、t_1、t_2 都比较容易测量,金属棒原长 L 可用米尺测得,t_1、t_2 通过温度计测得,但 ΔL 很小,是一个微小量,一般的长度测量仪器不易测准,本实验利用光杠杆的光学放大作用对微小伸长量 ΔL 进行测量.

二、光杠杆的放大原理

用光杠杆测金属棒微小伸长的原理见本书"实验 2.7　金属丝杨氏模量的测定"实验.

如图 2.3-1 所示,当棒长为 L(L 为温度 t_1 时的原长),伸长量为 ΔL 时,在小形变条件下,有

$$\tan\theta \approx \theta = \frac{\Delta L}{Z} \qquad (2.3\text{-}5)$$

式中,Z 为光杠杆的长度,它等于前足到后面两足连线的垂直距离,利用印在白纸上的三个足痕,通过几何作图法用游标卡尺量得.

$$\tan(2\theta) \approx 2\theta = \frac{\Delta x}{D} = \frac{|x_2 - x_1|}{D}$$
$$(2.3\text{-}6)$$

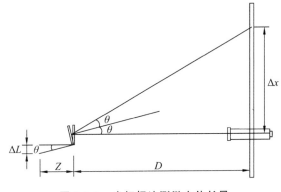

图 2.3-1 光杠杆法测微小伸长量

式中,x_2、x_1 分别是温度 t_2 和 t_1 时在望远镜中央水平叉丝对应的读数,D 为光杠杆镜面到望远镜标尺之间的水平距离(图 2.3-1),可利用

$$|x_{\text{上}} - x_{\text{下}}| \times 100 = 2D \qquad (2.3\text{-}7)$$

求得,式中 $x_{\text{上}}$、$x_{\text{下}}$ 为室温下望远镜上、下叉丝对应的读数值,且以 cm 为单位,100 为厂家设计好的尺常数.

联立式(2.3-5)和式(2.3-6),消去 θ,得

$$\Delta L = \frac{Z|x_2 - x_1|}{2D} \qquad (2.3\text{-}8)$$

微小伸长量 ΔL 可以通过较易准确测量的 Z、D、x_1、x_2 间接求得.

将式(2.3-8)代入式(2.3-4),得

$$\alpha = \frac{Z|x_2 - x_1|}{2DL(t_2 - t_1)} \qquad (2.3\text{-}9)$$

式(2.3-9)为本实验的测量公式.

【实验仪器】

金属线胀系数测定仪(图 2.3-2)、尺读望远镜、光杠杆装置、温度计、米尺、游标卡尺.

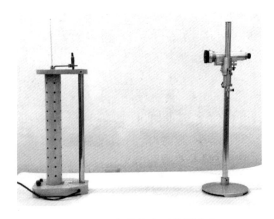

图 2.3-2 金属线胀系数测定仪

【实验内容及步骤】

1. 用米尺测量金属棒的原长 L，记录在表 2.3-1 中.
2. 将光杠杆三足痕 a、b、c 印在白纸上（图 2.3-3），用几何作图法画出光杠杆长度 Z（图 2.3-4），然后用游标卡尺测量 Z 值，记录在表 2.3-1 中.

图 2.3-3　光杠杆的三足痕　　　图 2.3-4　光杠杆长度 Z 的测量

3. 将待测金属棒直立在金属线胀系数测定仪的金属筒中，金属棒底端应充分接触筒底部，光杠杆后足尖置于金属棒的上端，两前足尖置于固定的平台的凹形槽内（图 2.3-5）.

图 2.3-5　光杠杆放置位置

4. 调节望远镜，使得在目镜中能清晰地看到标尺的像，如图 2.3-6 所示.

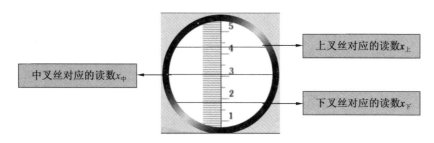

图 2.3-6　标尺的像

（1）使望远镜的光轴尽可能与光杠杆平面镜的法线在同一水平面上，镜面尽可能处在垂直位置上.

（2）将带有标尺的望远镜装置安置在离镜面 1.50～2.00 m 处，先在镜筒外附近往镜面观看标尺的像，若看不到像，则可左右移动望远镜装置，或调节标尺的高低以及平面镜的方位，直到在镜筒外看到标尺的像为止.

(3) 仔细调整望远镜的位置,使它对准镜中的标尺像.

(4) 使眼睛贴近目镜,调节目镜至能看清望远镜中的三根叉丝像为止.

(5) 调节调焦手轮,使标尺的像最清晰.

5. 调节好望远镜之后,通过目镜读室温下的 $x_上$、$x_下$ 的读数,计算出光杠杆镜面到直尺的距离 D 值.$x_上$、$x_下$ 分别为望远镜分划板的上、下叉丝对应标尺的读数,记录在表 2.3-1 中.

6. 打开电源通电加热,将温度调节旋钮旋到适当位置,顺时针旋为增大电压,反之为减小电压.每当温度变化 10 ℃,通过目镜读取中叉丝对应标尺的读数,记录在表 2.3-2 中.

【注意事项】

1. 温度变化时,读取叉丝对应标尺的读数,此时必须认准其中一根叉丝进行读数记录.

2. 使用光杠杆时手指不能与镜面相碰,光杠杆镜面需与水平面垂直.

3. 光杠杆、望远镜和标尺所构成的光学系统一经调好后,在实验过程中不可再移动.否则所读数据无效,实验应从头做起.

4. 读数若在零点两侧,应注意正负.

5. 加热过程中温度达到 75 ℃ 后务必关闭电源,余温足以使温度满足测量要求.

6. 实验结束时,务必要切断电源,以防长时间通电损坏仪器.

【思考题】

1. 对于一种材料来说,线胀系数是否一定是一个常数?为什么?

2. 两根材料相同、粗细长度不同的金属棒,在同样的温度范围内变化时,它们的线胀系数是否相同?为什么?

3. 分析本实验产生误差的主要原因是什么?采取什么措施可以减少实验误差?

【知识拓展】

1825 年秋,英国在斯托克顿与达灵顿之间铺设了第一条铁路,不料到了第二年夏天,钢轨变得左右弯曲,七歪八扭,有的地方还朝上拱起(图 2.3-7);冬天来了,有些铁轨竟被冻裂成几段.为什么铁路钢轨会出现这样的形变现象?

图 2.3-7 变形的钢轨

原来,物质是由粒子构成的,我们通常把这些小粒子称作分子或原子,这些小粒子在永不停息地做无规则运动.粒子的无规则运动速度与物体的温度有关,当固态物体的温度升高时,它内部的粒子会振动得更快,振动得更远,这些效应会使得物体膨胀,体积增大;同理,当温度下降,物体内部粒子会振动得较慢,且振动距离较短,这使得物体收缩,体积减小.

物体都有热胀冷缩的物理性质(只有少数物质在一定温度范围内会反常膨胀——热缩冷胀,比如水在 0 ℃~4 ℃ 的时候),钢铁也不例外,科学家经过理论分析和计算,当温度升高 1 ℃ 时,钢铁就会增加原长度的十万分之一.

【数据记录】

表 2.3-1　金属棒原长、光杠杆长度及望远镜初始读数

金属棒原长	光杠杆长度	室温下望远镜读数	
$L=$　　　cm	$Z=$　　　cm	$x_上=$　　　cm	$x_下=$　　　cm

表 2.3-2　金属线胀系数的测定

序号	t_i/℃	x_i/cm	$x_{i+3}-x_i$/cm	α_i/℃$^{-1}$	$\bar{\alpha}$/℃$^{-1}$
1	30				
2	40				
3	50				
4	60				
5	70				
6	80				

教师签字：_____

实验日期：_____

【数据处理】

1. 光杠杆 D 的计算：
$$D=\frac{|x_上-x_下|\times 100}{2}=$$

2. 线胀系数 α 的计算：
$$x_4-x_1=$$
$$x_5-x_2=$$
$$x_6-x_3=$$
$$\alpha_1=\frac{Z|x_4-x_1|}{2DL(t_4-t_1)}=$$
$$\alpha_2=\frac{Z|x_5-x_2|}{2DL(t_5-t_2)}=$$
$$\alpha_3=\frac{Z|x_6-x_3|}{2DL(t_6-t_3)}=$$
$$\bar{\alpha}=\frac{\alpha_1+\alpha_2+\alpha_3}{3}=$$

3. α 的相对不确定度为
$$E_{c,\alpha}=\frac{u_{c,\alpha}}{\bar{\alpha}}=\sqrt{\left(\frac{u_{c,L}}{L}\right)^2+\left(\frac{u_{c,D}}{D}\right)^2+\left(\frac{u_{c,Z}}{Z}\right)^2+\left(\frac{u_{c,x}}{x_2-x_1}\right)^2+\left(\frac{u_{c,t}}{t_2-t_1}\right)^2}$$
$$\approx\sqrt{\left(\frac{u_{c,x}}{x_2-x_1}\right)^2+\left(\frac{u_{c,t}}{t_2-t_1}\right)^2}=$$

式中，$u_{c,x}=\frac{0.05}{\sqrt{3}}$ cm，$u_{c,t}=\frac{0.5}{\sqrt{3}}$ ℃.

4. α 的合成不确定度为
$$u_{c,\alpha}=E_{c,\alpha}\cdot\bar{\alpha}=$$

5. 结果完整表示：
$$\alpha=\bar{\alpha}\pm u_{c,\alpha}=$$

实验 2.4　空气中声速的测定

发声体产生的振动在弹性媒介中的传播称为声波,频率超过 20 000 Hz 的声波称为超声波.声速是描述声波在媒介中传播特性的一个基本物理量.实验室测量声速最简单的方法之一就是利用声速 v 与频率 f 和波长 λ 之间的关系,即 $v=f\lambda$ 求出.声速的测量在声波定位、探伤、测距中有着广泛的应用,因此具有重要意义.本实验利用超声波波长短、易于定向发射和汇聚等优点,测量超声波在空气中的传播速度.

【实验目的】

1. 了解压电陶瓷换能器的功能及超声波产生和接收的原理.
2. 掌握用驻波法和相位法测量空气中声速的原理和方法.
3. 学会用逐差法处理数据.

预习视频

【实验原理】

一、压电陶瓷换能器

声学测量通常是指先用电声换能器把声波(或振动)转化成相应的电信号,然后用电子仪表放大到一定的电压,再进行测量与分析的技术.本实验中使用的换能器是由锆钛酸铅制成的压电陶瓷片构成的,利用压电效应可将电能转换成声能或反过来将声能转换成电能.将其中一个压电陶瓷片作为输入端,接收信号发生器发出的电信号,产生机械振动并在空气中激发出超声波;另一个用来接收振动,同时在输出端产生相应的电信号.当信号发生器的输出频率与压电陶瓷管的固有频率相同时,产生共振,超声波振幅达到相对最大.

二、声速测量原理

由公式 $v=f\lambda$ 可知,实验中只要测出声音的频率 f 及波长 λ,即可求出声速 v.f 可由频率计读出,而声音的波长 λ 可以用两种方法测定——驻波法和相位法.

(一)驻波法

发射换能器将交流正弦电压信号转换为声波发射出去,接收换能器将接收到的声波转换成交流正弦电压信号输入示波器,在示波器上可观察到正弦波,实验装置如图 2.4-1 所示.当接收换能器和发射换能器的表面严格平行,入射波与反射波在两换能器之间区域相干叠加形成驻波.

在示波器上观察到的波形,在某些位置时会周期性显示振幅有最小值或最大值.根据波的干涉原理知道:任意两相邻的振幅最大值的位置之间(或两相邻的振幅最小值的位置之间)的距离均为 $\frac{\lambda}{2}$.实验时一边观察示波器上波形的变化,一边缓慢地改变 S_1 和 S_2 之间的距离,每当波幅最大时,记录接收换能器的位置.相邻极大值的间距为 $\frac{\lambda}{2}$,利用此性质可以测量声波的波长.

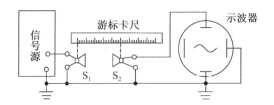

图 2.4-1　声速测量示意图

（二）相位法

将发射交流正弦电压信号和接收正弦电压信号分别输入示波器的 X、Y 轴.将示波器工作模式调到 X-Y 模式,通过示波器来观察两信号的相位差,此时荧光屏上将显示出两个同频率但相互垂直的谐振动的叠加图形——李萨如图形.

从发射换能器发出的超声波通过媒介到达接收换能器,在发射波和接收波之间产生了相位差,有下列关系：

$$\Delta\varphi = 2\pi\frac{L}{\lambda}$$

由上式可知,相位差 $\Delta\varphi$ 每改变 2π,即发射换能器和接收换能器的间距 L 每改变一个波长,相同图形就重复出现一次.叠加后的图形一般为椭圆,而在 $\Delta\varphi$ 取一些特殊值的位置,椭圆退化为直线,如表 2.4-1 所示.

表 2.4-1　不同相位差下的李萨如图形

相位差 $\Delta\varphi$	$\Delta\varphi \neq n\pi$	π	2π	3π	$\Delta\varphi = n\pi$
间距	$L = \dfrac{\Delta\varphi}{2\pi}\lambda$	$\dfrac{\lambda}{2}$	λ	$\dfrac{3}{2}\lambda$	$L = n\dfrac{\lambda}{2}$
图形	○	\	/	\	直线 2、4 或 1、3 象限

由表 2.4-1 可知,不同方向相邻直线相应的相位差为 π,间距为 $\dfrac{\lambda}{2}$.利用此性质,可测量声波的波长.

【实验仪器】

声速测定仪、低频信号发生器、数字频率计、双踪示波器、连接电缆等（图 2.4-2）.

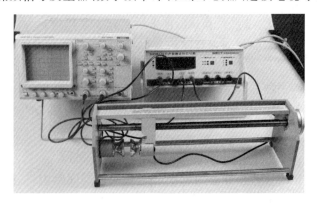

图 2.4-2　声速测定的实验装置

【实验内容及步骤】

按照图 2.4-2 所示连接好电路.

一、共振频率的确定

1. 调节工作频率至驻波系统共振频率附近.此时应先使 S_2 靠近 S_1 至小于 $\frac{\lambda}{2}$（约 0.4 cm，估算 $\lambda : v \approx 300$ m/s，$f \approx 40$ kHz，$\frac{\lambda}{2} \approx 0.4$ cm，但注意不可接触）.

2. S_2 选择 5 个不同的位置,分别在 40 kHz 附近,缓慢调节信号源的频率,即如图 2.4-3 所示"频率调节"旋钮,观察 CH_2 通道所示曲线幅值最大时对应的频率,记录在表 2.4-2 中. 取平均值,作为后续实验的工作频率,实验过程中保持不变.

图 2.4-3 调节"频率调节"旋钮

二、用驻波法测量声速

1. 在共振频率调节的基础上,转动测试架上调节手轮,使接收换能器沿一个方向移动.
2. 观察示波器上正弦波的振幅变化,选择振幅极大值处作为测量起点(图 2.4-4).

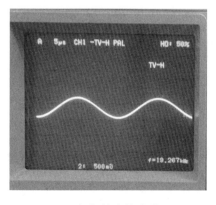
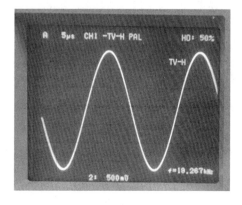

（a）振幅较小的波形　　　　　　（b）振幅较大的波形

图 2.4-4　正弦波振幅变化的观察

3. 继续沿同一方向移动接收换能器,每当正弦波的振幅为极大值时,记录一次接收换能器的位置 L_1,以此逐个找出振幅极大的位置 $L_2,L_3,\cdots,L_8$,将数据填入表 2.4-3 中.

4. 逐差法计算 λ.

三、相位法测量声速

1. 示波器的工作模式选用 X-Y 模式,调节示波器 Y 轴的灵敏度,使得示波器上能合成较好的李萨如图形.

2. 转动测试架上调节手轮,使接收换能器沿一个方向移动,观察示波器上图形变化,可见示波器上的椭圆胀大、扁化、成斜直线的过程,当出现一条斜线时为测量起点(图 2.4-5).

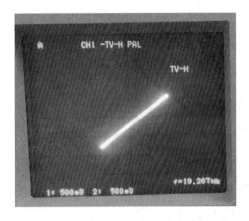   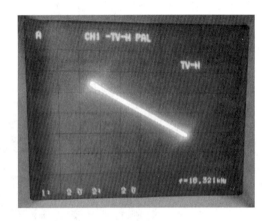

(a) 方向为一、三象限的直线　　　　　　　(b) 方向为二、四象限的直线

图 2.4-5　李萨如图形为直线的情形

3. 继续沿同一方向移动接收换能器,每出现一次同样斜率的直线时,记录一次接收换能器的位置 L_1,以此逐个记录出现斜直线时的位置 $L_2,L_3,\cdots,L_8$,将数据填入表 2.4-3 中.

4. 逐差法计算 λ.

【注意事项】

1. 禁止无目的地乱拧仪器旋钮.
2. 换能器发射端与接收端不可接触.
3. 频率一旦选定,测量声速过程中频率均不变.
4. 测量时手轮必须沿同方向旋转,避免回程差引起的误差.

【思考题】

1. 本实验中的超声波是如何获得的?
2. 测量声速时,为什么要调整信号源的输出频率,使发射换能器处于谐振状态?
3. 固定距离,改变频率,以求声速,是否可行?

第 2 章 力学和热学实验

【数据记录】

室温 $t = $ _____ ℃.

表 2.4-2 测量共振频率　　　　　　　　　　　　　　单位：kHz

f_1	f_2	f_3	f_4	f_5	$\bar{f}$

表 2.4-3 利用驻波法和相位法测量振幅极大的位置

物理量	L_1/mm	L_2/mm	L_3/mm	L_4/mm	L_5/mm	L_6/mm	L_7/mm	L_8/mm	λ/mm	$v/(\text{m} \cdot \text{s}^{-1})$	E_v
驻波法											
相位法											

教师签字：_____

实验日期：_____

59

【数据处理】

1. 计算声速的理论值.

在标准状态下 0 ℃时,声速为 $v_0 = 331.45$ m/s;t ℃时,干燥空气中声速的理论值为

$$v_{t,\text{理论}} = v_0 \sqrt{\frac{T}{T_0}} =$$

式中,$T_0 = 273.15$ K,$T(\text{K}) = (273.15 + t)$ ℃.

2. 用驻波法测量声速.

$$\bar{\lambda} = \frac{(L_5 - L_1) + (L_6 - L_2) + (L_7 - L_3) + (L_8 - L_4)}{8} =$$

$$\bar{f} = \frac{f_1 + f_2 + f_3 + f_4 + f_5}{5} =$$

$$v = \bar{f}\bar{\lambda} =$$

$$E_v = \frac{|v - v_{t,\text{理}}|}{v_{t,\text{理}}} \times 100\% =$$

3. 用相位法测量声速.

$$\bar{\lambda} = \frac{(L_5 - L_1) + (L_6 - L_2) + (L_7 - L_3) + (L_8 - L_4)}{8} =$$

$$\bar{f} = \frac{f_1 + f_2 + f_3 + f_4 + f_5}{5} =$$

$$v = \bar{f}\bar{\lambda} =$$

$$E_v = \frac{|v - v_{t,\text{理}}|}{v_{t,\text{理}}} \times 100\% =$$

实验 2.5　验证动量守恒定律

动量是描述物体运动的一个非常重要的物理量.动量守恒是最早发现的一条守恒定律.在力学实验中,摩擦力的存在会带来许多不便,使某些力学实验结果的误差很大,甚至使有些实验无法进行.采用气垫技术可以克服这一困难,使力学现象更加真实、直观,同时采用光电计时装置测定物体运动时间,从而可以在比较理想的条件下用实验方法精确地测定物体的速度、加速度及在外力作用下的运动定律.本实验利用气垫导轨实验验证动量守恒定律.

【实验目的】

1. 验证动量守恒定律.
2. 掌握用光电计时装置测量速度的方法.
3. 了解非完全弹性碰撞和完全非弹性碰撞的特点.

预习视频

【实验原理】

一、验证动量守恒定律

如果一个系统不受外力或所受外力的矢量和为零,那么这个系统的总动量保持不变,这就是动量守恒定律.本实验研究两滑块在气垫导轨上做水平方向上对心碰撞,若略去滑块运动中受到的黏滞阻力和空气阻力,可以近似认为两滑块组成的系统在水平方向上所受合外力为零,故系统在水平方向上动量守恒.

如图 2.5-1 所示,设滑块 1 和 2 的质量分别为 m_1 和 m_2,碰撞前它们的速度分别为 $v_{1,0}$ 和 $v_{2,0}$,碰撞后的速度分别为 v_1 和 v_2,由动量守恒定律,有

$$m_1 v_{1,0} + m_2 v_{2,0} = m_1 v_1 + m_2 v_2 \tag{2.5-1}$$

式中,各个速度均为代数值,若取向右为 x 轴正方向,则所得与 x 轴正方向一致者为正,相反者为负.

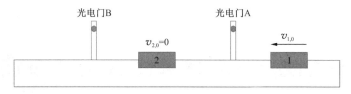

图 2.5-1　两滑块碰撞

相互碰撞的两物体,碰撞后的相对速度和碰撞前的相对速度之比,称为恢复系数,用符号 e 表示:

$$e = \frac{v_2 - v_1}{v_{1,0} - v_{2,0}} \tag{2.5-2}$$

通常可以根据恢复系数对碰撞进行如下分类:

- $e = 0$,即 $v_2 = v_1$,为完全非弹性碰撞;
- $e = 1$,即 $v_2 - v_1 = v_{1,0} - v_{2,0}$,为完全弹性碰撞;

- $0 < e < 1$，为非完全弹性碰撞.

① 非完全弹性碰撞.

方法 1：取 $m_1 = m_2$，将滑块 2 置于 A、B 两光电门之间且靠近 B 门处，使 $v_{2,0} = 0$（用手轻轻挡住，碰撞前一刹那放手），推动滑块 1 以 $v_{1,0}$ 速度去撞滑块 2.

方法 2：取 $m_1 = m_2$，使两滑块在 A、B 门之处分别以 $v_{1,0}$ 和 $v_{2,0}$ 向里做相向运动，碰撞后又分别以 v_1 和 v_2 各自向外运动.

② 完全非弹性碰撞.

完全非弹性碰撞的特点是两滑块碰撞后粘在一起以相同速度运动.两滑块在碰撞前后系统的动量守恒，但机械能不守恒.设碰撞后两滑块的共同速度为 v，则

$$m_1 v_{1,0} + m_2 v_{2,0} = (m_1 + m_2) v \tag{2.5-3}$$

此时 $e = 0$，将滑块 2 置于光电门 A、B 间，且使 $v_{2,0} = 0$，滑块 1 以速度 $v_{1,0}$ 去撞滑块 2，碰撞后两滑块粘在一起以同一速度 v 运动.

为了实现此类碰撞，要在两滑块的碰撞弹簧上加上尼龙胶带或橡皮泥（使用尼龙胶带时里面要封上一块软胶皮），或者换上有尼龙胶带的碰簧.

二、瞬时速度的测量

在气垫导轨的一侧安装两个光电门，它是计时装置的传感器.每个光电门有一个光电二极管，被一个聚光小灯泡所照亮.实验时，将一宽度为 d 的 U 形挡光片置于滑块上，滑块通过设置于导轨某处的光电门时，计时计数测速仪测出挡光时间，于是就可求出滑块通过该光电门处的瞬时速度.挡光片如图 2.5-2 所示，若计时器功能选择在"S_2"挡，当滑块向左（或向右）运动时，挡光片的边缘 1（或 4）进入光电门进行第一次挡光，计时计数测速仪开始计时，当边缘 3（或 2）进入光电门进行第二次挡光时，毫秒计时器停止计时.计时计数测速仪显示的时间 Δt 就是滑块运动经过距离 d 所用的时间，于是，$\dfrac{d}{\Delta t}$ 即可近似认为是滑块通过光电门附近的瞬时速度.实验所用的挡光片的宽度 $d = 3$ cm.

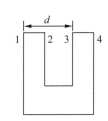

图 2.5-2　挡光片

【实验仪器】

气垫导轨（图 2.5-3）、滑块、光电门、计时计数测速仪、游标卡尺、尼龙胶带.

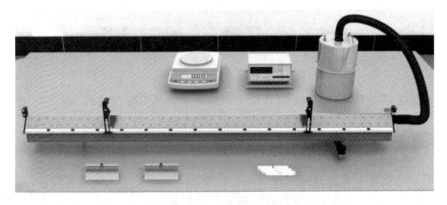

图 2.5-3　气垫导轨实验装置

【实验内容及步骤】

1. 供气时,用纱布沾少许酒精擦拭轨面及滑块内表面,检查气孔是否堵塞.
2. 打开气泵开关,将气垫导轨调水平.

(1) 静态调平.打开气泵开始供气(图 2.5-4),把滑块放在两光电门的中间,松开手,观察滑块滑动方向,若向左滑动,说明气垫导轨左侧偏低,这时顺时针调节导轨上左侧单脚螺旋,使左侧升高(从上往下看,顺时针旋转时使导轨左端升高,反之则降低),这样重复几次调节,使滑块最终能停在两光电门的中间处,即可认为导轨大致水平(实验中总有点往复微动).

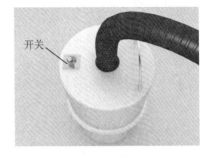

图 2.5-4 打开气泵开关

(2) 动态调平.将滑块从导轨的右端推一下(用力不要过猛),测量出它通过两光电门的时间 t_1 和 t_2,调节导轨上左侧单脚螺旋,使二者尽量接近,从左端推一下滑块,测出挡光时间 t_1' 和 t_2',同样调节,使二者尽量接近,直至 t_1、t_2、t_1'、t_2' 之间的相对差异小于 2% 左右,则可认为导轨的水平已调好.

3. 打开计时计数测速仪(图 2.5-5),连续按动功能键将功能选在 S_2 挡,将转换置于 ms 挡.

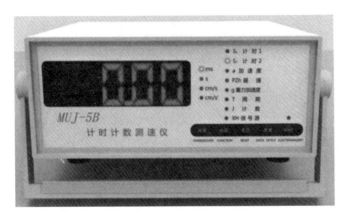

图 2.5-5 计数计时仪挡位选择

4. 非完全弹性碰撞.

方法 1:取两个质量相同的滑块 1 和 2,将滑块 2 置于 A、B 两光电门之间且靠近 B 门处,使 $v_{2,0}=0$(用手轻轻挡住,碰撞前一刹那放手),推动滑块 1 以 $v_{1,0}$ 速度去撞滑块 2.测量通过滑块上 U 形挡光片的时间 $t_{1,A}$(滑块 1 通过 A 门时)和 $t_{2,B}$(滑块 2 通过 B 门时),得到 $v_{1,0}$ 和 v_2,重复 5 次.将实验数据记入表 2.5-1 中.

方法 2:取两个质量相同的滑块 1 和 2,使两滑块在 A、B 门之处分别以 $v_{1,0}$ 和 $v_{2,0}$ 向里做相向运动,碰撞后又分别以 v_1 和 v_2 各自向外运动.测通过滑块上 U 形挡光片的时间 $t_{1,A}$(滑块 1 通过 A 门时)、$t_{2,B}$(滑块 2 通过 B 门时)、$t_{1,A2}$(滑块 1 第二次通过 A 门时)和 $t_{2,B2}$(滑块 2 第二次通过 B 门时),分别计算得 $v_{1,0}$、$v_{2,0}$、v_2 和 v_1 四个速度,重复 5 次.将实验数据记入表 2.5-2 中.

5. 完全非弹性碰撞.

在两滑块的相对碰撞面上换上装有尼龙胶带的碰簧进行碰撞,仍然使 $v_{2,0}=0$,测通过滑块上 U 形挡光片的时间 $t_{1,A}$(滑块 1 通过 A 门时)和 $t_{12,B}$(滑块 1 和 2 通过 B 门时),得到 $v_{1,0}$ 和 v,重复 5 次.将实验数据记入表 2.5-3 中.

【注意事项】

1. 气垫导轨是较精密仪器,实验中必须避免导轨受碰撞、摩擦而变形、损伤,没有给气垫导轨通气时,不准在导轨上强行推动滑块.
2. 实验时滑块的速度不能太大,以免在与导轨两端缓冲弹簧碰撞后跌落而使滑块受损.
3. 气垫导轨通气后,用薄纸条检查气孔,若发现气孔堵塞要疏通.

【思考题】

1. 如果碰撞后测得的动量总是小于碰撞前测得的动量,说明什么问题? 能否出现碰撞后测得的动量大于碰撞前测得的动量呢?
2. 试想实验中:① 把光电门放在靠近或远离碰撞的位置;② 碰撞速度大或小;③ 正碰或不正碰;④ 匀速或不匀速;⑤ 导轨中气压大或小,其结果如何?
3. 恢复系数 e 是否和速度有关? 若在水平气垫导轨与倾斜气垫导轨上通过两滑块的碰撞测恢复系数,试求出 e 值并说明与速度大小的关系.
4. 利用气垫导轨和毫秒表还能进行哪些实验?

【知识拓展】

动量守恒定律是最早发现的一条守恒定律,它渊源于十六、十七世纪西欧的哲学思想,法国哲学家兼数学、物理学家笛卡儿对这一定律的发现做出了重要贡献.

观察周围运动着的物体,我们看到它们中的大多数终归会停下来.宇宙间运动的总量是不是也像一架机器那样,总有一天会停下来呢? 但是,千百年对天体运动的观测,并没有发现宇宙运动有减少的现象,十六、十七世纪的许多哲学家都认为,宇宙间运动的总量是不会减少的,只要我们能够找到一个合适的物理量来量度运动,就会看到运动的总量是守恒的,那么,这个合适的物理量到底是什么呢?

法国哲学家笛卡儿曾经提出,质量和速率的乘积是一个合适的物理量.速率是个没有方向的标量,两个相互作用的物体,最初是静止的,速率都是零,因而这个物理量的总和也等于零;在相互作用后,两个物体都获得了一定的速率,这个物理量的总和不等于零,比相互作用前增大了.

后来,牛顿把笛卡儿的定义略作修改,即不用质量和速率的乘积,而用质量和速度的乘积,这样就得到量度运动的一个合适的物理量,这个量牛顿称之为"运动量",现在我们称之为动量,笛卡儿由于忽略了动量的矢量性而没有找到量度运动的合适的物理量,但他的工作给后来的人继续探索打下了很好的基础.

【数据记录】

表 2.5-1 非完全弹性碰撞方法 1

次数	$t_{1,A}$	$v_{1,0}$	$t_{2,B}$	v_2	恢复系数 e
1					
2					
3					
4					
5					

表 2.5-2 非完全弹性碰撞方法 2

次数	$t_{1,A}$	$v_{1,0}$	$t_{2,B}$	$v_{2,0}$	$t_{1,A2}$	v_1	$t_{2,B2}$	v_2	恢复系数 e
1									
2									
3									
4									
5									

表 2.5-3 完全非弹性碰撞

次数	$t_{1,A}$	$v_{1,0}$	$t_{12,B}$	v	恢复系数 e
1					
2					
3					
4					
5					

教师签字：_____

实验日期：_____

【数据处理】

1. 非完全弹性碰撞方法 1.
滑块 1 碰撞前的速度为
$$v_{1,0} = \frac{d}{t_{1,A}} =$$

滑块 2 碰撞后的速度为
$$v_2 = \frac{d}{t_{2,B}} =$$

恢复系数 e 为
$$e = \frac{v_2 - v_1}{v_{1,0} - v_{2,0}} =$$

2. 非完全弹性碰撞方法 2.
滑块 1 碰撞前的速度为
$$v_{1,0} = \frac{d}{t_{1,A}} =$$

滑块 2 碰撞前的速度为
$$v_{2,0} = \frac{d}{t_{2,B}} =$$

滑块 1 碰撞后的速度为
$$v_1 = \frac{d}{t_{1,A2}} =$$

滑块 2 碰撞后的速度为
$$v_2 = \frac{d}{t_{2,B2}} =$$

恢复系数 e 为
$$e = \frac{v_2 - v_1}{t_{1,0} - v_{2,0}} =$$

3. 完全非弹性碰撞方法.
滑块 1 碰撞前的速度为
$$v_{1,0} = \frac{d}{t_{1,A}} =$$

滑块 1 和滑块 2 碰撞后的共同速度为
$$v = \frac{d}{t_{12,B}} =$$

恢复系数 e 为
$$e = \frac{v_2 - v_1}{t_{1,0} - v_{2,0}} =$$

实验 2.6　用倾斜气垫导轨测重力加速度

重力加速度是很重要的物理参数.测量重力加速度的方法有自由落体法、单摆法以及利用倾斜气垫导轨法.本实验采用倾斜气垫导轨法测重力加速度.

【实验目的】

1. 用倾斜气垫导轨法测定重力加速度.
2. 分析和校正实验中的系统误差.

预习视频

【实验原理】

一、重力加速度的测量公式

如图 2.6-1 所示,一个质量为 m 的滑块在倾角为 θ 的导轨上,对其受力分析可知,沿斜面向下受到重力的分力为 $mg\sin\theta$,沿斜面向上滑块在气垫导轨上运动虽然没有受到接触摩擦力,但是受到空气层的内摩擦力 $f_{阻}$,根据牛顿第二定律,有

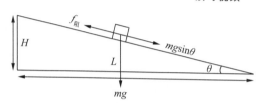

图 2.6-1　滑块受力示意图

$$mg\sin\theta - f_{阻} = ma \tag{2.6-1}$$

已知阻力 $f_{阻}$ 与平均速度成正比,即

$$f = b\bar{v} \tag{2.6-2}$$

其中,比例系数 b 为阻尼系数,将式(2.6-2)代入式(2.6-1),可得

$$mg\sin\theta - b\bar{v} = ma$$

整理后,得重力加速度 g 为

$$g = \frac{a + \dfrac{b\bar{v}}{m}}{\sin\theta} \tag{2.6-3}$$

式(2.6-3)即为本实验的测量公式.由公式可知,要想得到重力加速度 g,只要知道导轨倾角 θ、滑块质量 m、平均速度 $\bar{v}$、阻尼系数 b 以及加速度 a 即可.其中,导轨倾角 θ 和滑块质量 m 容易得到,下面一一介绍平均速度 $\bar{v}$、阻尼系数 b 和加速度 a 的测量.

二、导轨的调平

首先用纱布沾少许酒精擦拭导轨表面,使两光电门相距 60 cm,距轨端大体相同.

1. 静态调平.

打开气泵开始供气,把滑块放在两光电门的中间,松开手,观察滑块滑动方向,若向左滑动,说明气垫导轨左侧偏低,这时顺时针调节导轨上左侧单脚螺旋,使左侧升高(从上往下看,顺时针旋转时使导轨左端升高;反之,则降低),这样重复调节几次,使滑块最终能停在两光电门的中间处,即可认为导轨大致水平(实验中总有点往复微动).

2. 动态调平.

将滑块从导轨的右端推一下（用力不要过猛），测量出它通过两光电门的时间 t_1 和 t_2，调节导轨上左侧单脚螺旋，使两者尽量接近，从左端推一下滑块，测出挡光时间 t_1' 和 t_2'，同样调节使两者尽量接近，直至 t_1、t_2、t_1'、t_2' 之间的相对差异小于 2% 左右，则可认为导轨的水平已调好.

三、平均速度 $\bar{v}$ 的测量

当物体做直线运动时，在很短的时间内可以把平均速度 $\bar{v}$ 值近似看作滑块在某一点的瞬时值. 如图 2.6-2 所示，通常装在滑块上的挡光片为 U 形，挡光片的宽度为 d，利用计时计数测速仪测得挡光时间 t，则

$$v = \frac{d}{t}$$

假设气垫导轨已调至水平状态，滑块以速度 v_A、v_B 通过 A、B 光电门，则平均速度为

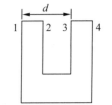

图 2.6-2 挡光片

$$\bar{v} = \frac{v_A + v_B}{2} = \frac{\frac{d}{t_A} + \frac{d}{t_B}}{2} \tag{2.6-4}$$

式中，t_A、t_B 分别为挡光片通过 A 和 B 两光电门的挡光时间.

四、阻尼系数 b 的测量

在气垫导轨水平时，滑块以速度 v_A、v_B 通过 A、B 光电门，则阻尼力为 $f_{阻} = b \frac{v_A + v_B}{2}$，阻尼加速度为 $a_{阻} = \frac{v_A^2 - v_B^2}{2s}$，根据 $f_{阻} = ma_{阻}$，整理后可得阻力系数 b 为

$$b = \frac{m \Delta v}{s}$$

式中，s 为两光电门之间的距离；Δv 为速度损失，$\Delta v = v_A - v_B$.

测量时，一旦导轨调平后，测量两个方向的速度损失 Δv_{AB} 和 Δv_{BA}（两者很接近），则

$$b = \frac{m}{s} \cdot \frac{\Delta v_{BA} + \Delta v_{AB}}{2} \tag{2.6-5}$$

式中，$\Delta v_{AB} = v_A - v_B = \frac{d}{t_A} - \frac{d}{t_B}$，$\Delta v_{BA} = v_B' - v_A' = \frac{d}{t_B'} - \frac{d}{t_A'}$，$t_A$、$t_B$ 分别为滑块滑动去时挡光片通过 A 和 B 两光电门的挡光时间，t_A'、t_B' 分别为滑块滑动回时挡光片通过 A 和 B 两光电门的挡光时间.

五、加速度 a 的测量

$$a = \frac{v_B^2 - v_A^2}{2s} = \frac{d^2}{2s}\left(\frac{1}{t_B^2} - \frac{1}{t_A^2}\right) \tag{2.6-6}$$

式中，d 为挡光片的宽度，s 为两光电门之间的距离，t_A、t_B 分别为挡光片通过 A 和 B 两光电门的挡光时间.

【实验仪器】

气垫导轨、滑块、光电门、计时计数测速仪、游标卡尺、垫块. 实验仪器如图 2.6-3 所示.

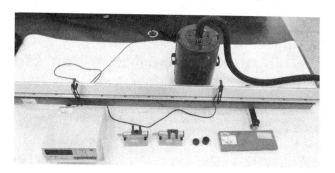

图 2.6-3　实验装置

【实验内容及步骤】

1. 测量滑块的质量、两光电门之间的距离、导轨两支点间的距离及挡光片的厚度,并填入表 2.6-1 中.

2. 打开气泵开关,将气垫导轨调水平(图 2.6-4).

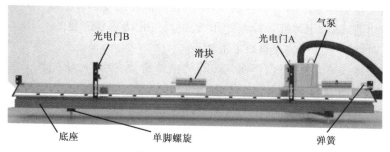

图 2.6-4　气垫导轨调平

3. 调平气垫导轨后测出阻尼系数 b.

(1) 打开计时计数测速仪,将功能选在 S_2 挡,将转换置于 ms 挡(图 2.6-5).

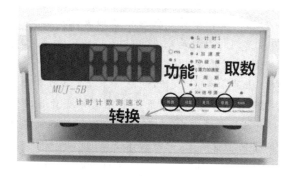

图 2.6-5　计时计数测速仪

(2) 将滑块放置在距离左边光电门 20 cm 左右的位置,给滑块一个初速度,使滑块从气垫导轨的一端运动到另一端,与弹簧接触再反弹回来,整个过程中滑块上的挡光片四次经过光电门.

(3) 点击计时计数测速仪上的"取数"按钮,依次读出此时仪表上的时间 t_A、t_B、t_A'、t_B',将数据记录在表 2.6-2 中.

（4）点击计时计数测速仪上的"复位"按钮,清除所有记录的数据,重复步骤（2）（3）,测量三次,将数据记录在表 2.6-2 中.

4. 实验台上有两个不同高度 H 的垫块,先将较小的垫块垫在气垫导轨的一端,使气垫导轨与水平面成 θ 角,测出气垫导轨两支点间的距离 L,则

$$\sin\theta = \frac{H}{L} \tag{2.6-7}$$

（1）将滑块从高处松手,使之自由滑动,整个过程中滑块上的挡光片两次经过光电门.点击计时计速测速仪上的"取数"按钮,读出此时挡光片经过光电门的时间 t_A、t_B,重复三次测量,将数据记录在表 2.6-3 中.

（2）改变导轨的倾角 θ.取下较小垫块,换上较大垫块,重复步骤（1）,将数据记录在表 2.6-2 中.

（3）将两个垫块叠加垫在气垫导轨的一端,重复步骤（1）,将数据记录在表 2.6-2 中.

【注意事项】

1. 禁止用手接触导轨面和滑块内表面,防止表面损伤或变形.
2. 气垫导轨通气后,用薄纸条检查气孔,若发现气孔堵塞要疏通.
3. 未通气时严禁手持滑块在导轨上滑动.
4. 使用前先将气垫导轨通气,再在气垫导轨上放滑块；使用完毕先取下滑块,再断开气垫导轨气源,然后用布罩保护.

【思考题】

1. 使用气垫导轨时应注意什么?
2. 如何调平气垫导轨?
3. 如何测量阻尼系数 b 和速度损失 Δv?

【知识拓展】

重力加速度测量方法的发展

世界上第一个被人们注意到的力就是地球的引力.地球吸引着地球附近的所有物体,使各种物体落向地球.因此,人们很早就有兴趣研究这种力的性质.最早要从亚里士多德说起.亚里士多德曾经在他的力学中给出过一条关于引力的性质.他说,当物体受到地球的引力而下落时,重的东西下落得快,轻的东西下落得慢.不过,亚里士多德并没有做这个实验.第一个认真分析这个论断的是伽利略.据伽利略的学生记载,伽利略曾在比萨斜塔做过自由落体实验,同时扔下了一个铁球和木球,结果两者同时落地了,证明落体下落的时间与物体的重量无关.亚里士多德的引力理论被实验否定了.但是,据某些科学史家的考证,伽利略并没有做过盛传的比萨斜塔实验.当时,他并不是用斜塔,而是用斜面来完成这个实验的.他发现,不同质料的小球从斜面上滑下时所用的时间是相同的.他又用进一步的实验,测出了重力加速度的数值.

伽利略被称为第一位现代物理学家.他把物理学这门科学引上了正路,建立了人类智慧历史的不朽丰碑,为日后牛顿力学、爱因斯坦相对论的产生做出了重大贡献.

随着物理学的不断发展、思想认识的不断提高、科学技术的不断进步,现在有了很多种测量重力加速度的方法,有单摆法、凯特摆法、三线摆法、气垫导轨法和自由落体法等.

【数据记录】

表 2.6-1　滑块的质量、两光电门之间的距离、导轨两支点间的距离及挡光片的宽度

滑块的质量	两光电门之间的距离	气垫导轨两支点间的距离	挡光片的宽度
$m=$　　　g	$s=$　　　cm	$L=$　　　cm	$d=$　　　cm

表 2.6-2　阻尼系数 b 的测量

序号	t_A/ms	v_A/(cm/s)	t_B/ms	v_B/(cm/s)	t_A'/ms	v_A'/(cm/s)	t_B'/ms	v_B'/(cm/s)	Δv_{AB}/(cm/s)	Δv_{BA}/(cm/s)	b/(g/s)	$\overline{b}$/(g/s)
1												
2												
3												

表 2.6-3　重力加速度的测量

序号	H/mm	$\overline{H}$/mm	t_A/ms	t_B/ms	a/(cm/s^2)	$\overline{a}$/(cm/s^2)	g/(cm/s^2)	$\overline{g}$/(cm/s^2)
1								
2								
3								

教师签字：_____

实验日期：_____

【数据处理】

$$\sin\theta = \frac{H}{L} =$$

1. 平均速度 $\bar{v}$ 为

$$\bar{v} = \frac{v_A + v_B}{2} =$$

2. 阻尼系数 b 为

$$\Delta v_{AB} = v_A - v_B = \frac{d}{t_A} - \frac{d}{t_B} =$$

$$\Delta v_{BA} = v_B' - v_A' = \frac{d}{t_B'} - \frac{d}{t_A'} =$$

$$b = \frac{m}{s} \cdot \frac{\Delta v_{BA} + \Delta v_{AB}}{2} =$$

3. 加速度 a 为

$$a = \frac{d^2}{2s}\left(\frac{1}{t_B^2} - \frac{1}{t_A^2}\right) =$$

4. 重力加速度 g 为

$$g = \frac{a + \frac{b\bar{v}}{m}}{\sin\theta} =$$

5. 相对误差为

$$E = \frac{|\bar{g} - g_{标}|}{g_{标}} \times 100\% =$$

（当地 $g_{标} = 979.4 \text{ cm/s}^2$）

实验 2.7　金属丝杨氏模量的测定(拉伸法)

弹性模量是表征在弹性限度内物质材料抗拉或抗压的物理量,仅取决于材料本身的物理性质,它是工程设计和科学研究中材料选择的一个重要依据.人们将纵向弹性模量命名为杨氏模量,来纪念英国物理学家托马斯·杨(Thomas Young)对弹性力学所做的贡献.本实验采用静态拉伸法测量金属丝的杨氏模量,此方法主要是用光杠杆放大法测量微小形变量,进而求出杨氏模量.

【实验目的】

1. 学会用拉伸法测定金属丝的杨氏模量.
2. 掌握用光杠杆放大法测量微小长度变化的原理和方法.
3. 学会用逐差法处理数据.

预习视频

【实验原理】

一、杨氏模量的测量公式

物体在外力作用下会产生形变,当外力停止作用后能立刻恢复形状的,称为弹性形变.若外力超过一定限度或作用时间过长,去掉外力后形变不能完全消失,这就超出弹性限度,称为塑性形变.

胡克定律指出,在弹性限度内弹性体的应变与其应力成正比.对于一根长度为 L、截面积为 $S=\dfrac{\pi d^2}{4}$ 的均匀金属丝,在沿长度方向的力 F 作用下伸长 ΔL,$\dfrac{F}{S}$ 是单位截面积上所受作用力,称为应力,$\dfrac{\Delta L}{L}$ 是相对形变量,称为应变,则有

$$\frac{F}{S}=Y\frac{\Delta L}{L} \tag{2.7-1}$$

式中,比例系数 Y 就是该金属丝的杨氏模量.

$$Y=\frac{4FL}{\pi d^2 \Delta L} \tag{2.7-2}$$

在国际单位制中,Y 的单位为 N/m^2,即帕.

实验证明,杨氏模量与长度 L、截面积 S 无关,只与金属丝的材料性质有关,因此它是表征固体材料性质的物理量.

为了测量杨氏模量,由式(2.7-2)可知,只要测得 F、d、L、ΔL 即可,外力 F 可由实验中钢丝下面悬挂的砝码的重力求出,金属丝原长 L 可用米尺测得,钢丝直径 d 可由螺旋测微器测量,而金属丝的伸长量 ΔL 一般是个微小量(此实验中,当 $L=1$ m 时,F 每变化 1 千克力相应的 ΔL 约为 0.3 mm),本实验利用光杠杆的光学放大作用实现对钢丝微小伸长量的间接测量.

二、光杠杆放大原理

光杠杆是利用放大法测量微小长度变化的仪器,光杠杆包括光杠杆镜架和镜面两大部分,如图 2.7-1 所示,镜架的三足尖构成等腰三角形,等腰三角形的底边到顶角的距离称为光杠杆常数 Z.镜面为可绕轴调节并旋转的圆形平面镜.

图 2.7-1　光杠杆　　　　　图 2.7-2　光杠杆原理

将光杠杆和尺读望远镜按图 2.7-2 所示放好,按仪器调节顺序调好全部装置后,就会在望远镜中看到经由光杠杆平面镜反射的标尺像.设开始时,光杠杆的平面镜竖直,即镜面法线水平,在望远镜中恰能看到望远镜处标尺刻度 A_0 的像.当挂上重物使钢丝受力伸长后,光杠杆的后足尖随之下降 ΔL,光杠杆平面镜转过一较小角度 θ,法线也转过同一角度.此时从望远镜中看到的像是标尺刻度 A_i 经平面镜反射所成的像,标尺刻度线的像移为 $\Delta A = A_i - A_0$.因 θ 角很小,故有以下几何关系:

$$\begin{cases} \theta \approx \tan\theta = \dfrac{\Delta L}{Z} \\ 2\theta \approx \tan 2\theta = \dfrac{\Delta A}{D} \end{cases} \tag{2.7-3}$$

式中,Z 为光杠杆常数,D 为光杠杆平面镜至尺读望远镜标尺的距离.从以上两式消去 θ,得

$$\Delta L = \frac{Z}{2D}\Delta A \tag{2.7-4}$$

微小位移量 ΔL 可以通过较易准确测量的 Z、D、ΔA 间接求得.将式(2.7-4)代入式(2.7-2),可得

$$Y = \frac{8FLD}{\pi d^2 Z \Delta A} \tag{2.7-5}$$

式(2.7-5)为本实验的测量公式.

【实验仪器】

杨氏模量测量仪、光杠杆、尺读望远镜、螺旋测微器、砝码、钢卷尺.

【实验内容及步骤】

一、长度测量

用米尺单次测量钢丝原长 L，用游标卡尺单次测量光杠杆常数 Z，测量光杠杆至望远镜的距离 D，并记入表 2.7-1 中。用螺旋测微器多次测量钢丝的直径 d，记入表 2.7-2 中。

二、杨氏模量测量仪的调整

1. 将钢丝上端固定在支架的上夹头，下端用可以自由移动的夹具夹紧，让其穿过平台的小孔，下夹头悬挂码钩，预加 0.36 kg 砝码使钢丝拉直（图 2.7-3），码钩与这一砝码拉力不计入以后的计算中。

2. 调整支架的底座螺钉，使钢丝竖直，工件平台水平（用水平仪）。调节平台高度与下夹头上端齐平，此时钢丝的下夹头不能与周围支架碰蹭。

3. 光杠杆的两前足放在工件平台的沟槽内，后足放在下夹头的平面上。调整平面镜的平面，使其铅直（图 2.7-4）。

图 2.7-3 钢丝固定和预加重

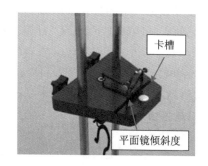

图 2.7-4 平面镜放置方式和倾斜度调节

4. 望远镜标尺架放在距光杠杆平面镜约 1.5 m 处，调整望远镜镜筒与平面镜等高，使望远镜镜筒垂直平面镜，如图 2.7-5 所示。

5. 初步寻找标尺的像。用眼睛直接从望远镜镜筒外观察平面镜反射，看镜中有无标尺的像。若未见到，则左右移动望远镜标尺架（图 2.7-6），同时观察平面镜，直到在平面镜中看到标尺的像。

6. 调望远镜找标尺的像。先调望远镜目镜，看到清晰的十字叉丝；再调调焦手轮，使标尺成像在十字叉丝平面上；最后要在望远镜目镜中看到清晰的标尺刻线和十字叉丝，如图 2.7-6 中望远镜放大镜像所示。

7. 调平面镜镜面，使其垂直于望远镜光轴，并使望远镜十字叉丝水平线正好压住标尺零刻度线或靠近零刻度线的某一刻度线上。

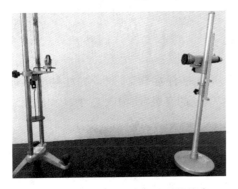
图 2.7-5　望远镜镜筒与平面镜等高

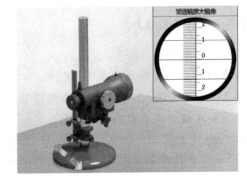
图 2.7-6　调节望远镜使在平面中能看到标尺的像

三、分划板上、下叉丝读数的测量

分别测出望远镜镜筒中分划板的上叉丝和下叉丝的读数,求出 D.

实验中使用长春第一光学仪器厂生产的尺度望远镜,测出 D 值,公式如下:

$$2D = |x_下 - x_上| \times 100 \tag{2.7-6}$$

式中,$x_上$、$x_下$ 分别为望远镜镜筒中分划板的上叉丝和下叉丝的读数,100 是尺常数,由厂家设计.

四、用尺读望远镜测量叉丝读数

读取叉丝在标尺上的位置读数,然后将每个质量为 0.36 kg 的砝码逐个放到码钩上(注意放置砝码时必须轻轻放下,以免与码钩发生碰撞而使钢丝产生非弹性形变),依次读取叉丝位置读数,共加 5 个砝码(不包含原有的一个),得到 6 个位置读数 A.再加一个砝码,不记录数据.然后再逐个轻轻取走砝码,同样逐次读取位置读数 A',共 6 个.在表 2.7-3 中记数顺序需要注意:增重为从上向下,减重为从下向上.

五、用逐差法计算 ΔA

用逐差法计算 ΔA(注意所求 ΔA 是加几块砝码的伸长量),求出其杨氏模量,计算不确定度并写出结果.

【注意事项】

1. 光杠杆、尺读望远镜和标尺所构成的光学系统一经调好后,在实验过程中不可再移动.否则数据无效,实验应从头做起.
2. 增减砝码时应轻拿轻放,待系统稳定后才能读取刻度尺刻度.
3. 读数若在零点两侧,应注意正负.
4. 注意保护平面镜和望远镜,不能用手触摸镜面.
5. 实验时要防止砝码掉落,注意人身安全.

【思考题】

1. 材料相同、粗细不同的两根钢丝,它们的杨氏模量是否相同?
2. 实验中如发生不慎碰动望远镜、光杠杆的情况,应如何处理?
3. 实验中为什么加砝码和减砝码时各记录一次相同负荷下的读数?

【数据记录】

米尺示值误差限＝_____,螺旋测微器示值误差限＝_____,游标卡尺示值误差限＝_____,螺旋测微器的零点读数 d_0＝_____.

表 2.7-1　长度的测量

钢丝原长 L	光杠杆常数 Z	光杠杆与望远镜的距离 D

表 2.7-2　钢丝的直径的测量

次数	1	2	3	4	5	6	平均值 $\overline{d'}$	$d=\overline{d'}-d_0$
d'/cm								

表 2.7-3　钢丝受外力后伸长量的测量

测量次数	砝码质量/kg	增砝码 A/mm	减砝码 A'/mm	平均值 A_i/mm	$\Delta A_i=(A_{i+3}-A_i)$/mm
1	0.36				
2	0.72				
3	1.08				
4	1.44				—
5	1.80				—
6	2.16				—

教师签字：_____
实验日期：_____

【数据处理】

1. L、Z、D 的不确定度.

单次测量,只考虑 B 类不确定度.

$$u_L = \sigma_{L,仪} = \frac{\Delta_{L,仪}}{\sqrt{3}} =$$

$$u_Z = \sigma_{Z,仪} = \frac{\Delta_{Z,仪}}{\sqrt{3}} =$$

$$u_D = \sigma_{D,仪} = \frac{\Delta_{D,仪}}{\sqrt{3}} =$$

2. d 的不确定度.

$$\overline{d'} = \quad , \quad \overline{d} = \overline{d'} - d_0 =$$

$$S_{\overline{d}} = \sqrt{\frac{\sum_{i=1}^{n}(d_i' - \overline{d'})^2}{n(n-1)}} = \quad , \quad \sigma_{d,仪} = \frac{\Delta_{d,仪}}{\sqrt{3}} =$$

$$u_d = \sqrt{S_{\overline{d}}^2 + \sigma_{d,仪}^2} =$$

3. ΔA 的不确定度.

$$\Delta A_i = A_{i+3} - A_i = \quad , \quad \overline{\Delta A} = \frac{1}{3}\sum_{i=1}^{3}(A_{i+3} - A_i) =$$

$$S_{\overline{\Delta A}} = \sqrt{\frac{\sum_{i=1}^{3}(\Delta A_i - \overline{\Delta A})^2}{3 \times (3-1)}} = \quad , \quad u_{\Delta A,仪} = \sigma_{\Delta A,仪} = \frac{\Delta_{\Delta A,仪}}{\sqrt{3}} =$$

$$u_{\Delta A} = \sqrt{S_{\overline{\Delta A}}^2 + u_{\Delta A,仪}^2} =$$

4. 杨氏模量的求解.

$$F = 3mg = \quad , \quad \overline{Y} = \frac{8FLD}{\pi d^2 Z \Delta A} =$$

$$E_Y = \frac{u_Y}{\overline{Y}} = \sqrt{4\left(\frac{u_d}{\overline{d}}\right)^2 + \left(\frac{u_L}{L}\right)^2 + \left(\frac{u_Z}{Z}\right)^2 + \left(\frac{u_D}{D}\right)^2 + \left(\frac{u_{\Delta A}}{\overline{\Delta A}}\right)^2} =$$

$$u_Y = E_Y \overline{Y} =$$

5. 结果表示:

$$\begin{cases} Y = \overline{Y} \pm u_Y = \\ E_Y = \dfrac{u_Y}{\overline{Y}} = \end{cases}$$

实验 2.8 液体表面张力系数的测定

液体跟气体接触的表面存在一个薄层,叫作表面层.液体表面层分子所处的环境与内部分子所处的环境不同,表面层里的分子比液体内部稀疏,分子间的距离比液体内部大一些,分子间的相互作用表现为引力,具有尽量缩小其表面积的趋势,即存在表面张力.表面张力能说明液体的许多现象,如泡沫的形成、浸润和毛细现象等.本实验通过对液体表面张力系数的测定,了解与液体表面性质相关的知识.

【实验目的】

1. 了解液体的表面性质,掌握拉脱法测定液体表面张力系数的方法.
2. 掌握用硅压阻力敏传感器测量微小力的原理和方法.
3. 学会用逐差法处理数据.

预习视频

【实验原理】

一、液体表面张力系数的测量公式

将一表面洁净的金属环竖直地浸入液体中,然后缓慢地提起,这时金属环将带起一层液膜(厚度约为 10^{-5} m),液面呈弯曲状,如图 2.8-1 所示.由于提拉是缓慢匀速的,因此可知三个力处于平衡状态,即竖直向上的拉力 F、竖直向下的金属环的重力 mg 以及沿液面切线方向的液体表面张力 f 在竖直方向的分力,则有

$$F = mg + f\cos\theta \tag{2.8-1}$$

图 2.8-1　收缩的纯净水膜

式中,θ 为接触角.液膜在金属环提拉过程中,当提拉力 F 增大到一定程度,使接触角 $\theta=0$ 时便会脱离,此时金属环受力平衡,则

$$F = mg + f \tag{2.8-2}$$

因表面张力 f 的大小与接触面的周边界长度 L 成正比,即

$$f = \alpha L = \alpha \pi (D_内 + D_外) \tag{2.8-3}$$

式中,$D_内$、$D_外$ 为金属环的内、外直径;α 为液体的表面张力系数,单位是 N/m,在数值上等于单位长度上的表面张力.由式(2.8-3),可得

$$\alpha = \frac{f}{\pi(D_内 + D_外)} \tag{2.8-4}$$

表面张力系数 α 与液体的种类、纯度、温度和上方的气体成分有关.实验表明,液体的温度越高,α 值越小;所含杂质越多,α 值也越小.只要上述这些条件保持不变,α 值就是一个常数.本实验的关键在于测定 $F - mg$,即金属环受到的向下的表面张力 f.本实验利用硅压阻力敏传感器将力的大小转换成电信号,实现对表面张力的间接测量.

二、硅压阻力敏传感器

硅压阻力敏传感器由弹性梁和贴在梁上的传感器芯片组成,其中芯片由四个硅扩散电阻集成一个非平衡电桥,当外界压力作用在金属梁上时,在压力作用下,电桥失去平衡,此时将有电压信号输出,输出电压 U 的大小与所加外力 F 成正比,即

$$U = kF \tag{2.8-5}$$

式中,k 叫作力敏传感器灵敏度,单位为 V/N.

环形液膜即将拉断前一瞬间数字电压表读数 $U_i = k(mg + f)$,液膜拉断后数字电压表读数 $U_i' = kmg$,则两电压的差值与表面张力成正比,即

$$\Delta U = U_i - U_i' = kf \tag{2.8-6}$$

将式(2.8-6)代入式(2.8-4)中,可得液体表面张力系数为

$$\alpha = \frac{f}{\pi(D_内 + D_外)} = \frac{\Delta U}{k\pi(D_内 + D_外)} \tag{2.8-7}$$

式(2.8-7)为本实验的测量公式.

【实验仪器】

FD-NST-Ⅰ型液体表面张力系数测定仪、砝码盘、砝码、镊子、金属环、玻璃器皿、待测液体、游标卡尺.实验装置如图 2.8-2 所示.

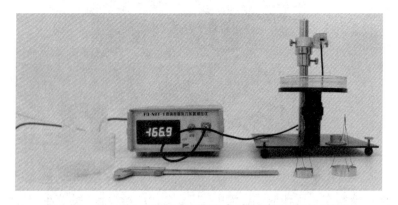

图 2.8-2　FD-NST-Ⅰ型液体表面张力系数测定仪等实验装置

【实验内容及步骤】

一、金属环的测量与清洁

1. 用游标卡尺测量金属环的内径 $D_内$（图 2.8-3）和外径 $D_外$（图 2.8-4），要求在不同方位测 5 次，取平均值，并将测量结果填入表 2.8-1 中.

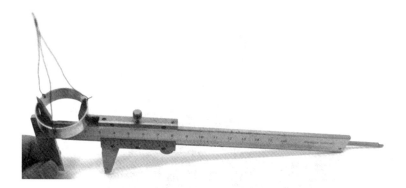

图 2.8-3 用游标卡尺测量金属环的内径

图 2.8-4 用游标卡尺测量金属环的外径

2. 金属环的表面状况与测量结果有很大关系.实验前应将金属环在酒精中浸泡 20～30 s，然后用蒸馏水冲洗干净.

二、硅压阻力敏传感器的定标

1. 开机预热 15 min 后，将砝码盘轻轻挂在硅压阻力敏传感器后，将数字电压表调零.

2. 依次将质量 $m_0=0.5$ g 的 6 个砝码放入砝码盘，记录下相应的电压值（表 2.8-2），用逐差法求出硅压阻力敏传感器的灵敏度 k.

三、液体表面张力系数的测定

1. 利用水平仪调整升降台，使其水平.

2. 调整金属环，使之水平.

3. 将金属环轻挂在硅压阻力敏传感器的吊钩上（图 2.8-5），同时将装有待测液体的玻璃器皿放在升降台上，液面装至玻璃器皿高度一半左右.

4. 升起升降台，将金属环的下沿全部浸没于待测液体中.

5. 反向旋转升降台高度调节旋钮，使液面逐渐下降，这时金属环和液面间形成一环形液膜.注意液膜在即将拉断时一定要缓慢，不要使液面波动太大.继续反向旋转升降台高度调节旋钮，使液面下降，测出环形液膜即将被拉断前瞬间数字电压表的示值 U_i 和液膜被拉断后数字电压表的示值 U_i'，并将测量结果填入表 2.8-3 中.

6. 重复步骤 4、5 5 次,求出 $\Delta U(=U_i-U_i')$、f 和 α.

7. 实验结束后将金属环用洁净纸擦干,放入盒内,并将玻璃器皿内待测液体倒入收集缸内,用纸擦干净.

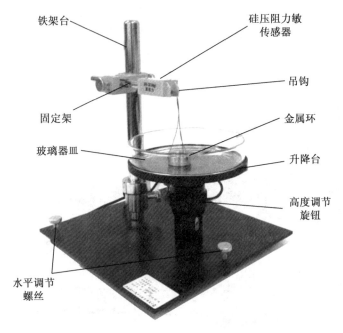

图 2.8-5 液体表面张力系数测定仪

【注意事项】

1. 实验之前,仪器须开机预热 15 min.

2. 务必保持金属环和待测液体清洁,确保金属环平整,防止引起金属环弯曲变形.

3. 硅压阻力敏传感器受力 ≤ 0.098 N.实验时一定要轻挂轻取,千万不要手上施力.

4. 电压表的读数趋势为先升高再降低,当读数读到最大值时,一定要缓慢旋转下降高度调节旋钮,否则动作过大会导致液面脱离.

5. 液膜被拉断前的操作应特别仔细、缓慢,此时不能使液膜受到振动或受气流的干扰,防止液膜过早破裂.

【思考题】

1. 在对硅压阻力敏传感器定标时,如果初始未清零,则对仪器灵敏度有何影响?

2. 拉脱法的物理本质是什么?

3. 实验中怎样操作,才能在水膜拉破瞬间得到比较准确的测量数值?

4. 实验中你可能会发现液膜不是在电压表读数最大时破裂,试解释之.

5. 若考虑拉起液膜的重量,对实验结果应作如何修正?

【数据记录】

游标卡尺示值误差限＝_____，游标卡尺的零点读数 d_0＝_____．

1. 金属环内、外径的测量．

表 2.8-1　金属环内径和外径的测量

测量次数	1	2	3	4	5	平均值
$D_内$/cm						
$D_外$/cm						

2. 硅压阻力敏传感器的定标．

表 2.8-2　硅压阻力敏传感器的定标

测量次数	砝码/g	增重 U_i'/mV	减重 U_i''/mV	平均 U_i/mV
0	0.0			
1	0.5			
2	1.0			
3	1.5			
4	2.0			
5	2.5			
6	3.0			

3. 液体表面张力系数的测量．

表 2.8-3　液体表面张力系数的测量

测量次数	脱离前瞬间 U_i/mV	脱离后 U_i'/mV	ΔU_i/mV	$f/(\times 10^{-3}\text{N})$	$\alpha/(\times 10^{-3}\text{N}\cdot\text{cm}^{-1})$
1					
2					
3					
4					
5					

教师签字：_____

实验日期：_____

【数据处理】

1. 金属环内径和外径的计算.

$$\overline{D_{内}} = \frac{1}{5}(D_{内1} + D_{内2} + D_{内3} + D_{内4} + D_{内5}) =$$

$$\overline{D_{外}} = \frac{1}{5}(D_{外1} + D_{外2} + D_{外3} + D_{外4} + D_{外5}) =$$

2. 硅压阻力敏传感器的灵敏度计算.

$$U_i = \frac{U_i' + U_i''}{2} =$$

$$\Delta U = \frac{(U_3 - U_0) + (U_4 - U_1) + (U_5 - U_2)}{3} =$$

$$k = \frac{\Delta U}{3mg} = \qquad (g \text{ 取 } 9.8 \text{ N/kg})$$

3. 液体表面张力系数的计算.

$$\Delta U_i = U_i - U_i' =$$

$$f = \frac{\Delta U}{k} =$$

$$\alpha = \frac{f}{\pi(\overline{D_{内}} + \overline{D_{外}})} =$$

$$\overline{\alpha} = \frac{1}{5}(\alpha_1 + \alpha_2 + \alpha_3 + \alpha_4 + \alpha_5) =$$

实验 2.9 弦振动的研究

物体在平衡位置附近所作的往返运动叫作振动.振动现象在自然界中广泛存在,钟摆的摆动、水中浮标的上下浮动、树梢在微风中的摇摆等都是振动.振动在媒介中传播就形成了波,驻波是由两列沿相反方向传播的振幅相同、频率相同的波叠加所形成的,常见的弦乐器和管乐器的发声都是利用驻波振动.利用弦振动实验,可研究振动和波的形成、传播和干涉现象的出现、驻波的形状和波长及相关物理量的关系.

【实验目的】

1. 观察弦振动时形成的驻波.
2. 了解波在弦上的传播及驻波形成的条件.
3. 验证弦振动的波长与弦张力之间的关系.

预习视频

【实验原理】

实验装置如图 2.9-1 所示,细而轻的弦线一端以小螺钉固定于电振音叉上,另一端经支撑点 D、由砝码绕过定滑轮挂住,弦线张力 T 即为砝码重力.音叉可在电磁线圈 B 与吸合振子 K′ 关联驱动下以固有频率 f 振动并带动弦线一端做受迫振动(弦振动的频率应与音叉的频率相等),形成一系列向支撑点前进的

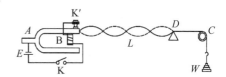

图 2.9-1 实验装置示意图

横波,在支撑点处反射后沿相反的方向传播,在音叉与支撑点间往返传播的横波叠加形成一定的驻波.

一、弦线上形成的驻波

正弦波沿着拉紧的弦传播,其达到弦的另一端时会发生反射,则它们的波动方程分别为

$$y_1 = A\sin 2\pi\left(\frac{x}{\lambda} - ft\right) \tag{2.9-1}$$

$$y_2 = A\sin 2\pi\left(\frac{x}{\lambda} + ft\right) \tag{2.9-2}$$

式中,A 为简谐波的振幅,f 为频率,λ 为波长,x 为弦上质点的坐标位置.两波叠加后的合成波为驻波,其方程为

$$y = y_1 + y_2 = 2A\sin\left(\frac{2\pi x}{\lambda}\right)\cos(2\pi ft) \tag{2.9-3}$$

由此可见,弦上各点都在以同一频率做简谐运动,它们的振幅为 $\left|2A\sin\left(\frac{2\pi x}{\lambda}\right)\right|$,只与质点的位置 x 有关,与时间无关.当 $x = \frac{(2k+1)\lambda}{4}$ 时振幅最大,称为波腹;当 $x = \frac{2k\lambda}{4}$ 时振幅为零,称为波节,其中 $k = 0, 1, 2, 3, \cdots$.两相邻波腹(或波节)之间的距离等于形成驻波的相干波

波长的一半.当弦的长度 L 恰为半波长的整数倍时产生共振,驻波的波长 λ 与弦长 L 满足

$$\lambda = \frac{2L}{n}(n=1,2,3,\cdots) \tag{2.9-4}$$

式中,n 为弦线上驻波的段数,即半波数.可见形成驻波时可方便地测得波长 λ.

二、横波的波速

弦振动可视作一维的波动,紧绷的弦线上一点做横向受迫振动,会导致横波沿弦线传播并在其端点发生反射,前进波与反射波干涉便产生驻波.分析可知弦振动满足波动方程:

$$\frac{\partial^2 y}{\partial t^2} = \frac{T}{\rho} \cdot \frac{\partial^2 y}{\partial x^2} \tag{2.9-5}$$

式中,x 为波动传播方向,y 为振动位移方向,ρ 为弦线的线密度,T 为弦线张力,弦上波速为

$$u = \sqrt{\frac{T}{\rho}} \tag{2.9-6}$$

三、形成驻波时 λ 与 T 的关系

根据波动公式 $u=f\lambda$,结合式(2.9-6),可得弦振动波长与张力的关系为

$$\lambda = \frac{1}{f}\sqrt{\frac{T}{\rho}} \tag{2.9-7}$$

本实验验证式(2.9-7)时,为得到弦线振幅最大且稳定的驻波,以便测出不同张力下的波长 λ,可采用如下方法:取适当长的弦线,在电动音叉带动下,起振后适当调节张力,即可看见驻波现象.在初选固定张力下慢慢移动支撑点的位置,细调弦长,并注意观察,当出现波腹极大而且稳定,且仅限于 y 方向振动时,即可进行测量.

验证式(2.9-7)还可采用直观的图解法,对式(2.9-7)取对数,得

$$\ln\lambda = \frac{1}{2}\ln T - \frac{1}{2}\ln\rho - \ln f \tag{2.9-8}$$

因 ρ 和 f 均为确定值,故以 $\ln\lambda$ 对 $\ln T$ 作图,应为直线,且其斜率为 $\frac{1}{2}$.如果 ρ 事先测得,则由直线的截距还可求得弦振动的频率值,并与音叉的频率进行比较.

【实验仪器】

电振音叉、弦线、定滑轮、砝码盘、砝码、米尺,如图 2.9-2 所示.

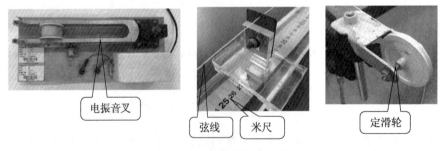

图 2.9-2 实验装置实物图

【实验内容及步骤】

一、观察弦振动驻波的形成

如图 2.9-1 所示,挂好弦线并通电,调节振子螺钉(注意不可过紧)使音叉振动起来,固定弦长约 70 cm,手按弦线以改变张力,观察弦上形成不同半波个数时的驻波,取 $n=1,2,3,4,5$,可用手感觉张力 T 的不同,并估计其数值.

二、λ-T 关系研究

1. 取半波数 $n=1$,在砝码盘上加入相应质量的砝码,微调弦长 L(通过沿着弦线方向慢慢移动支撑点 D),获得稳定的、最大的振幅,并且振动仅沿 y 方向(无 z 方向运动),分别记下弦线两个端点的位置 x_1、x_2,填入表 2.9-1 中,通过公式计算得出相应的 λ 值及 T 值.

2. 取对数 $\ln\lambda$、$\ln T$,并作 $\ln\lambda$-$\ln T$ 图,以验证其线性关系及振动频率.

3. 对本实验进行误差分析.

【注意事项】

1. 实验开始前须调节轮滑使弦线水平,并使弦线与振动源成一直线.
2. 保持实验系统平稳,避免空气或各种晃动对弦振动的影响.
3. 改变挂在弦线一端的砝码时,要使砝码稳定后再进行测量.
4. 在砝码自由悬挂状态下不得调节弦的拉紧度.实验完毕后应取下砝码,使弦松弛.

【思考题】

1. 通过实验,说明弦线共振频率或波速与哪些条件有关?

2. 要验证 $f=\dfrac{1}{\lambda}\sqrt{\dfrac{T}{\rho}}$ 的关系,实验应如何安排?

【知识拓展】

有趣的驻波

牛顿第三定律告诉我们,力的作用是相互的,且两个物体之间的作用力与反作用力大小相等,方向相反,作用在同一直线上.应用牛顿第三定律,也可以形成我们所说的驻波,而且是非常美丽的驻波.

火箭是由于喷射气体而产生推力运动的,但是它们的扩散速度并没有火箭快.当气体过度膨胀时,与外部大气相比,排出的气体压强较低,导致排气被向内挤压.这种压缩增加了排气的压力,但是,气流可能被压缩得太多,以致其压力超过大气压.结果,气流再次向外膨胀以减小压力.此过程也可能延伸得比较远,导致内部压力再次降至低于环境压力.无论如何,每次气流通过这些压缩和膨胀过程之一时,内部压力和外部压力之间的差都会减小.随着时间的流逝,压缩和膨胀过程会不断重复,直到排气压力变得与周围大气压相同为止.这就是形成马赫环的原因.

这些现象都是由于驻波产生的结果,这导致在空间上形成一系列的节点与波腹.由牛顿第三定律可知,施加的推动会产生相反的力,从而形成加压(波腹)和减压(波节)区域.

科学家的故事——发现共振现象的沈括

沈括是我国北宋时期著名的科学家,他博学多才,不仅精通天文、数学、化学、地理学、农学和医学,还对音乐和物理学有深入研究.

他还善于举一反三,能够将各个学科融会贯通.有一天,沈括和几个爱好音乐的朋友聚在一起喝茶聊天.其中一位朋友跟大家讲了一件他遇到的奇怪事儿:"我家的琵琶,一直放在一间空屋里,平时没人弹奏.可前天我突然发现,当我在另一个屋子里用少数民族的管乐器演奏燕乐'双调'(指我国隋唐至宋代宫廷宴饮时供娱乐欣赏的艺术性很强的歌舞音乐)时,那个空屋里的琵琶自己发出了声音.我刚开始以为自己听错了,就让仆人专门站在琵琶旁边听,反复了几次,我才确定,只要是用这个少数民族的管乐器演奏燕乐'双调',琵琶就发声,用其他乐器演奏,琵琶就不发声."

众人听罢议论纷纷,有的说是鬼神附琴,还有的说是屋子有邪气,总之说什么的都有,但都解释不了其中的原因.只有沈括坐在一旁一言不发、气定神闲,于是,大家提议让见多识广的沈括来解释."每个乐器都有自己的音调,如果一个静止中的乐器的音调与某一弹奏中的乐器的音调相同,那么它就会发出应和声,这其实是一种正常的现象.琵琶跟着管乐器弹奏出的燕乐'双调'应和发声就是这种现象,跟所谓的神灵或妖魔鬼怪没有任何关系,大家就不要吓唬他了."

沈括的这番解释,并非信口开河.在这个问题上,他曾做了多次实验:在七弦琴上,有宫、商、角、徵、羽、少宫、少商七条弦.其中少宫、少商的音阶要比宫、商的音阶高,但它们的音调相同.沈括把一个剪好的小纸人放在少宫弦上,他发现,当拨动宫弦时,放在少宫弦上的纸人就动了起来,但是拨动其他弦时,纸人却一动不动.用少商和商两弦做实验时,也得到同样的结果.

他接着给这位朋友解释说:"这是声音的奇妙之处,很多人不知道.因此,至今也没有人能奏出最和谐的天籁之音."那位朋友听了,长舒一口气,众人也信服了.

为了再次证明这个现象,沈括又在不同的乐器上进行实验,最终得出的结论和他的那个朋友遇到的怪现象一样:当一种弹奏中的乐器与一种静止的乐器音调相同时,那个静止的乐器也会发出声响.沈括也将这个现象总结为:当一个发声体发生振动时,与之频率相同的发声体也会随之振动.他将这种现象称为"应声",也就是现代物理学中的"共振".

在西方,共振现象是由意大利物理学家伽利略在17世纪首先描述的,沈括比他早了五六百年.虽然伽利略对共振的分析更深入,但沈括在那么早的时代就对声学现象作出研究,已经非常难得了.

【数据记录】

表 2.9-1　数据记录

$m_{码}$/g	半波数 n	x_1/cm	x_2/cm	$|x_2-x_1|$/cm	$\lambda_i=\dfrac{2|x_2-x_1|}{n}$/cm	$\ln\lambda_i$	$\ln T$
20							
40							
60							
80							
100							
120							

已知弦线的线密度 $\rho=4.92\times10^{-5}$ kg/m，振动频率的理论值 $f_{理论}=103$ Hz.

教师签字：＿＿＿＿＿＿＿＿

实验日期：＿＿＿＿＿＿＿＿

【数据处理】

1. 根据公式计算波长 λ_i 和张力 T.

$$\lambda_i = \frac{2|x_2 - x_1|}{n} =$$

$$T = (m_{码} + m_{盘}) \times 10^{-3} \times g =$$

2. 分别算出相对应的 $\ln\lambda_i$ 和 $\ln T$.

根据公式 $\ln\lambda = \frac{1}{2}\ln T - \frac{1}{2}\ln\rho - \ln f$,在图 2.9-3 中完成 $\ln\lambda$-$\ln T$ 曲线,可得到斜率 $k =$ _____,截距 $-\frac{1}{2}\ln\rho - \ln f =$ _____.

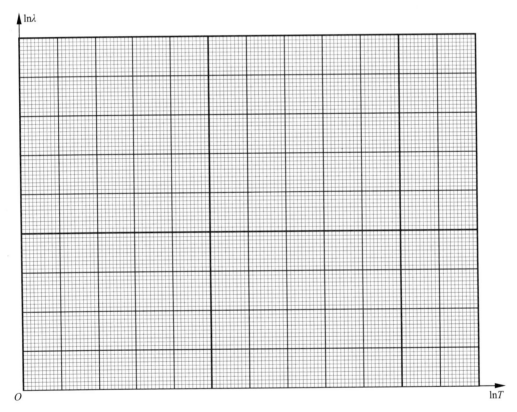

图 2.9-3　$\ln\lambda$-$\ln T$ 曲线图

将 $\rho = 4.92 \times 10^{-5}$ kg/m³ 代入式(2.9-8),即可算出 $f =$ _____,与理论值相比,其百分误差为 $E = \dfrac{|f - f_{理论}|}{f_{理论}} \times 100\% =$ _____.

实验 2.10 冷却法测量金属的比热容

当物体的温度高于周围环境温度时物体向周围媒质传递热量,物体逐渐冷却时遵循牛顿冷却定律,即当物体表面与周围环境存在温度差时,单位时间从单位面积散失的热量与温度差成正比,比例系数称为热传递系数.根据牛顿冷却定律,测定金属的比热容是热学中常用的方法之一.本实验以铜样品为标准样品,测定铁样品在 100 ℃时的比热容.

【实验目的】

1. 了解牛顿冷却定律及金属的比热容.
2. 熟悉金属比热容测量仪的使用方法.
3. 掌握用冷却法测定金属比热容的实验原理和计算方法.

预习视频

【实验原理】

一、金属比热容的测量公式

单位质量的物质,温度升高(或降低)1 K 所吸收(或放出)的热量,称为该物质的比热容 (specific heat capacity),用 c 表示,比热容的单位是焦耳/(千克·开)[J/(kg·K)],其值随着温度而变化.当物质温度降低 ΔT 时,物质放出的热量为

$$\Delta Q = cM\Delta T \tag{2.10-1}$$

将质量为 M_1 的金属样品加热后,放在较低温度的介质(例如,室温的空气)中,样品将逐渐冷却.由物质的比热容的定义可知,当物体温度降低 ΔT 时,单位时间内它所放出的热量为

$$\frac{\Delta Q}{\Delta t} = c_1 M_1 \left(\frac{\Delta T}{\Delta t}\right)_1 \tag{2.10-2}$$

式中,c_1 为金属样品在温度 T_1 时的比热容,$\left(\dfrac{\Delta T}{\Delta t}\right)_1$ 为金属样品在温度 T_1 时的温度下降速率.

根据牛顿冷却定律,若金属样品的表面温度为 T_1,周围介质的温度为 T_0,样品外表面的面积为 S_1,则该物体的热损失率为

$$\frac{\Delta Q}{\Delta t} = \alpha_1 S_1 (T_1 - T_0)^m \tag{2.10-3}$$

式中,α_1 为热交换系数,m 为实验常数(强迫对流时 $m=1$,自然对流时 $m=\dfrac{5}{4}$).

由式(2.10-2)和式(2.10-3),可得

$$c_1 M_1 \left(\frac{\Delta T}{\Delta t}\right)_1 = \alpha_1 S_1 (T_1 - T_0)^m \tag{2.10-4}$$

同理,对质量为 M_2、比热容为 c_2、表面温度为 T_2 的另一种金属样品,可有同样的表达式:

$$c_2 M_2 \left(\frac{\Delta T}{\Delta t}\right)_2 = \alpha_2 S_2 (T_2 - T_0)^m \tag{2.10-5}$$

联立式(2.10-4)和式(2.10-5),可得 $c_2 = c_1 \dfrac{M_1 \left(\dfrac{\Delta T}{\Delta t}\right)_1}{M_2 \left(\dfrac{\Delta T}{\Delta t}\right)_2} \dfrac{\alpha_2 S_2 (T_2 - T_0)^m}{\alpha_1 S_1 (T_1 - T_0)^m}$

若实验过程中保持周围介质温度不变(即室温 T_0 恒定),两样品有相同的温度,即 $T_1 = T_2$,且两样品的形状尺寸(如细小的圆柱体)、表面状况(如涂层、色泽等)都相同,即 $S_1 = S_2$、$\alpha_1 = \alpha_2$,则上式可以简化为

$$c_2 = c_1 \dfrac{M_1 \left(\dfrac{\Delta T}{\Delta t}\right)_1}{M_2 \left(\dfrac{\Delta T}{\Delta t}\right)_2} \tag{2.10-6}$$

如果已知标准金属样品的比热容 c_1、质量 M_1,待测样品的质量 M_2 及两样品在温度 T 时冷却速率之比,就可以求出待测金属材料的比热容 c_2.

二、热电偶测温技术

热电偶数字显示测温技术是当前生产实际中常用的测量方法,它有着更广的测量范围和更高的计量精度,并可以自动补偿热电偶的非线性因素等,应用广泛.本实验采用常用的铜-康铜做成的热电偶(其热电势约 0.004 2 mV/℃),测量端口接到测量仪的"输入端",测量热电势差的实验仪由高灵敏度、高精度、低漂移的放大器加上满量程为 20 mV 的三位半数字电压表组成.实验仪内部装有冰点补偿电路,数字电压表显示的毫伏数可直接查附表 13 换算成对应的待测温度值.

因为热电偶的热电动势与温度的关系在同一小温差范围内(如 98 ℃~102 ℃)可以看成线性关系,即 $\dfrac{\left(\dfrac{\Delta T}{\Delta t}\right)_1}{\left(\dfrac{\Delta T}{\Delta t}\right)_2} = \dfrac{\left(\dfrac{\Delta E}{\Delta t}\right)_1}{\left(\dfrac{\Delta E}{\Delta t}\right)_2}$,式(2.10-6)可以简化为

$$c_2 = c_1 \dfrac{M_1 (\Delta t)_2}{M_2 (\Delta t)_1} \tag{2.10-7}$$

式(2.10-7)为本实验的测量公式.

【实验仪器】

金属比热容测定仪、铜-康铜热电偶、物理天平、样品(铜、铁)等,如图 2.10-1 所示.

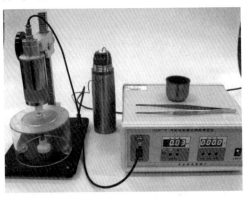

图 2.10-1 测量装置实物图

【实验内容及步骤】

开机前先连接好金属比热容测定仪和铜-康铜热电偶,热电偶冷端插入装有室温水的保温杯中.

1. 用天平称出(铜、铁)两种实验样品的质量,填入数据记录 1 中.
2. 根据铜-康铜热电偶分度表(查附表 13),把温度对应的热电动势值填入数据记录 2 中.
3. 测量铜和铁在 100 ℃时的比热容.

(1) 将铜样品套在容器内的热电偶上,调节支架上的手轮,下降实验架(图 2.10-2),使电烙铁套于样品上,开启金属比热容测定仪上电源开关和加热开关;用铜-康铜热电偶测量实验样品的温度,当电压表读数超过 5.00 mV 时(图 2.10-3),断开加热开关,上升加热支架,盖上隔热盖;让样品继续安放在与外界基本隔绝的防风容器内自然冷却(筒口必须盖上隔热盖).

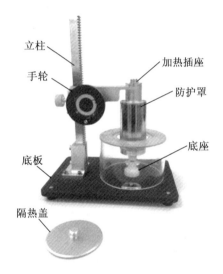

图 2.10-2　金属比热容测定仪结构图

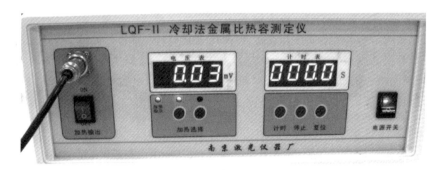

图 2.10-3　金属比热容测定仪

(2) 冷却过程中,观察金属比热容测定仪中的电压值,当电压表显示为样品 102 ℃ 对应的电压值时,迅速按下时间指示下方的"计时"按钮;一段时间后,当电压表显示为样品 98 ℃ 对应的电压值时,再次迅速按下时间指示下方的"停止"按钮,记录此时仪器上显示的时间,即为样品降温所需要的时间 Δt_1.

(3) 重复以上步骤(1)(2),再次测量铜样品的降温时间,填入表 2.10-1 中.

(4) 铜样品测量完毕之后,用镊子换取样品,继续测铁样品.重复以上步骤(1)(2)(3),测量铁样品的降温时间,并填入表 2.10-1,每个样品重复测量 6 次.

【注意事项】

1. 向下移动加热装置时,动作要慢,应注意要使被测样品垂直放置,以使加热装置能完全套入被测样品.

2. 仪器的加热指示灯亮,表示正在加热;如果连接线未连好或加热温度过高(超过 200 ℃)导致自动保护,指示灯不亮.

3. 样品在防风圆筒中自然冷却时,筒口必须盖上盖子.

4. 测量降温时间时,按"计时"或"停止"按钮应迅速、准确,以减小人为计时误差.

5. 加热后样品烫手,勿用手触摸,以免烫伤,应使用镊子换取样品.

【思考题】

1. 为什么实验应该在防风筒(即样品室)中进行?
2. 每次加热到一定温度后再断开加热开关降温,这个温度对样品降温速率有没有影响?
3. 分析实验过程中引起本实验的误差因素有哪些?应如何消除?

【知识拓展】

牛顿的杰出贡献

艾萨克·牛顿(Isaac Newton),英国伟大的数学家、物理学家、天文学家和自然哲学家,其研究领域包括了物理学、数学、天文学、神学、自然哲学和炼金术.牛顿的主要贡献有:发明了微积分,发现了万有引力定律和经典力学,设计并实际制造了第一架反射式望远镜,等等.他被誉为人类历史上最伟大、最有影响力的科学家.为了纪念牛顿在经典力学方面的杰出成就,"牛顿"后来成为衡量力的大小的物理单位.

在物理学方面,牛顿取得了巨大成就.牛顿运动定律[牛顿第一定律(惯性定律——它明确了力和运动的关系及提出了惯性的概念)、牛顿第二定律(加速度与合外力的关系)、牛顿第三定律(作用力和反作用力的关系)]是牛顿提出的物理学的三个运动定律的总称,被誉为经典物理学的基础.

【数据记录】

1. 记录样品质量：$M_{Cu}=$ _____ g，$M_{Fe}=$ _____ g.

2. 样品降温时，起始温度与结束温度所对应的热电动势计算.

温差 98 ℃对应的热电动势为 _____ mV，温差 102 ℃对应的热电动势为 _____ mV，温差 120 ℃对应的热电动势为 _____ mV.

热电偶冷端温度为 _____ ℃，对应的热电动势为 _____ mV.

热端(样品)98 ℃对应的热电动势为 _____ mV，热端(样品)温差 102 ℃对应的热电动势为 _____ mV，热端(样品)120 ℃对应的热电动势为 _____ mV.

3. 将样品由 _____ mV 下降到 _____ mV 所需时间填入表 2.10-1 中.

表 2.10-1 实验数据表

样品	次数						平均值 Δt
	1	2	3	4	5	6	
$\Delta t_{Cu}/s$							
$\Delta t_{Fe}/s$							

教师签字：_____

实验日期：_____

【数据处理】

铜：$c_{Cu} = 385 \text{ J/(kg·K)}$

$\overline{\Delta t_{Cu}} =$

铁：$\overline{\Delta t_{Fe}} =$

$$\overline{c_{Fe}} = c_{Cu} \frac{M_{Cu} \overline{\Delta t_{Fe}}}{M_{Fe} \overline{\Delta t_{Cu}}} = \qquad \text{J/(kg·K)}$$

1. M_{Fe} 的合成不确定度：

$$u_{c, M_{Fe}} = u_{B, M_{Fe}} =$$

2. M_{Cu} 的合成不确定度：

$$u_{c, M_{Cu}} = u_{B, M_{Cu}} =$$

3. Δt_{Fe} 的合成不确定度：

$$u_{A, \Delta t_{Fe}} = \sqrt{\frac{\sum_{i=1}^{n}(\Delta t_i - \overline{\Delta t})^2}{n(n-1)}} =$$

$$u_{B, \Delta t_{Fe}} = \frac{\Delta_{仪}}{\sqrt{3}} =$$

$$u_{c, \Delta t_{Fe}} = \sqrt{u_{A, \Delta t_{Fe}}^2 + u_{B, \Delta t_{Fe}}^2} =$$

4. Δt_{Cu} 的合成不确定度：

$$u_{A, \Delta t_{Cu}} = \sqrt{\frac{\sum_{i=1}^{n}(\Delta t_i - \overline{\Delta t})^2}{n(n-1)}} =$$

$$u_{B, \Delta t_{Cu}} = \frac{\Delta_{仪}}{\sqrt{3}} =$$

$$u_{c, \Delta t_{Cu}} = \sqrt{u_{A, \Delta t_{Cu}}^2 + u_{B, \Delta t_{Cu}}^2} =$$

5. c_{Fe} 的相对不确定度：

$$E_{c_{Fe}} = \sqrt{\left(\frac{u_{c, M_{Fe}}}{M_{Fe}}\right)^2 + \left(\frac{u_{c, \Delta t_{Fe}}}{\Delta t_{Fe}}\right)^2 + \left(\frac{u_{c, M_{Cu}}}{M_{Cu}}\right)^2 + \left(\frac{u_{c, \Delta t_{Cu}}}{\Delta t_{Cu}}\right)^2} =$$

6. c_{Fe} 的合成不确定度：

$$u_{c_{Fe}} = E_{c_{Fe}} \times \overline{c_{Fe}} =$$

7. 测量结果表示：

$$c_{Fe} = \overline{c_{Fe}} \pm u_{c_{Fe}} =$$

第 3 章 电磁学实验

实验 3.1 电子元件伏安特性的测量和修正

电子元件伏安特性是指加在电子元件两端的电压变化时,通过该元件的电流相应地发生变化的关系.如果两者呈线性关系,则称该元件为线性元件,如常用的电阻、电阻箱、滑动变阻器等;如果二者的变化不呈线性关系,则称该元件为非线性元件,如二极管、热敏电阻等.因此,根据一个电子元件的伏安特性,就可知其导电特性,以确定它在电路中所起的作用.本实验通过对线性元件电阻的伏安特性的测量,掌握常用电学仪器的基本性能和使用方法.

【实验目的】

1. 学习和训练看图接线的技能.
2. 掌握用伏安法测电阻时系统误差的修正方法.
3. 了解合成不确定度的计算方法.

预习视频

【实验原理】

当一个电子元件两端加上直流电压,元件内有电流通过时,电压 U 与电流 I 之比称为该元件的电阻 R_x,即

$$R_x = \frac{U}{I} \tag{3.1-1}$$

上式就是欧姆定律,电压 U 和电流 I 可分别用电压表和电流表测量.

如图 3.1-1 所示,用伏安法测量电阻的电路中,根据电流表的不同接法分为两种:电流表内接法和电流表外接法.由于电流表、电压表均有内阻(分别为 R_A 和 R_V),所以不论用哪种接法,都不能严格满足式(3.1-1).若用内接法,则电压表测的是 R_x 和 R_A 两端的电压,如图 3.1-2(a)所示;若用外接法,则电流表测的是通过电阻 R_x 和电压表 R_V 的电流之和,如图 3.1-2(b)所示.这样会引进一定的系统误差,但这种系统误差是有规律可循的,只要将误差修正,就能得到测量的准确结果.

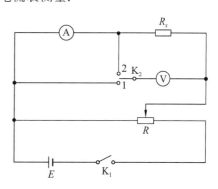

图 3.1-1 测量线路

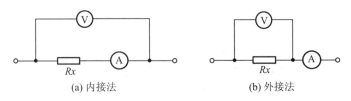

(a) 内接法　　　　　　　　　　(b) 外接法

图 3.1-2　电流表的两种接法

一、电流表内接法

电流表内接时，电压表读数 U 包含了电流表上的电压 U_A，即测得的电阻为

$$R_x' = \frac{U}{I} = \frac{U_x + U_A}{I} = R_x + R_A$$

则

$$R_x = R_x' - R_A \tag{3.1-2}$$

此方法测得的电阻比实际电阻 R_x 偏大，由电流表引入的误差可由式(3.1-2)进行修正，电流表内阻 R_A 就是系统误差的修正值。由此可以看出，当 $R_x \gg R_A$ 时，$R_x' \approx R_x$，即电阻阻值较大时，可采用电流表内接法测量．

二、电流表外接法

电流表外接时，电流表读数 I 包含了电压表上的电流 I_V，即测得的阻值为

$$R_x' = \frac{U}{I} = \frac{U}{I_x + I_V} = \frac{R_x R_V}{R_x + R_V}$$

则

$$R_x = R_x' \cdot \frac{R_V}{R_V - R_x'} \tag{3.1-3}$$

此方法测得的电阻比实际电阻 R_x 偏小，由电压表引入的误差可由式(3.1-3)进行修正．由此可以看出，当 $R_x \ll R_V$ 时，$R_x' \approx R_x$，即电阻阻值较小时，可采用电流表外接法测量．

【实验仪器】

直流稳压电源、电流表、电压表、滑动变阻器、待测电阻、单刀双掷开关、导线若干，实验仪器如图 3.1-3 所示．

图 3.1-3　实验仪器

【实验内容及步骤】

一、用伏安法测两个不同阻值的电阻

1. 待测电阻阻值约为 20 Ω,电源电压为 5 V 时.

根据电路图 3.1-1 连接实物图(图 3.1-4),接线前先将电源输出电压调至最小,滑动变阻器的分压电阻调到最小值,即 a 端(图 3.1-5).

断开开关,电压表和电流表选择合适的量程.线路接好并检查无误后闭合开关,接通电源.先把单刀双掷开关 K_2 拨至 1,对应电流表内接进行测量,缓慢移动滑动变阻器至 3 个不同位置,读取此时电压表和电流表示数.接着再把单刀双掷开关 K_2 拨至 2,对应电流表外接进行测量,缓慢移动滑动变阻器至 3 个不同位置,读取此时电压表和电流表示数,记录在表 3.1-2 中.

图 3.1-4　实物接线图　　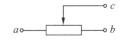　图 3.1-5　滑动变阻器

2. 待测电阻阻值约为 1 kΩ,电源电压为 10 V 时.

同上操作步骤,选择合适的电压表和电流表量程进行测量.读取电压表和电流表示数,记录在表 3.1-2 中.

3. 求出系统误差修正值和合成不确定度,并写出完整表达式.

【注意事项】

1. 连接电路时,电源必须处于关闭状态.
2. 接通电源之前确保开关处于断开状态.
3. 注意电表的正负极性,选择合适的量程,勿使电路中的电压、电流超过仪表量程.
4. 接线前先将电源输出电压调至最小值,滑动变阻器的分压电阻调到最小值.线路接好并检查无误后才能闭合开关,接通电源.
5. 读取表盘示数时,视线与表盘刻度垂直.

【思考题】

1. 滑动变阻器主要有哪几种用途？结合本次实验给予说明.
2. 本实验中系统误差是由什么因素引起的？为何要进行修正？如何修正？

【知识拓展】

电阻是反映物质的一种电气特性.按照导电特性,可以把物质分为超导体、导体、半导体和绝缘体.

从实际使用出发,为得到各种电气性能,需用不同的材料、结构和制造工艺,做成具有不同电阻值的电阻器和元件.电阻元件被广泛应用于电工、电子仪器和仪表中.

根据所用材料、结构和工艺的特点,可以把电阻分为线绕电阻、碳膜电阻、金属膜电阻和金属氧化膜电阻;根据电阻引线端钮数目,可分为两端钮电阻和四端钮电阻.从测量的观点出发,按照电阻值的大小,又可分为低值电阻($<1\ \Omega$)、中值电阻($1\sim10^5\ \Omega$)和高值电阻($>10^6\ \Omega$).

在工程和实验室中,所需测量电阻值范围很宽,约 $10^{-8}\sim10^{17}\ \Omega$,测量方法也很多,每种方法都有各自的特点.表 3.1-1 列出了常用的测量方法、测量范围和测量的不确定度.

表 3.1-1 测量电阻的常用方法和特点

测量方法	测量范围/Ω	测量不确定度/%
万用表(欧姆挡)法	$10^{-2}\sim10^{8}$	$5\sim0.5$
数字欧姆表法	$10^{-6}\sim10^{11}$	$10\sim0.001$
伏安法	$10^{-8}\sim10^{6}$	$1\sim0.2$
单臂电桥法	$10\sim10^{10}$	$10\sim0.002$
单电桥替代法	$10^{3}\sim10^{6}$	$0.001\sim0.0001$
双电桥法	$10^{-6}\sim10^{3}$	$2\sim0.01$
电位差计法	$10^{-3}\sim10^{6}$	$0.1\sim0.0001$
高阻电桥法	$10^{4}\sim10^{12}$	$0.1\sim0.0001$
超高阻电桥法	$10^{8}\sim10^{13}$	$1\sim0.3$

【数据记录】

电表内阻 $R_A = 0.5\ \Omega, R_V = 10\ \text{k}\Omega$，准确度等级都是 0.5.

表 3.1-2　线性电阻的测量

电源	待测电阻阻值		U/V	I/mA	R_x'/Ω	$\overline{R_x'}$/Ω	R_x/Ω	$u_{A,R_x'}$/Ω	u_A/Ω	$u_{B,A}$/Ω	$u_{B,V}$/Ω	u_c/Ω	$(R_x \pm u_c)$/Ω
$U=5$ V	$R_{x1}=$ 20 Ω	内接法											
		外接法											
$U=10$ V	$R_{x2}=$ 1 kΩ	内接法											
		外接法											

教师签字：_____

实验日期：_____

【数据处理】

1. 修正后的 R_x.

内接法：
$$R_x = \overline{R_x'} - R_A =$$

外接法：
$$R_x = \overline{R_x'} \cdot \frac{R_V}{R_V - \overline{R_x'}} =$$

2. R_x 的 A 类不确定度.

内接法：
$$u_{A,R_x'} = \sqrt{\frac{\sum_{i=1}^{n}(R_{x_i}' - \overline{R_x'})^2}{n(n-1)}} =$$

$$u_A = u_{A,R_x'} =$$

外接法：
$$u_{A,R_x'} = \sqrt{\frac{\sum_{i=1}^{n}(R_{x_i}' - \overline{R_x'})^2}{n(n-1)}} =$$

$$u_A = \left| \frac{R_V}{R_V - \overline{R_x'}} \right| \cdot u_{A,R_x'} =$$

3. R_x 的 B 类不确定度为
$$u_B = \frac{\Delta_{仪}}{\sqrt{3}} =$$

其中，$\Delta_{仪} = \pm 量程 \times 准确度等级 \%$.

4. 合成不确定度及结果完整表示：
$$E_c = \sqrt{\left(\frac{u_{B,V}}{U_{量}}\right)^2 + \left(\frac{u_{B,A}}{I_{量}}\right)^2 + \left(\frac{u_A}{R_x}\right)^2} =$$

$$u_c = E_c \cdot R_x =$$

$$R = R_x \pm u_c =$$

实验 3.2 模拟法测绘静电场

用实验方法直接测量静电场时,将测量探针置入电场后会发生感应或极化,空间电场的分布也将随之改变.为了解决这个困难,我们采用模拟法,建立一个与静电场有相似的数学函数表达式的模拟场,通过对模拟场的测定,可以间接地获得原静电场的分布.模拟法是一种重要的科学研究方法.

【实验目的】

1. 学习用模拟法测绘静电场的原理和方法.
2. 加深对电场强度和电势概念的理解.

预习视频

【实验原理】

一、同轴电缆的电场和电势分布

设在真空中有两个无限长的同轴金属圆柱面,各带等量异号电荷,则两柱面间将存在静电场.假设内圆柱面外半径为 a,外圆柱面内半径为 b,其电势值分别为 $U_a=U_0$ 和 $U_b=0$(图 3.2-1).由于电场分布的轴对称性,可以只考虑垂直于中心轴线的任一截面.

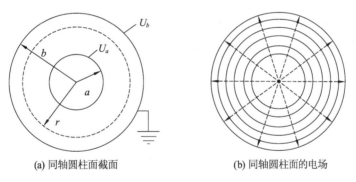

(a) 同轴圆柱面截面　　(b) 同轴圆柱面的电场

图 3.2-1　同轴圆柱面截面及其电场

根据静电场的高斯定理和电势的定义式,可求出两圆柱面间的电势分布为

$$U_r = U_0 \frac{\ln\dfrac{b}{r}}{\ln\dfrac{b}{a}} \tag{3.2-1}$$

式中,r 为场点到中心轴线的距离.

根据模拟原理,可仿造一个与上述静电场分布完全一样的场——稳恒电流场.在说明这个模型之前,还必须注意到:一般带电体激发的静电场是分布在全空间的,所以模拟的稳恒电流场必须是三维空间场才行.但对于上述的轴对称分布的电场来说,因为其电场线都在垂直柱面的一系列类似的平面内,并且每个平面内电流线的分布也都相同,这样,只需取其中任何一个薄层来测量电势的平面分布,相应地,圆柱面电极就可以用圆环状平面电极代替.

于是,可以设计如下的模拟模型:在导体纸上装上同轴圆环电极 A、B,使内、外环的半径分别等于内、外圆柱面的外半径 a 和内半径 b;两电极分别与直流电源的正、负极相连,并使 $U_A = U_a = U_0$,$U_B = U_b = 0$,则在两极间的导电纸中将有稳恒电流通过,形成稳恒电流场.

二、模拟形成的稳恒电流场分布

设导电纸的厚度为 t、电阻率为 ρ,则半径为 r 的圆周到半径为 $r+dr$ 的圆周之间导电纸的电阻为 $dR = \rho \dfrac{dr}{S} = \dfrac{\rho dr}{2\pi rt}$,由此可得半径为 r 的圆周到外环 B 间的电阻为

$$R_{rB} = \int_r^b dR = \dfrac{\rho}{2\pi t}\ln\dfrac{b}{r}$$

由此可得内、外环 A、B 间总电阻为

$$R_{AB} = \dfrac{\rho}{2\pi t}\ln\dfrac{b}{a}$$

于是从内环 A 呈辐射状流向外环 B 的总电流为

$$I_{AB} = \dfrac{U_0}{R_{AB}} = U_0 \dfrac{2\pi t}{\rho \ln\dfrac{b}{a}}$$

则半径为 r 的圆周与外径 B 间的电势差为

$$U_r = R_{rB} \cdot I_{AB} = U_0 \dfrac{\ln\dfrac{b}{r}}{\ln\dfrac{b}{a}} \tag{3.2-2}$$

比较式(3.2-1)和式(3.2-2)可见,稳恒电流场与静电场的电势分布是相同的.由于稳恒电流场和静电场具有这种等效性,因此,要想测绘静电场的分布,只需测绘相应的稳恒电流场的分布即可.

图 3.2-2 给出了两根长直带电直线和聚焦电极的电位分布.

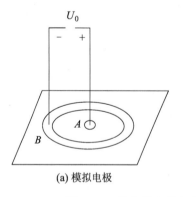
(a) 模拟电极

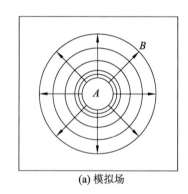
(a) 模拟场

图 3.2-2 两根长直带电直线和聚焦电极的电位分布

注意:模拟法的使用有一定的条件和范围,不能随意推广,否则将会得到荒谬的结论.用稳恒电流场模拟静电场的条件可以归纳为下面三点:

(1) 稳恒电流场中的电极形状应与被模拟的静电场中的带电体的几何形状相同.

(2) 稳恒电流场中的导电介质是不良导体且电导率分布均匀,这样才能保证电流场中的电极表面也近似是一个等势面.

(3) 模拟所用的电极系统与原电极系统的边界条件相同.

【实验仪器】

静电场描绘仪、导电纸、复写纸、白纸、圆规、米尺、游标卡尺、导线、探针线、内环、外环，实验仪器如图 3.2-3 所示.

图 3.2-3　实验仪器

【实验内容及步骤】

1. 用游标卡尺测量内环 A 的外径 D_A，用米尺测量外环 B 的内径 D_B，选择三个不同的位置(图 3.2-4)，测量 3 次，将数据记录在表 3.2-1 中.

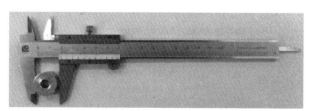

(a) 用游标卡尺测内环的外径

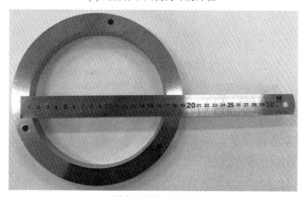

(b) 用米尺测外环的内径

图 3.2-4　用游标卡尺和米尺测直径

2. 将白纸、复写纸和导电纸依次按从下往上的顺序放在电极板上,然后将内环 A 和外环 B 放置在其上,并用 4 个螺丝固定好,使其良好接触(图 3.2-5).

3. 调节电压使 U_{AB} 为 5 V.首先用导线将静电场描绘仪的 out 端的正极与负极分别与电极板上的正极与负极相连;再将探针线与静电场描绘仪的 in 端正极与负极相连,探针线另一端的探针笔分别插入电极板上正极与负极端口(图 3.2-6).打开电源开关,调节电压旋钮,使 $U_{AB}=5$ V.

图 3.2-5　拧紧 4 颗固定螺丝　　　　图 3.2-6　导线连接实物图

4. 利用静电场描绘仪的 in 端检测导电纸上不同位置的电势,将黑色探针笔依然插在电极板负极端口,红色探针笔划过导电纸,找到电势为 4 V 的同心圆等势线,在同心圆上取 8 个点,均匀分布在 8 个方位上,取点时稍用力按下探针,使白纸上留下复写纸印迹.

5. 重复步骤 4,分别找到 3 V、2 V、1 V 的同心圆等势线,留下印迹.

6. 根据每个同心圆上的 8 个数据点,用圆规绘制相应的同心圆,让数据点均匀分布在同心圆圆周内外.利用游标卡尺测量每个同心圆的直径,从而得到每个同心圆等势线的半径,每个直径在其不同角度测量 3 次,将数据记录在表 3.2-1 中.

7. 计算各等势圆半径的理论值 $r_{理}$,求百分误差 E.

由式(3.2-2)可得各等势圆半径的理论值 $r_{理}=\mathrm{e}^{\ln b-\frac{U_r}{U_{AB}}\ln\frac{b}{a}}$,其中 U_r 分别为 1 V、2 V、3 V、4 V.

【注意事项】

1. 电极与导电纸保持良好接触.
2. 用圆规绘制同心圆时,应让数据点均匀分布在同心圆圆周内外.
3. 静电场描绘仪的 in 端和 out 端正负极不要接反.

【思考题】

1. 怎样由测得的等势线描绘电场线?
2. 在描绘同轴电缆的等势线簇时,如何正确确定等势线同心圆的圆心,如何正确描绘等势圆?
3. 如果电源电压增加一倍,等势线和电场线形状是否会发生改变?
4. 在测绘长直圆柱面的电场时,什么因素会使等势线偏离圆形?

【数据记录】

表 3.2-1 数据记录

参数	次数			$\bar{D}$/mm	$\bar{r}$/mm	$r_{理}$/mm	百分误差 E
	1	2	3				
D_A/mm						—	—
D_B/mm						—	—
D_{1V}/mm							
D_{2V}/mm							
D_{3V}/mm							
D_{4V}/mm							

教师签字：_____

实验日期：_____

【数据处理】

1. 内环 A 和外环 B 的半径.

内环外直径的平均值为

$$\overline{D_A} = \frac{D_{A1} + D_{A2} + D_{A3}}{3} =$$

内环外半径平均值为

$$a = \overline{r_A} = \frac{\overline{D_A}}{2} =$$

外环内直径平均值为

$$\overline{D_B} = \frac{D_{B1} + D_{B2} + D_{B3}}{3} =$$

外环内半径平均值为

$$b = \overline{r_B} = \frac{\overline{D_B}}{2} =$$

2. 求解 4 个同心圆半径的实验值.

1 V 同心圆直径与半径的平均值分别为

$$\overline{D_{1V}} = \frac{D_{1,1} + D_{1,2} + D_{1,3}}{3} = \qquad , \overline{r_{1V}} = \frac{\overline{D_{1V}}}{2} =$$

2 V 同心圆直径与半径的平均值分别为

$$\overline{D_{2V}} = \frac{D_{2,1} + D_{2,2} + D_{2,3}}{3} = \qquad , \overline{r_{2V}} = \frac{\overline{D_{2V}}}{2} =$$

3 V 同心圆直径与半径的平均值分别为

$$\overline{D_{3V}} = \frac{D_{3,1} + D_{3,2} + D_{3,3}}{3} = \qquad , \overline{r_{3V}} = \frac{\overline{D_{3V}}}{2} =$$

4 V 同心圆直径与半径的平均值分别为

$$\overline{D_{4V}} = \frac{D_{4,1} + D_{4,2} + D_{4,3}}{3} = \qquad , \overline{r_{4V}} = \frac{\overline{D_{4V}}}{2} =$$

3. 计算 4 个同心圆半径的理论值.

$$r_{理} = e^{\ln b - \frac{U_r}{U_{AB}} \ln \frac{b}{a}}$$

$r_{理,1V} = \qquad , r_{理,2V} = \qquad , r_{理,3V} = \qquad , r_{理,4V} =$

4. 相对误差计算.

$$E = \frac{|r_{理} - r_{实}|}{r_{理}} \times 100\%$$

$E_{1V} = \qquad , E_{2V} = \qquad , E_{3V} = \qquad , E_{4V} =$

实验 3.3　示波器的基本操作与波形观测

示波器是一种用途极为广泛的电子仪器,它可以将电压随时间变化的规律显示在荧光屏上,供我们观察、分析和研究.一切电学量(如电流、电功率、阻抗等)和非电学量(如温度、位移、压力、形变等)都可转换成电压信号后用示波器观察.示波器可分为模拟示波器和数字示波器,本实验主要介绍模拟示波器的调节和使用方法.

【实验目的】

1. 了解示波器的结构、工作原理及其作用.
2. 熟悉示波器各旋钮和按键的功能和使用方法.
3. 利用示波器观察电信号的波形,测量电压、周期和频率.

预习视频

【实验原理】

一、示波器的基本结构

实验室使用的是 SS-7802 双踪示波器(图 3.3-1),它具有两个输入通道,分别是 X 通道和 Y 通道.

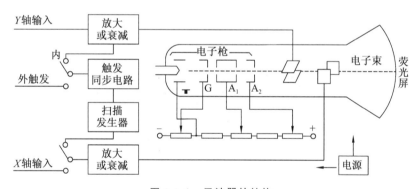

图 3.3-1　示波器的结构

示波器最基本的构成主要有:示波管、输入信号衰减器、垂直(Y 轴)放大器、触发同步电路、锯齿波扫描发生器、水平(X 轴)放大器、电源.其中示波管是示波器的核心.

二、示波器的工作原理

1.示波管主要由电子枪、偏转系统和荧光屏三部分组成,如图 3.3-2 所示.电子枪用以产生定向运动的高速电子束.偏转系统由两对互相垂直的平行板组成,分别是 X 偏转板和 Y 偏转板.在偏转板上施加电压,电子通过偏转板时,在电场力作用下发生偏转,从而改变亮点在屏上的位置.荧光屏上涂有荧光物质,电子打上去即发光,形成亮斑.

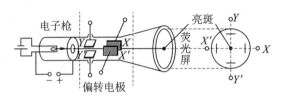

图 3.3-2　示波管的结构示意图

2. 被示波器测量的信号均为电压信号,通常从 CH_1 或 CH_2 输入口输入,其幅值从几毫伏到几百伏不等.对于高电压信号,需要在输入口装衰减器;对于微弱信号,要经过 Y 放大器放大,这样才能清晰地呈现在荧光屏上.

3. 触发同步电路,是为了能使示波器显示的波形稳定.

4. 仅有 Y 通道时,荧光屏上只有一条垂直的亮线.因此,示波器设计有水平扫描装置,其核心就是锯齿波发生器.锯齿波的作用是使荧光屏上的光点沿 X 方向做往复运动.当 X 偏转板和 Y 偏转板分别同时加上锯齿波电压和被测电压时,在荧光屏上就能显示出被测电压的波形,示波器在这样的模式下工作即为 $Y\text{-}t$ 模式.

【实验仪器】

示波器、交直流信号源、电缆线等,实验仪器如图 3.3-3 所示.

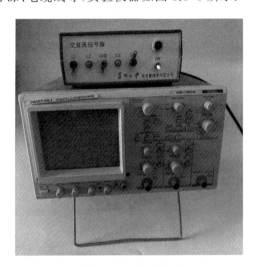

图 3.3-3　实验仪器

【实验内容及步骤】

1. 认识并熟悉面板上各旋钮和按键的功能(图 3.3-4).

2. 打开示波器电源,在显示屏上找到扫描线.调节"水平位移"(◀▶POSITION)和"垂直位移"(◆POSITION)等旋钮、按键,观察扫描线有何变化.

3. 取出一根电缆线,将其一端与示波器的 CH_1(CH_2)通道相连,另一端有两个夹子,红色夹子接交直流信号源 S_1,黑色夹子接交直流信号源的接地键.打开交直流信号源电源开关,调节示波器的相关旋钮及按键:

(1)"扫描方式"选择"自动",即按下"AUTO"键.
(2)"工作模式"选择"Y-t",即按下"A"键.
(3)按照信号输入的端口按下相应的 CH_1(CH_2)键.
(4)按"SOURCE"键,使屏幕左上方显示 CH_1(CH_2);按"COUPLE"键,选择"AC"挡;按"TV"键,使屏幕出现"TV-H".
(5)选择合适的"伏特/格"(VOLTS/DIV)和"秒/格"(TIME/DIV)灵敏度.
(6)对应通道选择对应的"交流/直流"(AC/DC).
(7)调节各旋钮,最终使屏幕上得到图形稳定、大小及位置适中的波形,水平方向显示完整的 1~2 个周期,竖直方向显示的峰-峰值占屏幕 2/3 范围左右.

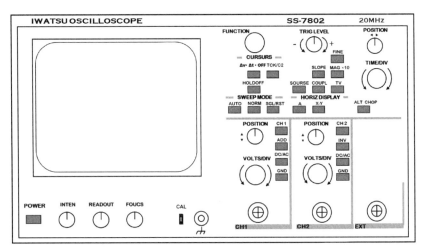

图 3.3-4 示波器面板

4.观察交直流信号源各输出端的波形并在图 3.3-5 四象限坐标纸中描绘.
5.利用测量功能区域旋钮和按键分别测量各信号端口的交流分量电压峰峰值、直流分量电压值和交流分量周期和频率.将实验数据记录在表 3.3-2 中.

【注意事项】

1.示波器在使用前,需要预热 15 min.
2.为了保护荧光屏不被灼伤,使用示波器时,光点亮度不能太强,也不能让光点长时间停在荧光屏上某一点.
3.不要经常通断示波器的电源,以免缩短示波器的使用寿命.

【思考题】

1.如果在荧光屏上看不到图像,这可能是由哪些原因造成的?
2.在观测波形时,如果发现波形不稳定或存在干扰,可能的原因有哪些?应如何排除这些干扰?
3.当示波器的输入端加上正弦电压后,若示波器荧光屏上只看到一条垂直亮线,可能是由什么原因导致的?

【知识拓展】

SS-7802型示波器上各按钮的操作方法见表3.3-1.

表 3.3-1　双踪示波器的基本操作方法

项目	设置
电源(POWER)	弹出
辉度(INTEN)	适中
显示文字(READOUT)	旋钮
聚焦(FOCUS)	适中
网格线(SCALE)	旋钮
校准信号及接地端口	旋钮
通道显示	CH_1、CH_2
电压灵敏度(VOLTS/DIV)	旋钮
垂直位置(♦POSITION)	旋钮
AC/DC	AC、DC
接地(GND)	GND
相加、相减	ADD、INV
X-Y	弹出
水平位置(◀▶POSITION)	适中
扫描速度(TIME/DIV)	适中
交替、断续	ALT、CHOP
触发方式(TRIG LEVEL)	自动
触发信号源(SOURCE)	CH_1、CH_2、LINE
耦合(COUPL)	AC、DC、HF REJ、LF REJ
光标位置(FUNCTION)	旋钮
光标移动形式(TCK/C2)	TCK/C2
触发释抑(HOLD OFF)	最小
扫描模式	AUTO、NORM、SGL/RSST

【数据记录】

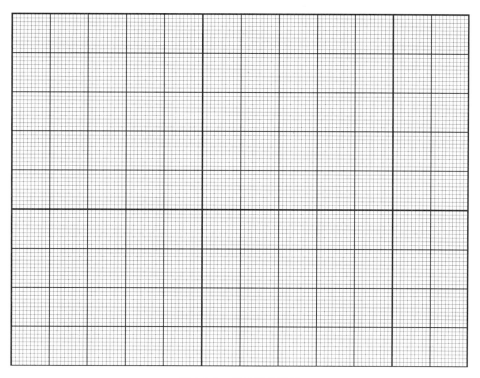

图 3.3-5　四象限坐标纸

表 3.3-2　测量电压、周期、频率

信号源	峰-峰值 U_{pp}/V	周期 T/ms	频率 f/Hz	有效值 U_1/V	直流电压 U_2/V
S_1					—
S_2					—
S_3					—
S_4	—	—	—	—	

教师签字：_____

实验日期：_____

【数据处理】

电压有效值的计算公式为

信号源 S_1：$\qquad U_1 = \dfrac{U_{\text{p-p}}}{2\sqrt{2}} =$

实验 3.4　示波器的双踪显示与相位差测量

示波器在电子工程、通信、科研等领域发挥着不可或缺的作用.在电子设备的维修领域中,示波器是一种精密的工具,能够用来精准地检测电路中的故障.在电路设计领域,示波器可用于验证电路设计的准确性和有效性.在通信领域,示波器可以用来分析和调试各种信号波形.在科学研究中,示波器则可以用来观察和记录各种信号的变化.

【实验目的】

1. 掌握示波器的双踪显示功能,学会同时观测两个信号的波形.
2. 学会使用示波器测量两个信号的相位差.
3. 用李萨如图形测量信号频率.

预习视频

【实验原理】

一、示波器的双踪显示及相位差原理

双踪示波器具有两路输入端,可同时接入两路电压信号进行显示.在示波器内部,两路输入信号经过放大后,使用电子开关将它们轮流切换到示波管的偏转板上,使两路信号同时显示在示波管的屏面上,便于对两路信号进行观测比较.由于视觉滞留效应,可在荧光屏上看到两个波形.

相位差是指两个同频率信号在时间上的差异,通常用角度(度或弧度)或时间差(秒)来表示.当两个信号的波形相同时,它们处于相同的相位,相位差为 $0°$;当一个信号的波形领先另一个信号的波形时,则该信号相位超前,相位差为正值;反之,该信号相位滞后,相位差为负值.

示波器测量相位差的原理主要基于信号的同步捕捉和波形比较.在测量时,将两个待测信号分别连接到示波器的两个通道上,并设置合适的触发条件,使两个通道的波形都能稳定显示.然后,使用示波器的光标测量功能,分别在两个通道的波形上测量相同的点(如零交叉点),比较两个测量点的水平位置差异,即可计算出相位差.

二、由李萨如图形测频率

如果在垂直偏转板和水平偏转板上同时加正弦变化的电压,则荧光屏上亮点的运动是这两个互相垂直振动的合成,称为李萨如图形,如图 3.4-1 所示.利用李萨如图形可以测量未知频率.如果以 f_x 和 f_y 分别代表加在水平偏转板和垂直偏转板上电压的频率,N_x 为图形与

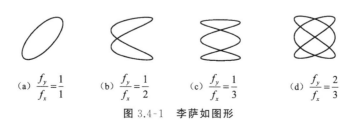

图 3.4-1　李萨如图形

水平直线相切的切点数，N_y 为图形与垂直直线相切的切点数，则有 $\dfrac{f_y}{f_x} = \dfrac{N_x}{N_y}$. 若 f_y 为已知，则可以求出未知频率 f_x.

实际操作时，由于信号源频率不稳定或精度的限制，将 $f_x:f_y$ 调整成准确的整数比一般比较困难，因此图形可能不稳定，李萨如图形出现旋转变化的情况，这时，只要调到变化最缓慢即可.

【实验仪器】

示波器、函数信号发生器、交直流信号源、电阻箱、电容箱、电缆线等.实验仪器如图 3.4-2 所示.

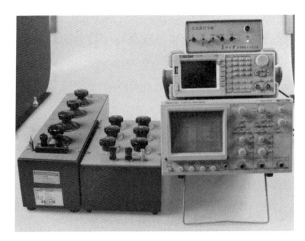

图 3.4-2　实验仪器

【实验内容及步骤】

一、测量两同频率正弦波信号的相位差

如图 3.4-3 所示的 RC 电路，总电压 U（电源 E）、电容上的电压 U_C 与电阻上的电压 U_R 之间的相位关系如图 3.4-5 所示，可看出 U 落后于 U_R，落后的相位角 φ 理论值由下式计算得到：

$$\varphi_{\text{理论}} = -\arctan\dfrac{1}{\omega CR} = -\arctan\dfrac{1}{2\pi f CR} \tag{3.4-2}$$

式中，f 为电源的输出频率，C 为电容值，R 为电阻值.

1. 将电源 E（函数发生器）、C（电容箱）和 R（电阻箱）按图 3.4-3 所示连接好；U_R 测的是电阻两边的电压，取出一根电缆线，一端连接到示波器的 CH_1 通道，另一端的黑夹子连接到电阻箱上的接地处，红夹子与电阻端相连；U 测的是总电压，取出第二根电缆线，一端连接到示波器的 CH_2 通道，另一端的黑夹子连接到电阻箱上的接地处，红夹子与电容端相连；取出第三根电缆线，一端连接到函数信号发生器上，另一端黑夹子依然连接到电阻箱上的接地处，红夹子与电容端相连.

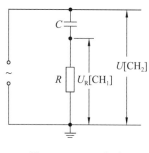

图 3.4-3 RC 电路

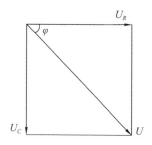

图 3.4-4 U_C 与 U_R 的相位关系

2. 函数信号发生器选择正弦波输出,设置好频率、电容和电阻值,进行适当调节使示波器显示出如图 3.4-5 所示两个有相位差的正弦波.接着把两个通道均接地,调节垂直位移旋钮使两个通道地线重合.利用示波器上的测量工具测出两信号的时间差 Δt,如图 3.4-5 所示,测量光标与波形的过零点重合.

$$\varphi_{实} = 360 \frac{\Delta t}{T} \tag{3.4-3}$$

根据式(3.4-3)计算出相位差的实验值,并与理论值比较,将实验数据记录在表 3.4-2 中.

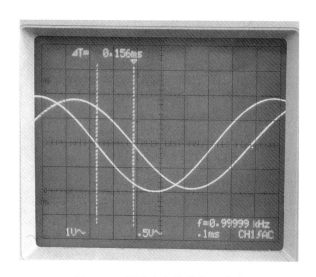

图 3.4-5 两个有相位差的正弦波

二、利用李萨如图形测频率

将示波器工作模式设置为 X-Y 模式,将已知频率(50 Hz)的正弦波电压接入 CH_2 输入通道,被测正弦波电压(函数信号发生器)接入 CH_1 输入通道,两根电缆线另一端的红夹子与红夹子对接,黑夹子与黑夹子对接.当两信号的频率为整数倍时,示波器屏幕上的李萨如图稳定,且李萨如图形与两输入信号的频率有如下关系:

$$f_x = f_y \cdot \frac{N_y(图形与垂直直线的切点)}{N_x(图形与水平直线的切点)} \tag{3.4-4}$$

调节函数信号发生器的输出频率使之分别为 25 Hz、50 Hz、100 Hz、150 Hz、200 Hz,观察示波器上的波形,使分别显示如表 3.4-3 中的图形.

【注意事项】

1. 示波器在使用前,需要预热 15 min.
2. 确保测试信号稳定,无明显噪声或干扰.
3. 同步测量两个通道的信号,避免由于触发延迟导致的误差.

【思考题】

1. 示波器除了用于观测波形外,还有哪些应用场景?
2. 在示波器上看不到亮点和扫描线,可能有哪些原因?应怎样调节?

【知识拓展】

鼎阳 SDG1050 函数信号发生器是一款功能全面,面板按键设计直观且易于操作,能够生成稳定、纯净、低失真输出信号的信号发生器,其面板按键的介绍见表 3.4-1.

表 3.4-1 函数信号发生器的基本操作方法

按键/接口类别	具体按键/接口	功能描述
波形选择按键	Sine(正弦波)	输出 1 μHz~50 MHz 的正弦波形
	Square(方波)	输出 1 μHz~25 MHz 并具有可变占空比的方波波形
	Ramp(锯齿波/三角波)	输出 1 μHz~300 kHz 的锯齿波/三角波形
	Pulse Train(脉冲串)	输出特定频率和脉宽的脉冲波形
	Noise(白噪声)	输出带宽为 50 MHz 的噪声信号
	Arb(任意波)	输出 1 μHz~5 MHz、波形长度为 16 kpts 的任意波形
功能按键	Mod(调制)	支持 AM、FM、PM、FSK、ASK 和 PWM 等多种调制类型
	Sweep(扫频)	在指定的扫描时间内扫描设置的频率范围
	Burst(脉冲串设置)	产生指定波形的脉冲串输出
输出控制按键	Output	开启或关闭前面板的输出接口的信号输出
数字输入	数字键盘	用于编辑波形时设置参数值
	旋钮	改变波形参数中某一数值的大小
	方向键	选择波形参数项、选择参数数值位和删除数字
后面板接口	10 MHz 时钟输入	接收外部 10 MHz 时钟信号作为参考信号
	同步输出	输出同步信号,与其他设备同步操作
	专用接地端子	提供接地连接,确保电气安全
	Modulation In 输入	接收外部调制信号
	EXTTrig/Gate/Fsk/Burst 接口	外部触发、门控、FSK 和脉冲串触发等功能
	USB Device 接口	连接计算机或其他 USB 设备,数据传输或控制
	电源插口	连接电源适配器,提供工作电源

【数据记录】

表 3.4-2　测量相位差

f/Hz	500			1 000		
C/μF	0.500					
R/Ω	200	500	1 000	200	500	1 000
T/ms	2.000			1.000		
Δt/ms						
$\varphi_{实验}$/(°)						
$\varphi_{理论}$/(°)						
E/%						

表 3.4-3　利用李萨如图形测频率

李萨如图形				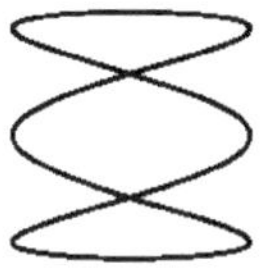	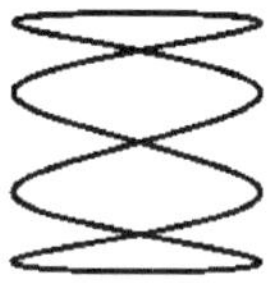
f_y/Hz	50				
N_x					
N_y					
f_x/Hz	25	50	100	150	200

教师签字：_____

实验日期：_____

【数据处理】

1. 相位差的计算（所有单位化为国际单位制）．相位差理论值的计算公式为

$$\varphi_{理} = -\arctan\frac{1}{2\pi fCR}$$

2. 相位差实验值的计算公式为

$$\varphi_{实} = 360\frac{\Delta t}{T}$$

3. 百分误差的计算公式为

$$E = \frac{|\varphi_{实} - \varphi_{理}|}{\varphi_{理}}$$

实验结果如下：

(1) $f = 500$ Hz, $C = 0.500$ μF, $R = 200$ Ω 时

　　$\varphi_{1,理} = $ 　　　　，$\varphi_{1,实} = $ 　　　　，$E_1 = $

(2) $f = 500$ Hz, $C = 0.500$ μF, $R = 500$ Ω 时

　　$\varphi_{2,理} = $ 　　　　，$\varphi_{2,实} = $ 　　　　，$E_2 = $

(3) $f = 500$ Hz, $C = 0.500$ μF, $R = 1\,000$ Ω 时

　　$\varphi_{3,理} = $ 　　　　，$\varphi_{3,实} = $ 　　　　，$E_3 = $

(4) $f = 1\,000$ Hz, $C = 0.500$ μF, $R = 200$ Ω 时

　　$\varphi_{4,理} = $ 　　　　，$\varphi_{4,实} = $ 　　　　，$E_4 = $

(5) $f = 1\,000$ Hz, $C = 0.500$ μF, $R = 500$ Ω 时

　　$\varphi_{5,理} = $ 　　　　，$\varphi_{5,实} = $ 　　　　，$E_5 = $

(6) $f = 1\,000$ Hz, $C = 0.500$ μF, $R = 1\,000$ Ω 时

　　$\varphi_{6,理} = $ 　　　　，$\varphi_{6,实} = $ 　　　　，$E_6 = $

实验 3.5 用单臂电桥测电阻

电桥在电工电测技术中应用极为广泛,它是利用比较法进行测量的仪器.不仅可以测量电阻、电容、电感,还可以测量各种应变、拉力、扭矩、振动频率等.电桥分为直流电桥和交流电桥,尽管其用途和结构各有特点,但基本原理大致相同.

【实验目的】

1. 理解并掌握单臂电桥测量电阻的原理和方法.
2. 掌握检流计的使用及保护方法.
3. 了解电桥灵敏度及测量方法.
4. 掌握用单臂电桥测量电阻的不确定度的计算方法.

预习视频

【实验原理】

直流电桥主要用于测量电阻,根据其结构的不同,分为单臂电桥和双臂电桥,前者常称作惠斯登(Wheatstone)电桥,适用于测量中值电阻($1 \sim 10^5$ Ω),其得名源于 1943 年英国物理学家惠斯登提出该电路;后者常称作开尔文(Kelvin)电桥,适用于测量低值电阻($10^{-6} \sim 1$ Ω).本实验采用的是单臂电桥(惠斯登电桥),因测量中把被测电阻与标准电阻进行比较,从而使测得的电阻值达到很高的精度,避免了"伏安法测电阻"实验中电表内阻导致的较大误差.

一、单臂电桥的工作原理

单臂电桥电路如图 3.5-1 所示,图中 R_1、R_2、R_0 和 R_x 所在的四边构成了一个封闭的四边形,四条边被称作电桥的四个臂.其中 R_1、R_2 和 R_0 为可调节的标准电阻,R_x 为待测电阻."桥"指的是 BD 这条对角线,检流计 G 的作用是比较 B、D 两点的电势 U_B 和 U_D.若适当调节 R_1、R_2 和 R_0 的阻值,使得 B、D 两点电势相等 ($U_B=U_D$),此时通过检流计 G 的电流 $I_g=0$,电桥处于平衡状态.即电桥平衡时,有

$$U_{AB}=U_{AD}, U_{BC}=U_{DC}$$

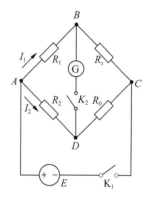

图 3.5-1 单臂电桥电路

上式可写成

$$I_1R_1=I_2R_2, I_1R_x=I_2R_0$$

所以由上式,得

$$R_x=\frac{R_1}{R_2}R_0 \tag{3.5-1}$$

上式即为电桥平衡条件.这里通常把 $\frac{R_1}{R_2}$ 称为比例臂(或称倍率),R_0 和 R_x 所在的臂分别称为比较臂和测量臂.

前文之所以称电桥是利用比较法测量的仪器,是由于电桥测电阻是通过比较 B、D 两点间电势高低来测量的,故也称电桥测量是电压比较测量.在调节电桥平衡($U_B = U_D$)时,我们采取固定倍率$\left(\dfrac{R_1}{R_2}\right)$值,调节比较臂 R_0,使电桥达到平衡($I_g = 0$).

单臂电桥测量电阻的误差主要来自以下两个方面:一是 R_1、R_2 和 R_0 可变标准电阻自身的误差,二是电桥灵敏度造成的误差.

二、自组单臂电桥测量的不确定度 u_{c, R_x}

自组单臂电桥测量的不确定度来自测量误差,它由桥臂元件——电阻箱的仪器误差引入的不确定度 $u_{仪, R_x}$ 和电桥灵敏度引入的不确定度 $u_{灵, R_x}$ 构成.

1. 桥臂元件——电阻箱的仪器误差引入的不确定度 $u_{仪, R_x}$.

电阻箱的仪器误差限计算公式为

$$\Delta_{仪, R_i} = a\% \times R_i + R_{残} \tag{3.5-2}$$

式中,a 为电阻箱准确度等级;R_i 为电阻箱的阻值;$R_{残}$ 为残余电阻.此处电阻箱各示值盘准确度等级均视作同一级别.将实验中的 R_1、R_2 和 R_0 阻值分别代入式(3.5-2)中即可得到 $\Delta_{仪, R_1}$、$\Delta_{仪, R_2}$ 和 $\Delta_{仪, R_0}$.每个电阻箱引入的不确定度为

$$u_{仪, R_i} = \dfrac{\Delta_{仪, R_i}}{\sqrt{3}} \tag{3.5-3}$$

由此,电阻箱 R_1、R_2 和 R_0 引入的总不确定度为

$$u_{仪, R_x} = R_x \sqrt{\left(\dfrac{u_{仪, R_1}}{R_1}\right)^2 + \left(\dfrac{u_{仪, R_2}}{R_2}\right)^2 + \left(\dfrac{u_{仪, R_0}}{R_0}\right)^2} \tag{3.5-4}$$

注意:电阻箱准确度等级为 0.1 级($a = 0.1$),残余电阻 $R_{残} = 0.02\ \Omega$.

2. 电桥灵敏度引入的不确定度 $u_{灵, R_x}$.

电桥灵敏度 S 定义为平衡状态附近检流计偏转 Δn 与待测电阻相对改变量 $\dfrac{\Delta R_x}{R_x}$ 之比,即

$$S = \dfrac{\Delta n}{\dfrac{\Delta R_x}{R_x}} \tag{3.5-5}$$

由定义可知,相同的 ΔR_x 所引起的 Δn 越大,电桥灵敏度也越高,对电桥平衡的判断就越准确.事实上,电桥灵敏度 S 对任一臂都是一样的,即

$$S = \dfrac{\Delta n}{\dfrac{\Delta R_x}{R_x}} = \dfrac{\Delta n}{\dfrac{\Delta R_1}{R_1}} = \dfrac{\Delta n}{\dfrac{\Delta R_2}{R_2}} = \dfrac{\Delta n}{\dfrac{\Delta R_0}{R_0}} \tag{3.5-6}$$

在实验过程中 R_x 和比例臂 $\dfrac{R_1}{R_2}$ 是不能改变的,可通过改变 R_0 来测量电桥的灵敏度.由上式可定出电桥灵敏度引起的不确定度为

$$u_{灵, R_x} = \dfrac{bR_0}{S} = \dfrac{b\Delta R_0}{\Delta n} \tag{3.5-7}$$

式(3.5-7)中,$b = 0.2$,为人眼能够察觉到的检流计 G 的偏转极限.

3. 自组单臂电桥合成标准不确定度为

$$u_{c,R_x} = \sqrt{u_{仪,R_x}^2 + u_{灵,R_x}^2} \tag{3.5-8}$$

三、检流计 G 的使用及保护

1. 图 3.5-2 所示为检流计 G 面板,通电前,确认检流计 G"挡位"旋钮指在白点处(指在红点代表指针被锁住;指在白点表示指针解锁).

2. 调零.调节"调零"旋钮,使检流计 G 指针归零.

3. "电计"按键的功能.电路通电后,事实上,检流计 G 仍处于断电状态,只有按下"电计"按键,检流计才处于导通状态.注意:当不确定通过检流计的电流大小时,应迅速按放"电计"按键;只有确认电流在量程范围内,方可较长时间按住"电计"按键.

4. "短路"按键的功能.当指针大幅摆动时,"短路"按键可以让指针迅速停止摆动.

5. 使用完毕后,确认检流计 G"挡位"旋钮指在红点处.

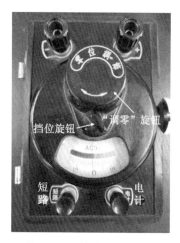

图 3.5-2 检流计 G 面板

【实验仪器】

直流稳压电源、电阻箱、检流计、待测电阻、开关和导线等.

【实验内容及步骤】

用单臂电桥测电阻(待测电阻 R_{x_1} 和 R_{x_2}):

1. 按图 3.5-1 接好单臂电桥测量线路(图 3.5-3).

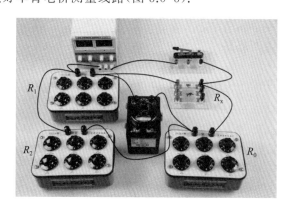

图 3.5-3 单臂电桥实物连线图

2. 对于待测电阻 R_{x_1},选取比例臂 $\dfrac{R_1}{R_2}=1$(即 $R_1=R_2=200\ \Omega$).

3. 根据待测电阻估测值(用多用表粗测),估算电桥平衡时 R_0 的阻值,之后调节比较臂 R_0 至该值.

4. 给线路通电,快速按下检流计 G 的"电计"按键并留意观察指针的偏转方向,根据指针偏转方向判断 B、D 两点电势的高低,进而调节 R_0,减小指针偏转幅度,重复该步骤,直至电桥平衡($I_g=0$),记录电桥平衡时 R_0 的值(表 3.5-1).

5. 测量电桥灵敏度.在上述电桥平衡的基础上,长按检流计 G 的"电计"按键,将 R_0 微调 ΔR_0 至 R'(微调过程应时刻保证检流计指针工作在量程范围内),使检流计 G 偏转(正偏或负偏)$\Delta n=5$ 格,记下 R'(表 3.5-1).

6. 对于待测电阻 R_{x_1},选取比例臂 $\dfrac{R_1}{R_2}=0.1$(即 $R_1=200\ \Omega$,$R_2=2\ 000\ \Omega$),重复步骤 3~5.

7. 对于待测电阻 R_{x_2},选取比例臂 $\dfrac{R_1}{R_2}=1$(即 $R_1=R_2=200\ \Omega$),重复步骤 3~5.

8. 对于待测电阻 R_{x_2},选取比例臂 $\dfrac{R_1}{R_2}=0.1$(即 $R_1=200\ \Omega$,$R_2=2\ 000\ \Omega$),重复步骤 3~5.

9. 实验完成后,断电并整理、归置仪器与导线.

【注意事项】

1. 测量前,为方便初始设置,可用多用表粗测待测电阻阻值 R_0.
2. 注意检流计的使用安全.

【思考题】

1. 为何要先将待测电阻用多用表粗测一次,再用电桥测量?
2. 下列因素是否是惠斯登电桥测量误差增大的原因?
(1)电源电压不稳.
(2)比例臂上导线电阻不能忽略.
(3)检流计 G 未调零.
(4)检流计 G 灵敏度不够高.

【知识拓展】

惠斯登电桥(Wheatstone bridge)于 1833 年由塞缪尔·亨特·克里斯蒂发明,1843 年由查尔斯·惠斯通改进及推广.它是一种测量工具,用来精确测量未知电阻的阻值.惠斯登电桥具有设计简单、灵敏度和准确度高的特点,借此可以设计出多种灵敏的传感器,其在检测仪器、医学诊断领域应用广泛.

由平衡电桥也引申出一种非平衡电桥测量法,用这种方法可测量拉力、应变、扭矩、振动频率等可以转换成电阻变化的物理量.非平衡电桥一般用于测量电阻值的微小变化,如将电阻应变片(将电阻丝做成栅状粘贴在两层薄纸或塑料薄膜之间构成)固定在物体上,当物体发生形变时,应变片也随之发生形变,应变片的电阻由电桥平衡时的 R_x 变为 $R_x+\Delta R$,这时可以读出通过检流计的电流 I_g,再根据 I_g 与 ΔR 的关系就可测出 ΔR,然后由 ΔR 与固体形变之间的关系计算出物体的形变量.

【数据记录】

表 3.5-1　自组单臂电桥测电阻

待测电阻	R_{x_1}		R_{x_2}	
比例臂 R_1/R_2	1	0.1	1	0.1
R_1/Ω				
R_2/Ω				
R_0/Ω				
R'/Ω				
$\lvert \Delta R_0 \rvert = \lvert R' - R_0 \rvert /\Omega$				
$\Delta n/\text{div}$				
R_0/Ω				
S/div				
$u_{灵,R_x}/\Omega$				
$u_{仪,R_x}/\Omega$				
$u_{c,R_x}/\Omega$				
$R_x \pm u_{c,R_x}/\Omega$				

教师签字：_____

实验日期：_____

【数据处理】

1. 对于待测电阻 R_{x_1}.

(1) 当 $\dfrac{R_1}{R_2}=1$ 时，R_{x_1} 的阻值为

$$R_{x_1}=\dfrac{R_1}{R_2}R_0=$$

根据前文误差分析，不确定度 $u_{c,R_{x_1}}$ 应包含 $u_{灵,R_{x_1}}$ 和 $u_{仪,R_{x_1}}$ 两个部分，而 $u_{仪,R_{x_1}}$ 应该为 R_1、R_2 和 R_0 三个电阻箱造成不确定度的合成.

R_1、R_2 和 R_0 三个电阻箱的仪器误差限及其引入的不确定度依次为

$$\Delta_{仪,R_1}=a\%\times R_1+R_{残}= \qquad , \quad u_{仪,R_1}=\dfrac{\Delta_{仪,R_1}}{\sqrt{3}}=$$

$$\Delta_{仪,R_2}=a\%\times R_2+R_{残}= \qquad , \quad u_{仪,R_2}=\dfrac{\Delta_{仪,R_2}}{\sqrt{3}}=$$

$$\Delta_{仪,R_0}=a\%\times R_0+R_{残}= \qquad , \quad u_{仪,R_0}=\dfrac{\Delta_{仪,R_0}}{\sqrt{3}}=$$

三个电阻箱引入的总不确定度为

$$u_{仪,R_{x_1}}=R_{x_1}\sqrt{\left(\dfrac{u_{仪,R_1}}{R_1}\right)^2+\left(\dfrac{u_{仪,R_2}}{R_2}\right)^2+\left(\dfrac{u_{仪,R_0}}{R_0}\right)^2}=$$

电桥灵敏度为

$$S=\dfrac{\Delta n}{\dfrac{\Delta R_{x_1}}{R_{x_1}}}=\dfrac{\Delta n}{\dfrac{\Delta R_0}{R_0}}=$$

电桥灵敏度引入的待测电阻的不确定度为

$$u_{灵,R_{x_1}}=\dfrac{bR_0}{S}=\dfrac{b\Delta R_0}{\Delta n}$$

故

$$u_{c,R_{x_1}}=\sqrt{u_{仪,R_{x_1}}{}^2+u_{灵,R_{x_1}}{}^2}=$$

所以测量结果为

$$R=R_{x_1}\pm u_{c,R_{x_1}}=$$

(2) 当 $\dfrac{R_1}{R_2}=0.1$ 时，有

$$R_{x_1}=\dfrac{R_1}{R_2}R_0=$$

R_1、R_2 和 R_0 三个电阻箱引入的不确定度依次为

$$\Delta_{仪,R_1}=a\%\times R_1+R_{残}= \qquad , \quad u_{仪,R_1}=\dfrac{\Delta_{仪,R_1}}{\sqrt{3}}=$$

$$\Delta_{仪,R_2}=a\%\times R_2+R_{残}= \qquad , \quad u_{仪,R_2}=\dfrac{\Delta_{仪,R_2}}{\sqrt{3}}=$$

$$\Delta_{仪,R_0}=a\%\times R_0+R_{残}= \qquad , \quad u_{仪,R_0}=\frac{\Delta_{仪,R_0}}{\sqrt{3}}=$$

三个电阻箱引入的总不确定度为

$$u_{仪,R_{x_1}}=R_{x_1}\sqrt{\left(\frac{u_{仪,R_1}}{R_1}\right)^2+\left(\frac{u_{仪,R_2}}{R_2}\right)^2+\left(\frac{u_{仪,R_0}}{R_0}\right)^2}=$$

电桥灵敏度为

$$S=\frac{\Delta n}{\dfrac{\Delta R_{x_1}}{R_{x_1}}}=\frac{\Delta n}{\dfrac{\Delta R_0}{R_0}}=$$

电桥灵敏度引入的待测电阻的不确定度为

$$u_{灵,R_{x_1}}=\frac{bR_0}{S}=\frac{b\Delta R_0}{\Delta n}=$$

故 $\qquad u_{c,R_{x_1}}=\sqrt{u_{仪,R_{x_1}}{}^2+u_{灵,R_{x_1}}{}^2}=$

所以测量结果为

$$R=R_{x_1}\pm u_{c,R_{x_1}}=$$

2. 对于待测电阻 R_{x_2}.

（1）当 $\dfrac{R_1}{R_2}=1$ 时,有

$$R_{x_2}=\frac{R_1}{R_2}R_0=$$

R_1、R_2 和 R_0 三个电阻箱引入的不确定度依次为

$$\Delta_{仪,R_1}=a\%\times R_1+R_{残}= \qquad , \quad u_{仪,R_1}=\frac{\Delta_{仪,R_1}}{\sqrt{3}}=$$

$$\Delta_{仪,R_2}=a\%\times R_2+R_{残}= \qquad , \quad u_{仪,R_2}=\frac{\Delta_{仪,R_2}}{\sqrt{3}}=$$

$$\Delta_{仪,R_0}=a\%\times R_0+R_{残}= \qquad , \quad u_{仪,R_0}=\frac{\Delta_{仪,R_0}}{\sqrt{3}}=$$

三个电阻箱引入的总不确定度为

$$u_{仪,R_{x_2}}=R_{x_2}\sqrt{\left(\frac{u_{仪,R_1}}{R_1}\right)^2+\left(\frac{u_{仪,R_2}}{R_2}\right)^2+\left(\frac{u_{仪,R_0}}{R_0}\right)^2}=$$

电桥灵敏度为

$$S=\frac{\Delta n}{\dfrac{\Delta R_{x_2}}{R_{x_2}}}=\frac{\Delta n}{\dfrac{\Delta R_0}{R_0}}=$$

电桥灵敏度引入的待测电阻的不确定度为

$$u_{灵,R_{x_2}}=\frac{bR_0}{S}=\frac{b\Delta R_0}{\Delta n}=$$

故 $\qquad u_{c,R_{x_2}}=\sqrt{u_{仪,R_{x_2}}{}^2+u_{灵,R_{x_2}}{}^2}=$

所以测量结果为

$$R = R_{x_2} \pm u_{c,R_{x_2}} =$$

（2）当 $\dfrac{R_1}{R_2} = 0.1$ 时，有

$$R_{x_2} = \dfrac{R_1}{R_2} R_0 =$$

R_1、R_2 和 R_0 三个电阻箱引入的不确定度依次为

$$\Delta_{仪,R_1} = a\% \times R_1 + R_残 = \qquad , \quad u_{仪,R_1} = \dfrac{\Delta_{仪,R_1}}{\sqrt{3}} =$$

$$\Delta_{仪,R_2} = a\% \times R_2 + R_残 = \qquad , \quad u_{仪,R_2} = \dfrac{\Delta_{仪,R_2}}{\sqrt{3}} =$$

$$\Delta_{仪,R_0} = a\% \times R_0 + R_残 = \qquad , \quad u_{仪,R_0} = \dfrac{\Delta_{仪,R_0}}{\sqrt{3}} =$$

三个电阻箱引入的总不确定度为

$$u_{仪,R_{x_2}} = R_{x_2} \sqrt{\left(\dfrac{u_{仪,R_1}}{R_1}\right)^2 + \left(\dfrac{u_{仪,R_2}}{R_2}\right)^2 + \left(\dfrac{u_{仪,R_0}}{R_0}\right)^2} =$$

电桥灵敏度为

$$S = \dfrac{\Delta n}{\dfrac{\Delta R_{x_2}}{R_{x_2}}} = \dfrac{\Delta n}{\dfrac{\Delta R_0}{R_0}} =$$

电桥灵敏度引入的待测电阻的不确定度为

$$u_{灵,R_{x_2}} = \dfrac{bR_0}{S} = \dfrac{b\Delta R_0}{\Delta n}$$

故

$$u_{c,R_{x_2}} = \sqrt{u_{仪,R_{x_2}}{}^2 + u_{灵,R_{x_2}}{}^2} =$$

所以测量结果为

$$R = R_{x_2} \pm u_{c,R_{x_2}} =$$

实验 3.6　电位差计的原理及其应用

电位差计是通过标准电池电压校正来测定未知电势差的一种仪器.其采用补偿法电路,平衡后,电路中无电流通过,因而可以达到很高的精确度.

【实验目的】

1. 掌握补偿法测量原理.
2. 掌握电位差计的工作原理和校正方法.
3. 学习用电位差计测量电池的电动势和内阻.

预习视频

【实验原理】

一、补偿法工作原理

通常电势差的测量需要借助电压表完成,这是建立在电压表内阻无穷大的基础上的.事实上,当我们接入电压表就相当于给电路加了一个大电阻,从而改变了待测电路的状态,造成测量结果有所偏差.如果我们用电压表直接测量干电池的电动势,那么必然造成测量值小于真实值.

为避免这个问题,我们设计了如图 3.6-1 所示的补偿法测量电路来测电源电动势,图中 E_0 是可调可读数的电源,E_x 为待测电源,G 为检流计.假设待测电源 E_x 的电动势一定在 E_0 量程内,调节 E_0,使检流计读数为零.此时,待测电源内阻上无电压降,E_0 的读数即为真实的待测电源的电动势.我们把这种测量方法称为补偿法,E_0 为补偿电势,因最终电路中无电流通过,从而避免了电压表测量时带来的误差.

图 3.6-1　补偿法测量电源电压

二、电位差计及其校准

1. 电位差计.

利用电压补偿原理构成的测量电动势的仪器称为电位差计.图 3.6-2 为学生型电位差计的测量原理图及电位差计内部结构图(矩形黑框内).其由直流稳压电源 E、限流电阻 R_p、精密标准电阻 R_{AB}(R_{AB} 由粗调电阻 R_A 及细调电阻 R_B 组成,详见图 3.6-2,C、D 为 R_{AB} 上的两个滑动点)构成辅助工作回路.U_{CD} 就相当于图 3.6-1 电路中的可变电源 E_0,调节 R_{CD},即可实现 U_{CD} 的可调.

2. 标准电池.

标准电池 E_N 是用来作电动势标准的原电池.当温度恒定时,它的电动势稳定,本实验提供的标准电源 E_N = 1.018 6 V.因其内电阻高,在充放电情况下会极化,故不能用其供电;其次,使用标准电池时,应远离热源,避免太阳光直射.

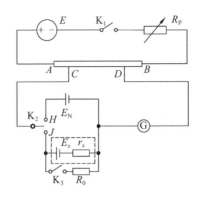

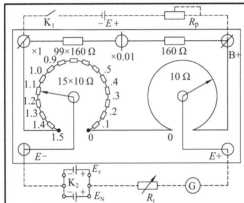

图 3.6-2 电位差计测量原理图及电位差计内部结构图

3. 电位差计的校准.

当电位差计辅助工作回路工作在标准电流 I_0 时,出厂已将其标准电阻 R_{CD} 对应的电势差值 U_{CD} ——标定在面板示值部分(图 3.6-3).若要使用电位差计进行测量,就必须校正辅助工作回路的电流,使之等于设计时规定的标准值 I_0.方法如图 3.6-2 所示,将开关 K_2 合向 H 点,E_N 为已知的标准电源,回路从 C 引出后经标准电源 E_N 等连接到检流计 G,回到 D,调节电位差计面板读数 $U_{CD}=E_N$(即调节 R_{CD}),此位

图 3.6-3 电位差计面板

置即为电位差计校准后输出 $U_{CD}=E_N$ 的位置.闭合开关 K_1,只需调节电阻 R_p,即改变辅助工作回路电流,使检流计 G 偏转为零,电路达到平衡.此时 $U_{CD}=E_N$,辅助工作回路电流即达到标准电流 I_0.

三、电位差计的应用

1. 测量待测电源的电动势 E_x(图 3.6-2 上图虚线框内即为待测电源).

将图 3.6-2 中开关 K_2 合向 J 点(E_x 一侧),保持 R_p 不变,闭合 K_1,只要 $E_x \leqslant I_0 R_{AB}$,调节 R_{CD},总能使检流计 G 指针归零,电路达到平衡.由于此时待测电源 E_x 无电流通过,因此电位差计面板读数 U_{CD} 即为待测电动势(即 $E_x=U_{CD}$),记为 E_x.

与电桥相似,由于受检流计灵敏度的限制,电位差计也存在灵敏度问题.当电路达到平衡时,调节补偿电势 U_{CD},使检流计 G 相应偏转 Δn 格,此时 U_{CD} 相应改变量为 ΔU_{CD}.将

$$S = \frac{\Delta n}{\Delta U_{CD}} \tag{3.6-1}$$

定义为电位差计的灵敏度.由定义可知,相同的 ΔU_{CD} 所引起的 Δn 越大,电位差计灵敏度越高.

2. 待测电源内阻 r_x 的测量.

将图 3.6-2 中开关 K_2 合向 J 点(E_x 一侧),闭合 K_3,其中 r_x 为待测电源的内阻,R_0 为并联在待测电源两侧的已知电阻,保持 R_p 不变,闭合 K_1,再次调节 R_{CD},使检流计 G 指针归零,读取此时的 U_{CD},记为 U_x.而此时由 E_x 与 R_0 构成的串联电路中电流 I' 为

$$I' = \frac{E_x - U_x}{r_x} = \frac{U_x}{R_0} \tag{3.6-2}$$

则待测电源内阻 r_x 为

$$r_x = \frac{E_x - U_x}{U_x} R_0 = \left(\frac{E_x}{U_x} - 1\right) R_0 \tag{3.6-3}$$

四、电位差计测量电势差不确定度的计算

A 类标准不确定度即为被测量 E_x 的算术平均值标准偏差:

$$u_{A,E_x} = S_{\overline{E_x}} = \sqrt{\frac{\sum_i (E_{x_i} - \overline{E_x})^2}{n(n-1)}} \tag{3.6-4}$$

B 类标准不确定度主要由电位差计测量误差限决定,本实验所用仪器的电压测量精确度为 $a\% \times U + b$(该值参考 UJ31 低电势直流电位差计),式中 $a = 0.05$,b 值为测试量程下的最小分度值.

$$\Delta E_x = a\% \times E_x + b \tag{3.6-5}$$

$$u_{B,E_x} = \frac{\Delta E_x}{\sqrt{3}} \tag{3.6-6}$$

由式(3.6-4)、式(3.6-6)得出测量电势差的合成不确定度为

$$u_{c,E_x} = \sqrt{u_{A,E_x}^2 + u_{B,E_x}^2} \tag{3.6-7}$$

【实验仪器】

学生型电位差计、直流稳压电源、标准电池(标准电动势为 1.018 6 V)、电阻箱、检流计(参考"实验 3.5 用单臂电桥测电阻"中检流计 G 的使用及保护)、待测干电池($0 < E_x \leq 1.5$ V)、开关和导线等.

【实验内容及步骤】

利用校准电位差计测量待测干电池的电动势 E_x、内阻 r_x、灵敏度 S.

一、电位差计的校准

1. 按图 3.6-2 连接校准电路(图 3.6-4),其

图 3.6-4 电位差计校准电路实物连线图

中 K_3 保持断开,K_2 合向 H 点.

2. 调节旋钮,使电势差计面板读数 $U_{CD}=E_N=1.0186$ V,调节电阻箱,使 $R_p=440$ Ω(此值即保证了辅助工作回路工作电流在标准电流 I_0 附近,方便我们快速校准电位差计).

3. 校准过程中保证面板读数不变,闭合开关 K_1,调节电源电压 $E=5$ V,快速按放检流计"电计"按键,判断出 U_{CD} 与标准电池电动势 E_N 的关系,调节 R_p,直至检流计指针归零,此时电位差计已校准完毕,校准完毕的 R_p 位置不可再移动,记录平衡时的 R_p.

二、用校准后的电位差计测量干电池电动势 E_x

1. 断开开关 K_1,K_3 保持断开,K_2 合向 J 点,按图 3.6-2 连接测量待测电源的电路(图 3.6-5).

2. 此时应预判待测电源电动势(如 1.4 V),调整 U_{CD} 至预估值.闭合开关 K_1,快速按放检流计"电计"键,判断出 U_{CD} 与干电池电动势的关系,调节 U_{CD},直至检流计指针归零,此时面板读数记为 E_x.

三、用校准后的电位差计测量干电池内阻 r_x

1. 断开开关 K_1,闭合开关 K_3($R_0=100$ Ω),将 K_2 合向 J 点,按图 3.6-2 连接测量待测电源内阻的电路(图 3.6-6).

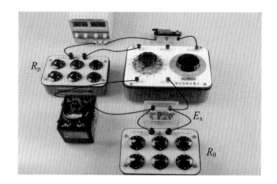

图 3.6-5　电位差计测量待测电源电动势实物连线图　　图 3.6-6　电位差计测量待测电源内阻实物连线图

2. 闭合开关 K_1,快速按放检流计"电计"按键,判断出 U_{CD} 与干电池两侧电势差的关系,调节 U_{CD},直至检流计指针归零,此时面板读数记为 U_x.

四、测量电位差计的灵敏度

在测得的 U_x 的基础上,调节 U_{CD},使检流计 G 偏转(正偏或负偏)$\Delta n=5$,此时面板读数记为 U_x'.

重复以上实验步骤,对上述各物理量测量 5 次,并填入表 3.6-1 中.

实验完成后,断电并整理、归置仪器与导线.

【思考题】

1. 为何要进行工作电流标准化调节?
2. 实验中如发现检流计总偏向某一侧,无法调到平衡,试分析可能由哪几种原因造成?
3. 电位差计的灵敏度受哪些因素的影响?

【数据记录】

表 3.6-1　用电位差计测量干电池的电动势与内阻

测量次数	校准后的 R_p/Ω	干电池电动势 E_x/V	并联 R_0 后的 U_x/V	检流计偏转 Δn	检流计偏转 5 格 U_x'/V	$|U_x - U_x'|/\text{V}$	灵敏度 S
1							
2							
3				5			
4							
5							

$E_x = \overline{E_x} \pm u_{c,E_x} =$ 　　　，$r_x = \overline{r_x} \pm u_{c,r_x} =$ 　　　，$\overline{S} =$

教师签字：_____

实验日期：_____

【数据处理】

1. 待测干电池电动势 E_x 的数据处理.

E_x 的平均值为

$$\overline{E_x} = \frac{\sum_{i=1}^{5} E_{x_i}}{5} =$$

E_x 的 A 类不确定度为

$$u_{A,E_x} = S_{\overline{E_x}} = \sqrt{\frac{\sum_i (E_{x_i} - \overline{E_x})^2}{n(n-1)}} =$$

E_x 的 B 类不确定度为

$$\Delta E_x = a\% \times E_x + b, \quad u_{B,E_x} = \frac{\Delta E_x}{\sqrt{3}}$$

E_x 的合成不确定度为

$$u_{c,E_x} = \sqrt{u_{A,E_x}^2 + u_{B,E_x}^2}$$

故 $\quad E_x = \overline{E_x} \pm u_{c,E_x} =$

2. 待测干电池并联电阻 R_0 后 U_x 的数据处理.

U_x 的 A 类不确定度为

$$u_{A,U_x} = S_{\overline{U_x}} = \sqrt{\frac{\sum_i (U_{x_i} - \overline{U_x})^2}{n(n-1)}} =$$

U_x 的 B 类不确定度为

$$\Delta U_x = a\% \times U_x + b, \quad u_{B,U_x} = \frac{\Delta U_x}{\sqrt{3}}$$

U_x 的合成不确定度为

$$u_{c,U_x} = \sqrt{u_{A,U_x}^2 + u_{B,U_x}^2}$$

故 $\quad U_x = \overline{U_x} \pm u_{c,U_x} =$

3. 待测干电池内阻 r_x 的数据处理.

内阻 r_x 为

$$r_x = \left(\frac{\overline{E_x}}{\overline{U_x}} - 1\right) R_0 =$$

$$u_{c,r_x} = \sqrt{\left(\frac{\partial r_x}{\partial E_x}\right)^2 u_{c,E_x}^2 + \left(\frac{\partial r_x}{\partial U_x}\right)^2 u_{c,U_x}^2} = \sqrt{\left(\frac{R_0}{U_x}\right)^2 u_{c,E_x}^2 + \left(\frac{E_x R_0}{U_x^2}\right)^2 u_{c,U_x}^2} =$$

故 $\quad r_x = \overline{r_x} \pm u_{c,r_x} =$

电位差计灵敏度为

$$\overline{S} = \frac{\sum_{i=1}^{5} \frac{\Delta n}{\Delta U_{CD_i}}}{5} = \frac{\sum_{i=1}^{5} \frac{\Delta n}{|U_{x_i} - U_{x_i}'|}}{5} =$$

实验 3.7 RLC 串联电路谐振特性的研究

当策动力的频率和系统的固有频率相等时,系统受迫振动的振幅最大,这种现象叫作共振.在电路中,当激励的频率等于电路的固有频率时,电路的电磁振荡的振幅也将达到峰值,这种现象叫作谐振.共振和谐振表达的是同一种现象,只是具有相同实质的现象在不同的领域里有不同的叫法而已.利用串联谐振可产生工频高电压.在无线电工程中,常常利用串联谐振以获得较高的电压,收音机、电视机中都有谐振电路.

【实验目的】

1. 了解交流电路的串联谐振的特点.
2. 掌握谐振电路谐振频率的测试方法,学会绘制谐振电路的频率特性曲线,掌握测量谐振曲线的方法.
3. 知道通频带的含义,了解品质因数 Q 对带宽的影响.

预习视频

【实验原理】

由电阻 R、电感 L、电容 C 组成的交流电路,其总阻抗的幅值 Z 和相位角都是电源频率 f 的函数.当正弦波交流电源输出的频率达到某一频率 f 时(f 与电路的参数有关),RLC 串联电路对应的相位角 $\varphi=0$,幅值 Z 则达到极值,电路的这种状态叫作谐振.谐振现象是交流电路中一个重要的物理现象,它在电子技术、电磁测量等方面有广泛的应用.利用 RLC 串联电路的谐振特性可以测量电器元件参数或电路的 Q 值,或反过来确定电源频率,改善电路的品质因数等.

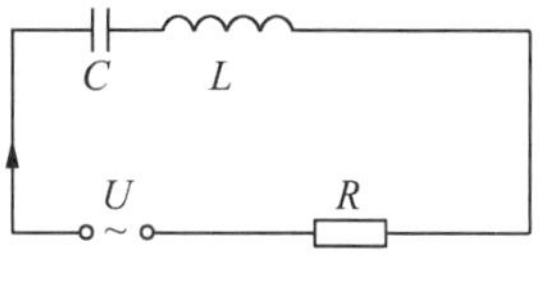

RLC 串联电路如图 3.7-1 所示,其中 R、L、C 分别表示纯电阻、纯电感、纯电容.若交流电压 $\hat{U}$ 的角频率为 ω,则有 $\omega=2\pi f$,f 为交流电源的频率,电路的总阻抗为

图 3.7-1 RLC 串联电路

$$\hat{Z} = R + i\omega L + \frac{1}{i\omega C} = R + i\left(\omega L - \frac{1}{\omega C}\right) = Ze^{i\varphi} \quad (3.7\text{-}1)$$

式中,Z 为 RLC 交流电路总阻抗的幅值,$Z=\sqrt{R^2+\left(\omega L-\dfrac{1}{\omega C}\right)^2}$,$\varphi$ 为相位角.

回路中的电流 $\hat{I}$ 由欧姆定律得

$$\hat{I} = \frac{\hat{U}}{Z} = \frac{\hat{U}}{R+i\left(\omega L-\dfrac{1}{\omega C}\right)} \quad (3.7\text{-}2)$$

因此,回路电流的幅值为

$$I = \frac{U}{Z} = \frac{U}{\sqrt{R^2+\left(\omega L-\dfrac{1}{\omega C}\right)^2}} \quad (3.7\text{-}3)$$

电压和电流的相位差 φ 为

$$\varphi_{U\text{-}I}=\arctan\dfrac{\omega L-\dfrac{1}{\omega C}}{R} \tag{3.7-4}$$

由式(3.7-4)可知,当 $\omega L-\dfrac{1}{\omega C}=0$ 时,$\varphi=0$,即电压和电流的相位差为零.此时阻抗 Z 最小,电流达到最大值,电路处于谐振状态.电路达到谐振时的正弦波频率 $f_0=\dfrac{\omega_0}{2\pi}$,称为谐振频率.谐振时 ω_0 和 f_0 的值如下:

$$\omega_0=\dfrac{1}{\sqrt{LC}} \tag{3.7-5}$$

$$f_0=\dfrac{1}{2\pi\sqrt{LC}} \tag{3.7-6}$$

由以上分析可知,当电压 U 保持不变时,电流 I 随 ω 变化而变化,当 $\omega=\omega_0$ 时,I 有一极大值,作 I-f 曲线,就可得到一个尖峰形状的电流谐振曲线,如图 3.7-2 所示.改变 R 值,就可以得到不同尖锐程度的串联谐振曲线.

谐振电路的性能常用品质因数 Q 来反映,品质因数是电路谐振时感抗和容抗与电路总电阻的比值,即

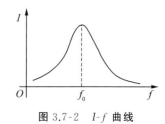

图 3.7-2　I-f 曲线

$$Q=\dfrac{\omega_0 L}{R}=\dfrac{1}{\omega_0 CR}=\dfrac{1}{R}\sqrt{\dfrac{L}{C}} \tag{3.7-7}$$

在串联谐振时,由于 $\omega L-\dfrac{1}{\omega C}=0$,$RLC$ 串联电路的总阻抗 $Z_0=R$,呈现纯电阻性.这时 L 和 C 上的电压分别为

$$U_L=\omega_0 L I_0=\omega_0 L\dfrac{U}{R}=QU$$

$$U_C=\dfrac{1}{\omega_0 C}I_0=\dfrac{1}{\omega_0 C}\dfrac{U}{R}=QU$$

所以

$$Q=\dfrac{U_L}{U}=\dfrac{U_C}{U} \tag{3.7-8}$$

串联谐振时,电容器两端的电压 U_C 和纯电感两端的电压 U_L 都是信号源输出电压 U 的 Q 倍.一般 $Q\gg 1$,所以谐振时 U_C 和 U_L 可以比 U 大很多.因此,串联谐振经常被称为电压谐振,需要注意的是,谐振时 U_C 和 U_L 相位相反.Q 值的大小还可以描述谐振曲线的尖锐程度,直接反映电路对频率的选择性能.通常规定,当 I 为其最大值 $I_{\max}$ 的 $\dfrac{1}{\sqrt{2}}$ 时所对应的频率 f_H、f_L 之差称为通频带宽度 Δf.由推导可得 $\Delta f=f_H-f_L=\dfrac{f_0}{Q}$.所以有

$$Q=\dfrac{f_0}{\Delta f} \tag{3.7-9}$$

Q 值越大,带宽越窄,曲线越尖锐,电路的频率选择性能也越好.

谐振的实质是电容中的电场能与电感中的磁场能相互转换,此增彼减,完全补偿.电场能和磁场能的总和时刻保持不变,电源不必与电容或电感往返转换能量,只需供给电路中电阻所消耗的电能.需要注意的是,在串联谐振时,电路的总阻抗最小,电流将达到最大值,这样很可能导致电容被击穿或者因电流过大而烧坏,不必要的谐振会导致继电保护和自动装置的误动作,并会使电气测量仪表计量不准确等.有时要避免电路发生谐振现象.

【实验仪器】

十进制电感箱、十进制电容箱、电容箱、函数信号发生器、交流毫伏表、示波器等,如图 3.7-3 所示.

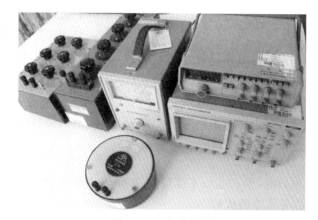

图 3.7-3 实验装置

【实验内容及步骤】

1. 实验电路图如图 3.7-4 所示.取 $L=0.1$ H,$C=0.5$ μF,$Q=2$.计算 $f_{0理论},R$,设定电阻 $R_1=R_0-r$.r 的值见仪器标注.

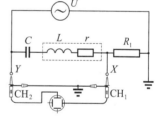

图 3.7-4 实验电路

2. 连接线路.

(1) 用普通导线将电容、电感和电阻连接起来.

(2) 四根电缆线中带有红黑两个鳄鱼夹的用在电压表(指针式交流毫伏表)上.

(3) 其余 3 根电缆线一根连接函数信号发生器至 RLC 串联电路的两端,一根连接示波器的 CH_2 输入口与 RLC 串联电路的两端,还有一根电缆线连接示波器 CH_1 和电阻箱两端.这 3 根电缆线均带有红黑 2 个接线叉,3 根电缆的 3 个黑色接线叉必须连接在同一点上.

3. 参数设置.

(1) 调节电容箱转盘指示为 0.5 μF,电阻箱阻值按计算的 R 再减去电感内阻 r 的值调节.

(2) 输入信号调节:将电压表连接在函数信号发生器两端,即测 RLC 串联电路输入电压.

4. 调节与测量方法.

(1) 调节函数信号发生器的输出频率至满足测量要求,调节函数信号发生器的输出电压使电压表的指示为 1 V,一旦改变频率,该电压就要重新修正,保持电压为 1 V.

(2) 设置示波器工作模式为 X-Y 模式,调节示波器,使屏幕上显示李萨如图形——椭圆.

(3) 改变电压表的连接点,分别测量电容、电感和电阻上的电压.因不同点的电压大小差异较大,所以要经常改变电压表的量程,使电压表指针的偏转角度大于三分之一、不超过满刻度,记录的数据达到 3 位有效数字.

(4) 实验中随着频率的变化,椭圆的形状应该跟着变化,当椭圆变成一条斜线时即进入了谐振状态,此时的频率为 f,f 与此时电容和电感上的电压应满足式(3.7-8)的关系.

5. 保持 $U=1.00$ V,取不同频率 f,分别测出 U_L、U_C、U_R,并填入表 3.7-1 中.具体做法为:对覆盖谐振频率的频率段,让频率由低到高分点测量各频率时 R、L、C 上的电压读数.在谐振频率的两侧各取同样多的测量点,靠近谐振频率处多取些测量点,而远离谐振频率处可少测几个点,这样可以使曲线的峰值测得准确些.

6. 用示波器观察由电压与电流形成的李萨如图形,找出谐振频率 $f_{0实验}$.

7. 由各频率下测出的 U_L、U_C、U_R,可计算出相应频率的 I 值.在同一张坐标纸上作 U_L-f、U_C-f、I-f 曲线.

8. Q 值的测量.先用电压谐振法测 Q 值,即由测出的谐振时 R、L、C 上的电压,由式(3.7-8)计算出 Q 值;再用频率带宽法测 Q 值,由作出的 I-f 曲线获得 f_L、f_H,由式(3.7-9)来计算品质因数 Q 值.

9. 改变 R 值(L、C 保持不变),重复步骤 1~4,观察 R 的改变对品质因数 Q 值的影响.

【注意事项】

1. 电路发生串联谐振时,输入电压不能过大.如果输入电压过大,谐振时电容两端的电压会很高,将电容击穿,导致电路故障.

2. 在选择测试频率点时,应在谐振频率附近多取若干点测量,不能遗漏频率特性的最大值点.

3. 每次改变频率时,都要用数字多用表测量函数信号发生器的输出电压,使其始终维持在 1 V.

【思考题】

1. 发生串联谐振时,电容上的电压是否和电感上的电压相同?
2. 怎样才能确定某处的频率就是谐振频率?
3. 用谐振法和频率带宽法求得的同一种线路的 Q 值是否相同?为什么?

【知识拓展】

法拉第简介

迈克尔·法拉第(Michael Faraday,1791—1867),英国物理学家、化学家,也是著名的自学成才的科学家,出生于萨里郡纽因顿一个贫苦的铁匠家庭.1831 年,他作出了关于电场线的关键性突破,永远改变了人类文明.

迈克尔·法拉第是英国著名化学家戴维的学生和助手,他的发现奠定了电磁学的基础,是麦克斯韦的先导.1831 年 10 月 17 日,法拉第首次发现电磁感应现象,并进而得到产生交流电的方法.1831 年 10 月 28 日,法拉第发明了圆盘发电机,这是人类创造出的第一个发电机.1867 年 8 月 25 日,法拉第因病医治无效逝世,享年 76 岁.由于他在电磁学方面做出的伟大贡献,后人尊称他为"电学之父"和"交流电之父".

【数据记录】

$L = 0.1$ H, $C = 0.5$ μF, $Q = 2$, $f_{0理论} = $ _____ Hz, $R = $ _____ Ω, $r = $ _____ Ω, $R_1 = $ _____ Ω.

表 3.7-1　不同频率 f 下 U_R、U_C、U_L 的值

$f_{0实} = $ _____

f_0/Hz	200	400	500	600	650	680	690	700	710	$f_{0实}$	720	730	740	750	800	900	1 000	1 200	1 500
U/V										1.00									
U_L/V																			
U_C/V																			
U_R/V																			
I/mA																			

教师签字：_____

实验日期：_____

【数据处理】

1. 在坐标纸上作 U_L-f、U_C-f、I-f 曲线(图3.7-5).

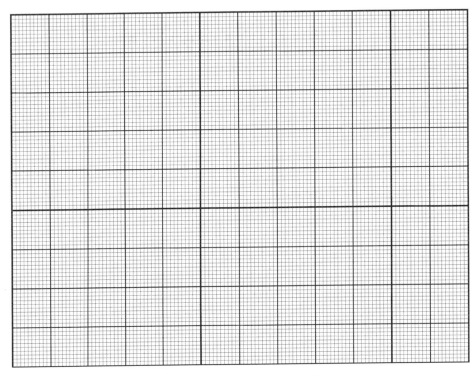

图 3.7-5 U_L-f、U_C-f、I-f 曲线

2. 先用电压谐振法测 Q 值,即由测出的谐振时 R、L、C 上的电压,由式(3.7-8)算出 Q 值.

$$Q = \frac{U_L}{U} = \frac{U_C}{U} =$$

3. 再用频率带宽法测 Q 值,由作出的 I-f 曲线(图3.7-5)获得 f_L、f_H,由式(3.7-9)来计算品质因数 Q 值.

$$Q = \frac{f_0}{\Delta f} =$$

实验 3.8 RLC 串联电路的暂态过程

电路的暂态过程就是电源接通或断开后的"瞬间",电路中的电流或电压非稳定的变化过程.电路中的暂态过程不可忽视,在瞬变时某些部分的电压或电流可能大于稳定状态时最大值的好几倍,出现过电压或过电流的现象,所以需要预先考虑到暂态过程中的过渡现象,以免电路元件损坏.在电子技术中常利用暂态特性来改善波形、获得高电压或者大电流等.

【实验目的】

1. 研究 RC 串联电路的暂态特性.
2. 研究 RLC 串联电路的暂态特性.
3. 加深理解 R、L 和 C 各元件在电路中的作用.

【实验原理】

R、L、C 元件的不同组合,可以构成 RC、RL、LC 和 RLC 电路,这些不同的电路对阶跃电压的响应是不同的,电路在电源接通或断开的瞬间,有一个从一种平衡态转变到另一种平衡态的过程,这个转变过程即为暂态过程.实验中用示波器观察暂态过程的波形,为了便于观察到图形的全貌,要求整个暂态过程所用的时间比较短,同时也要求能重复出现同样的图形,使荧光屏上显示出稳定的图形,因此实验中使用方波发生器做信号源.

一、RC 串联电路

RC 串联电路的暂态过程就是电源接通或断开后的"瞬间",电路中的电流或电压非稳定的变化过程.将电阻 R 和电容 C 串联成如图 3.8-1 所示的电路图.当 K 与"2"接通时,其充电方程为

$$iR + \frac{q}{C} = E \quad (3.8\text{-}1)$$

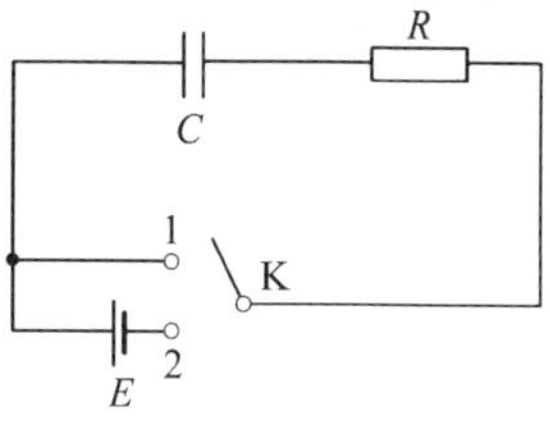

图 3.8-1 RC 串联电路

即

$$R\frac{dq}{dt} + \frac{q}{C} = E \quad (3.8\text{-}2)$$

上述方程的初始条件为 $t=0$ 时 $q_0=0$,因此可以求出式(3.8-2)的解为

$$q = Q(1 - e^{-\frac{t}{\tau}}) \quad (3.8\text{-}3)$$

式中,$\tau = RC$,称为 RC 串联电路的时间常数,单位为 s;$Q = EC$,为电容器 C 端电压为 E 时所储藏的电量大小,单位为 C;q 为 t 时刻电容器储藏的电量.

由式(3.8-3)可计算出电容和电阻两端的电压与时间关系的表达式:

$$U_C = \frac{q}{C} = E(1 - e^{-\frac{t}{\tau}}) \quad (3.8\text{-}4)$$

$$U_R = R\frac{dq}{dt} = E e^{-\frac{t}{\tau}} \quad (3.8\text{-}5)$$

当 K 与"1"接通时,其放电方程为

$$R\frac{\mathrm{d}q}{\mathrm{d}t}+\frac{q}{C}=0 \quad (3.8\text{-}6)$$

根据初始条件 $t=0$ 时,$q_0=CU$,可以得到

$$q=Q\mathrm{e}^{-\frac{t}{\tau}} \quad (3.8\text{-}7)$$

$$U_C=E\mathrm{e}^{-\frac{t}{\tau}} \quad (3.8\text{-}8)$$

$$U_R=-E\mathrm{e}^{-\frac{t}{\tau}} \quad (3.8\text{-}9)$$

由上述公式可知,U_C、U_R 和 q 都按指数变化,τ 值越大,则 U_C 变化越慢,即电容的充电或放电越慢.

电容充电时 U_C 从 0 增加到 $\frac{1}{2}E$ 或放电时 U_C 从 E 减少到 $\frac{1}{2}E$,相应的时间称为半衰期 $T_{1/2}$.为了求得时间常数 τ,经常采用测量 RC 电路半衰期的方法,它与 τ 的关系为 $T_{1/2}=\tau\ln 2$.

图 3.8-2 给出了不同 τ 值的 U_C 变化情况,其中 $\tau_1<\tau_2<\tau_3$.

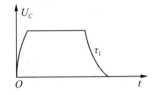 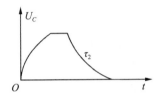 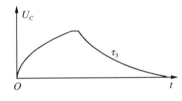

图 3.8-2 不同 τ 值的 U_C 变化示意图

二、RLC 串联电路

将 R、L 和 C 元件串联组成如图 3.8-3 所示的电路,它也可以分为充电过程和放电过程.

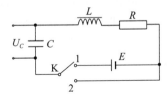

图 3.8-3 RLC 串联电路

先将 K 拨至"1",待稳定后拨至"2",这称为 RLC 串联电路的放电过程.此时有 $U_R+U_L+U_C=0$,即 $iR+L\dfrac{\mathrm{d}i}{\mathrm{d}t}+U_C=0$,由于 $i=\dfrac{\mathrm{d}q}{\mathrm{d}t}=C\dfrac{\mathrm{d}U_C}{\mathrm{d}t}$,则得

$$LC\frac{\mathrm{d}^2U_C}{\mathrm{d}t^2}+RC\frac{\mathrm{d}U_C}{\mathrm{d}t}+U_C=0 \quad (3.8\text{-}10)$$

初始条件为 $t=0$,$U_C=E$ 和 $\dfrac{\mathrm{d}U_C}{\mathrm{d}t}=0$,这样方程的解可以分为以下三种情况:

(1) 当 $R^2<\dfrac{4L}{C}$ 时,为欠阻尼状态.方程的解为

$$U_C=\sqrt{\frac{4L}{4L-R^2C}}E\mathrm{e}^{-\frac{t}{\tau}}\cos(\omega t+\varphi) \quad (3.8\text{-}11)$$

其中，$\tau = \dfrac{4L}{C}$，φ 为初相位. 式(3.8-11)表明 U_C 的振幅按指数衰减. 其衰减振动的角频率为

$$\omega = \dfrac{1}{LC}\sqrt{1 - \dfrac{R^2 C}{4L}} \qquad (3.8\text{-}12)$$

当 $R^2 \ll \dfrac{4L}{C}$ 时，τ 值一般很大，表示振幅衰减很慢，阻尼振动接近于 LC 电路的自由震荡，此时 $\omega \approx \omega_0 = \dfrac{1}{LC}$.

(2) 当 $R^2 = \dfrac{4L}{C}$ 时，处于临界阻尼状态，方程的解为

$$U_C = E\left(1 + \dfrac{t}{\tau}\right) e^{-\frac{t}{\tau}} \qquad (3.8\text{-}13)$$

这时回路电阻 R 增大到使小阻尼振荡刚刚不出现振荡时的状态.

(3) 当 $R^2 > \dfrac{4L}{C}$ 时，为过阻尼状态，不再出现振荡，而是以缓慢的方式放电. 方程的解为

$$U_C = \sqrt{\dfrac{4L}{4L - R^2 C}} E e^{-\frac{t}{\tau}} \operatorname{sh}(\beta t + \varphi) \qquad (3.8\text{-}14)$$

图 3.8-4 为上述 3 种情况下的 U_C 变化曲线，其中 1 为欠阻尼，2 为过阻尼，3 为临界阻尼.

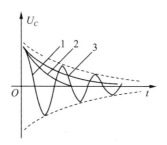

图 3.8-4 RLC 串联电路放电时的 U_C 曲线示意图

对于充电过程，与放电过程类似，只是初始条件和最后平衡的位置不同.

【实验仪器】

双踪示波器、信号发生器、可变标准电容器、标准电感、电阻箱、数字频率计等.

【实验内容及步骤】

1. 用示波器观测方波波形和周期.
2. 观察 RC 串联电路的暂态波形. 电路图如图 3.8-5 所示.

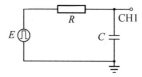

图 3.8-5 RC 串联电路

(1) 充放电波形观察与记录.电阻 $R=100\ \Omega$,电容 C 分别为 0、$0.005\ \mu\mathrm{F}$、$0.05\ \mu\mathrm{F}$、$0.5\ \mu\mathrm{F}$.在示波器上显示电容器的充放电波形,并描绘记录各波形(用手机拍下照片,撰写报告时备用).

(2) 时间常数测量.电阻 $R=1\,000\ \Omega$,电容 $C=0.1\ \mu\mathrm{F}$.测量放电波形的半衰期 $T_{1/2}$,计算时间常数实验值 $\tau_{实}=\dfrac{T_{1/2}}{\ln 2}$,计算时间常数理论值 $\tau_{理}=RC$,计算实验值与理论值之间的误差.

3. 观察 RLC 串联电路的暂态过程.电路图如图 3.8-6 所示.

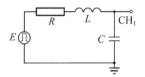

图 3.8-6 RLC 串联电路

(1) 阻尼运动的观察.电感 $L=1\ \mathrm{H}$,电容 $C=0.01\ \mu\mathrm{F}$,调节 R,观察不同阻尼时的波形,找出临界阻尼,记录此时的电阻值,即 $R_{临}=$ _____.描绘电阻为 $2\,000\ \Omega$、$R_{临}$、$40\,000\ \Omega$ 时的波形,并分别注明为何种阻尼状态.计算临界电阻的理论值 $R_{临}=\sqrt{\dfrac{4L}{C}}$,并计算实验值与理论值的误差.

(2) 欠阻尼振荡波形周期的测量.电阻 $R=1\,000\ \Omega$,电感 $L=1\ \mathrm{H}$,电容 $C=0.01\ \mu\mathrm{F}$,用示波器测量欠阻尼衰减振荡的周期 $T_{实}$,计算欠阻尼振荡周期理论值 $T_{理}=\dfrac{2\pi}{\omega}=\dfrac{2\pi\sqrt{LC}}{\sqrt{1-\dfrac{R^2 C}{4L}}}$,计算实验值与理论值的误差.

【注意事项】

1. 示波器要选择合适的扫描速度挡位和衰减挡位,以显示恰当的波形.用方波时,要按下 DC 挡.

2. 各电源元件在测量时,接地点应与仪器的接地点一致.

3. 电路连接好之后,要仔细检查,确定无误后再开电源,防止烧坏仪器.

【思考题】

1. τ 的物理意义是什么?写出 RC 串联电路中的 τ 的表示式及其使用的单位.

2. 怎么样用作图法求出 RC 串联电路中的 τ 值?

3. 在 RC 暂态过程中,固定方波的频率,而改变电阻的阻值,为什么会有不同的波形?改变方波的频率,会得到类似的波形吗?

4. 在 RLC 串联电路中,U_C 的临界阻尼暂态过程的波形与欠阻尼、过阻尼有何差异?采用什么方法可使 U_C 逼近临界阻尼暂态过程?

5. 分别改变 R、C 值,则对 RLC 串联电路的欠阻尼振荡的 ω 和 τ 各产生什么影响?

【数据记录】

1. 调节方波频率 $f=$ _____ , $T=$ _____ , $E=$ _____ .

2. 观察 RC 串联电路的暂态波形.

(1) 电阻 $R=100~\Omega$,电容 C 分别为 0、$0.005~\mu\text{F}$、$0.05~\mu\text{F}$、$0.5~\mu\text{F}$.在图 3.8-7 中绘制电容器的充放电波形.

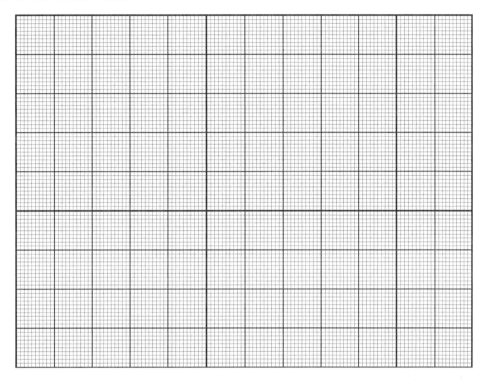

图 3.8-7 RC 电路暂态波形

(2) 电阻 $R=1~000~\Omega$,电容 $C=0.1~\mu\text{F}$.如图 3.8-8 所示,测量放电波形的半衰期 $T_{1/2}$.

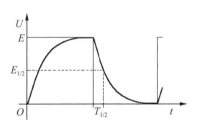

图 3.8-8 半衰期的测量

3. 观察 RLC 串联电路的暂态过程.

(1) 阻尼运动的观察. $L=1~\text{H}$, $C=0.01~\mu\text{F}$,得 $R_{临}=$ _____ .在图 3.8-9 中描绘电阻为 $2~000~\Omega$、$R_{临}$、$40~000~\Omega$ 时的波形.

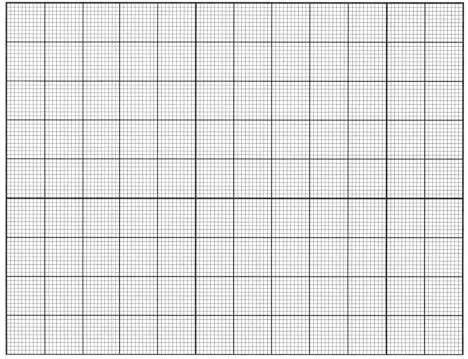

图 3.8-9 RLC 串联电路的暂态过程

(2) 电阻 $R=1\,000\,\Omega$，电感 $L=1$ H，电容 $C=0.01\,\mu$F，欠阻尼衰减振荡的周期 $T_{实}=$ _____.

教师签字：_____

实验日期：_____

【数据处理】

1. RC 串联电路.

$$T_{1/2}=\qquad ,\tau_{实}=\frac{T_{1/2}}{\ln 2}=\qquad ,\tau_{理}=RC=$$

计算实验值与理论值之间的误差.

2. RLC 串联电路.

取 $L=1$ H，$C=0.01\,\mu$F，$R=1\,000\,\Omega$，则

$$T_{实}=$$

$$T_{理}=\frac{2\pi\sqrt{LC}}{\sqrt{1-\dfrac{R^2C}{4L}}}=$$

计算实验值与理论值之间的误差：

$$E_T=\frac{|T_{实}-T_{理}|}{T_{理}}=$$

实验 3.9　霍尔效应测磁感应强度

置于磁场中的载流体,如果电流方向与磁场垂直,则在垂直于电流和磁场的方向会产生一附加的横向电场,这个现象是由美国物理学家霍尔于 1879 年发现的,后被称为霍尔效应. 如今霍尔效应不但是研究半导体材料物理和电学性能的主要手段,而且利用该效应制成的霍尔器件已广泛用于非电学量的电测量、自动控制和信息处理等方面,尤其在工业生产自动检测和控制领域,霍尔器件有着非常广泛的应用.

【实验目的】

1. 了解霍尔效应产生的物理过程.
2. 学会用霍尔效应测磁感应强度.
3. 学会用"对称交换测量法"消除负效应产生的系统误差.

预习视频

【实验原理】

一、霍尔效应的测量原理

将半导体薄片放在垂直于其平面的磁场中,当电流垂直于磁场方向通过半导体时,在垂直于电流和磁场的方向的半导体薄片两侧会产生一个电势差,这个现象就是霍尔效应,它产生的物理机制是:由于洛伦兹力的作用,载流子将向薄片侧面积聚,洛伦兹力的大小为

$$f_m = qvB \tag{3.9-1}$$

式中,q 为载流子所带的电量,v 为载流子的迁移速度,B 为磁感应强度.

若半导体为 p 型,如图 3.9-1 所示,假设载流子带正电,则将受到洛伦兹力的作用,导致正电荷在 B_2 侧积聚,从而 B_1、B_2 两侧出现电势差,这时图中 B_2 点的电势比 B_1 点的电势高. 若半导体为 n 型,载流子带负电,洛伦兹力方向不变,使 B_2 侧出现负电荷的积聚,这时图中 B_2 点的电势比 B_1 点的电势低. 因此,当电流方向一定时,薄片中载流子的电荷符号决定了 B_1、B_2 两点电势差的符号,所以通过 B_1、B_2 两点电势差的测定就可判别半导体中载流子的类型.

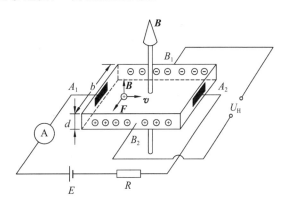

图 3.9-1　霍尔效应测量原理

由于洛伦兹力导致电荷在薄片的另一侧面的积聚后,就在与电流垂直的另一侧面中形成横向电场 E,使载流子受到电场力的作用,电场力大小为

$$f_e = qE_H \tag{3.9-2}$$

电场力和磁场力方向刚好相反,它将阻碍电荷向侧面的积聚,随着积聚电荷的增加,电场不断增强,直到载流子所受的电场力和磁场力相等,即 $f_e = f_m$ 时,达到一种平衡状态,载

流子不再向侧面积聚,这时横向电场强度为

$$E_H = vB \qquad (3.9\text{-}3)$$

设霍尔元件宽度为 b,则横向电场在 B_1、B_2 两点间产生的电势差为

$$U_H = E_H b = vBb \qquad (3.9\text{-}4)$$

式中,v 为载流子的迁移速度,设载流子浓度为 n,样品厚度为 d,则电流强度 $I = bdnqv$,则式(3.9-4)有

$$U_H = \frac{IB}{dnq} = R_H \frac{IB}{d} \qquad (3.9\text{-}5)$$

其中 $R_H = \frac{1}{nq}$,称为霍尔系数,它是反映材料霍尔效应强弱的重要参数.由式(3.9-5),可以得出以下结论.

(1) 若载流子为空穴,则 $R_H > 0$,$U_H > 0$;若载流子为电子,则 $R_H < 0$,$U_H < 0$.即可以根据霍尔系数的正负或霍尔电势差的正负来判断半导体载流子的类型.

(2) 霍尔电势差 U_H 与载流子浓度 n 成反比,n 越大,U_H 越小,一般金属的载流子是电子,浓度很大,所以导电性能好,但霍尔系数小,霍尔效应不明显.半导体中载流子浓度要小得多,导电性能较差,但霍尔系数较大,能够产生较大的 U_H,使霍尔效应有较大的应用价值.

对式(3.9-5)变形,有

$$R_H = \frac{U_H d}{IB} \qquad (3.9\text{-}6)$$

可以通过实验测出 U_H、I、B 及 d,就可以由 $R_H = \frac{1}{nq}$ 求出载流子的浓度 n.

令 $K_H = \frac{1}{dnq}$,由式(3.9-5),可得

$$B = \frac{U_H}{K_H I} \qquad (3.9\text{-}7)$$

式中,K_H 称为霍尔灵敏度.对一定的霍尔元件,K_H 是个常量,单位为 V/(A·T).所以根据式(3.9-7),只要测出了 U_H、I 和已知的 K_H,就可以求出磁感应强度 B,这就是用霍尔效应测磁感应强度的原理.

二、霍尔元件中的副效应及其消除方法

在测量霍尔电势差 U_H 的过程中,还存在其他效应,它使所测得的电压不只是 U_H,还会附加另外一些电压,给测量带来误差.下面首先分析这些电压产生的原因及特点,然后探讨其消除方法.

(一) 不等位电势差 U_0

由于制作时,两个霍尔电极不可能绝对对称地焊在霍尔片的两侧,造成两极焊接点不在同一等位面上,此时虽未加场,但两接点间存在电势差 U_0,$U_0 = I_S R$,I_S 为工作电流,R 是两等位面间的电阻.

(二) 埃廷豪森效应

由于霍尔元件内部的载流子速度服从统计分布,有快有慢,载流子在洛伦兹力和霍尔电场力的作用下,速度大的绕大圆轨道运动,速度小的绕小圆轨道运动,导致霍尔元件内载流子沿轴方向按速度大小分布在不同的侧面位置,当载流子的动能转化为热能时,使 B_1、B_2 两侧面

上的温升不同,就产生温差电动势 U_E,U_E 的大小和正负号与 I_S、B 的大小和方向有关.

（三）伦斯托效应

在元件上接出引线时,不可能做到接触电阻完全相同,当工作电流通过不同接触电阻时会产生不同的焦耳热,并因温差产生一个温差电动势,此电动势又产生温差电流 Q（称为热电流）,热电流在磁场的作用下将发生偏转,结果产生附加电势差 U_N,这就是伦斯托效应,它与电流 I 无关,只与磁场 B 有关.

（四）里纪-杜勒克效应

由伦斯托效应产生的热电流也有埃廷豪森效应,由此而产生附加电势差 U_R,称为里纪-杜勒克效应.U_R 与 I_S 无关,只与磁场 B 有关.

因此,在确定磁场 B 和工作电流 I_S 的条件下,实际测量的电压包括 U_H、U_0、U_E、U_N、U_R 五个电压的代数和.为了减少和消除以上效应引起的附加电势差,利用这些附加电势差与霍尔元件工作电流 I_S、励磁电流 I_M 的关系,采用对称（交换）测量法进行测量,测量时可用改变 I_S 和 B（励磁电流 I_M）的方向的方法,抵消副效应的影响.测量时首先任取某一方向的 I_S、I_M 为正,当改变它们的方向为负时,得到四种条件,测量结果如下：

当 $+I_M$、$+I_S$ 时,$U_1 = U_H + U_0 + U_E + U_N + U_R$

当 $-I_M$、$+I_S$ 时,$U_2 = -U_H + U_0 - U_E - U_N - U_R$

当 $-I_M$、$-I_S$ 时,$U_3 = U_H - U_0 + U_E - U_N - U_R$

当 $+I_M$、$-I_S$ 时,$U_4 = -U_H - U_0 - U_E + U_N + U_R$

从上述结果中消去 U_0、U_N、U_R,得到

$$U_H = \frac{1}{4}(U_1 - U_2 + U_3 - U_4) - U_E \approx \frac{1}{4}(U_1 - U_2 + U_3 - U_4) \quad (3.9\text{-}8)$$

一般 U_E 比 U_H 小得多,在误差范围内可以忽略不计.

【实验仪器】

霍尔效应综合实验仪（包含数字电压表、直流电源、电流表、双刀双掷开关等）,如图 3.9-2 所示.

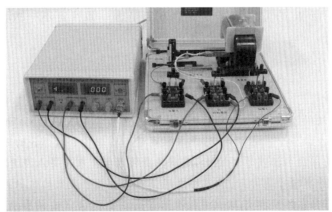

图 3.9-2　霍尔效应综合实验仪

【实验内容及步骤】

1. 接通电源,预热 5 min.

2. 将实验仪"U_H、U_0"切换开关选择 U_H 一侧,将霍尔元件置于 $x=7.5$ cm 处,保持 I_S 值不变($I_S=5$ mA),改变 I_M 大小及方向,记下相应的电势差 U,计入表 3.9-1 中,作 U_H-I_M 曲线(图 3.9-3). 根据式(3.9-8)求出 U_H.

3. 实验仪设置同上,将霍尔元件置于 $x=7.5$ cm 处,保持 I_M 值不变($I_M=500$ mA),记下相应的电势差 U,计入表 3.9-2 中,作 U_H-I_S 曲线(图 3.9-4).

4. 根据式(3.9-8)求出 U_H;根据式(3.9-7)求出 B,其中 $K_H=18.21$ V/(A·T).

5. 取 $I_S=5$ mA,$I_M=500$ mA,改变霍尔元件在螺线管中的位置 x,记下相应的电势差,填入表 3.9-3 中,计算出相应的磁感应强度 B,作 B-x 曲线(图 3.9-5),得出螺线管轴线上磁场分布规律.

【注意事项】

1. 霍尔元件及二维移动架移动易折断、变形,要注意保护,应避免挤压、碰撞等,不要用手触摸霍尔元件.

2. 实验中应使霍尔元件平面与磁感应强度 B 垂直,此时 $U_H=I_SB\cos\theta=I_SB$,即 U_H 取最大值.

3. 实验前应将霍尔元件移至电磁铁气隙的中心,调整霍尔元件方位,使其在 I_M、I_S 相同时,U_H 输出最大.

4. 霍尔元件的工作电流引线与霍尔电压引线不能接错,霍尔元件的工作电流和螺线管的励磁电流要分清,否则会烧坏霍尔元件.

5. 为了不使电磁铁过热而受到损害,影响测量的精度,除读取有关数据的短时间内通以励磁电流外,其余时间要断开励磁电流开关.

【思考题】

1. 什么是霍尔效应?如何利用霍尔效应测磁感应强度?
2. 如何从实验判断半导体的导电类型?
3. 如何判断磁场 **B** 的方向与霍尔片的方向是否一致?若不一致,对实验结果有何影响?

【知识拓展】

霍尔效应的发展

在霍尔效应发现约 100 年后,德国物理学家冯·克利青等人在研究极低温度和强磁场中的半导体时发现了整数量子霍尔效应,这是当代凝聚态物理学令人惊异的进展之一,克利青为此获得了 1985 年的诺贝尔物理学奖. 之后,美籍华裔物理学家崔琦等人在更强磁场下研究量子霍尔效应时发现了分数量子霍尔效应,这个发现使人们对量子现象的认识更进一步,为此崔琦获得了 1998 年的诺贝尔物理学奖. 斯坦福教授张首晟预言了"量子自旋霍尔效应",之后被实验证实,这一成果是美国《科学》杂志评出的 2007 年十大科学进展之一. 由清华大学薛其坤院士领衔,清华大学、中科院物理所和斯坦福大学研究人员联合组成的团队在量子反常霍尔效应研究中取得重大突破,他们从实验中首次观测到量子反常霍尔效应,这是中国科学家从实验中独立观测到的一个重要物理现象,也是物理学领域基础研究的一项重要科学发现.

【数据记录】

表 3.9-1　霍尔电压与磁场（即激励电流）之间的关系

将霍尔元件置于 $x=7.5$ cm 处，设置 $I_S=5$ mA

I_M/mA	U_1/mV $(+B,+I)$	U_2/mV $(-B,+I)$	U_3/mV $(-B,-I)$	U_4/mV $(+B,-I)$	U_H/mV	B/T
100						
200						
300						
400						
500						
600						

表 3.9-2　霍尔电压与霍尔电流之间的关系

将霍尔元件置于 $x=7.5$ cm 处，设置 $I_M=500$ mA

I_S/mA	U_1/mV $(+B,+I)$	U_2/mV $(-B,+I)$	U_3/mV $(-B,-I)$	U_4/mV $(+B,-I)$	U_H/mV	B/T
1.00						
2.00						
3.00						
4.00						
5.00						
6.00						

表 3.9-3　测螺线管轴线上的磁场分布

取 $I_S=5.00$ mA，$I_M=500$ mA

x/cm	U_1/mV $(+B,+I)$	U_2/mV $(-B,+I)$	U_3/mV $(-B,-I)$	U_4/mV $(+B,-I)$	U_H/mV	$B=\dfrac{U_H}{K_H I}$/T
60						
65						
70						
75						
80						
85						
90						

教师签字：＿＿＿＿＿＿＿＿

实验日期：＿＿＿＿＿＿＿＿

【数据处理】

1. 作 U_H-I_M 曲线(图 3.9-3).

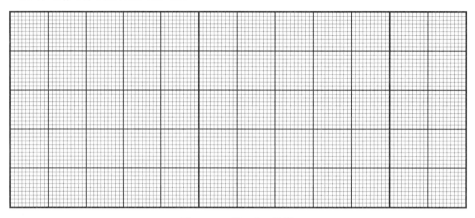

图 3.9-3　U_H-I_M 曲线

2. 作 U_H-I_S 曲线(图 3.9-4).

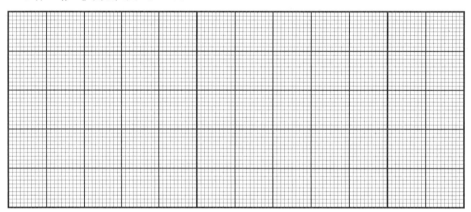

图 3.9-4　U_H-I_S 曲线

3. 作 B-x 曲线(图 3.9-5).

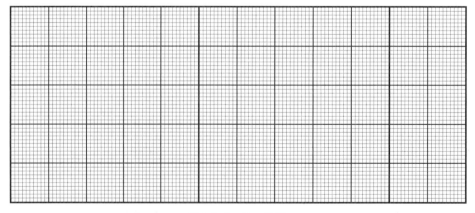

图 3.9-5　B-x 曲线

实验 3.10 电介质介电常数的测定

电介质的相对介电常数 ε_r 是表征介质材料的介电性质或极化性质的物理参数.它是一个重要的电学物理量,其测量已成为物理实验和工程应用中的重要内容.

【实验目的】

1. 掌握固体、气体电介质材料介电常数的测量原理及测量方法.
2. 掌握最小的乘法的使用方法.

【实验原理】

电介质的相对介电常数 ε_r 等于以待测材料为介质与以真空为介质制成的同尺寸电容器容量之比,该值也是材料储电能力的表征.通常我们用一组由平行板电极组成的电容器,分别测出其充满空气(相对介电常数近似为 1)和固体介质的电容量 C_a、C_b,根据上述定义,固体介质的相对介电常数为

$$\varepsilon_r = \frac{C_b}{C_a} \qquad (3.10\text{-}1)$$

因 C_a、C_b 的值很小,此时电极的边界效应、测量引线和测量系统等引起的分布电容已不可忽略,测量时应考虑其影响.

一、电桥法测量固体电介质的相对介电常数

将待测介电常数的材料做成圆柱形介质板样品,放置到如图 3.10-1 所示的介电常数测试仪的平行上、下电极之间,构成一个可变的电容器.图 3.10-2 为放入介质板前后系统示意图及其电容分布原理图.假设电极的间距为 D,固体电介质的厚度和面积分别为 t 和 S.如图 3.10-2(a)所示,放入固体介质板前后的测量电容分别为 C_1、C_2,有

图 3.10-1 介电常数测试仪

$$C_1 = C_0 + C_{\text{边}1} + C_{\text{分}1} \qquad (3.10\text{-}2)$$
$$C_2 = C_{\text{串}} + C_{\text{边}2} + C_{\text{分}2} \qquad (3.10\text{-}3)$$

其中 C_0 是电极间充满空气、样品的面积为 S 而计算出的电容量[图 3.10-2(b)]:

$$C_0 = \frac{\varepsilon_0 S}{D} (\varepsilon_0 \text{ 为真空介电常数}) \qquad (3.10\text{-}4)$$

$C_{\text{边}}$ 为样品面积外电极间的电容量和边界电容之和,$C_{\text{分}}$ 为测量引线和测量系统等引起的分布电容之和[图 3.10-2(b)],$C_{\text{串}}$ 由样品面积内介质层电容和空气层串联而成[图 3.10-2(c)]. 根据图 3.10-2(c)虚线框所示,$C_{\text{串}}$ 理论计算公式为

$$C_{\text{串}} = \frac{C_{\text{空气}} \cdot C_{\text{介质}}}{C_{\text{空气}} + C_{\text{介质}}} = \frac{\dfrac{\varepsilon_0 S}{D-t} \cdot \dfrac{\varepsilon_0 \varepsilon_r S}{t}}{\dfrac{\varepsilon_0 S}{D-t} + \dfrac{\varepsilon_0 \varepsilon_r S}{t}} = \frac{\varepsilon_0 \varepsilon_r S}{t + \varepsilon_r (D-t)} \qquad (3.10\text{-}5)$$

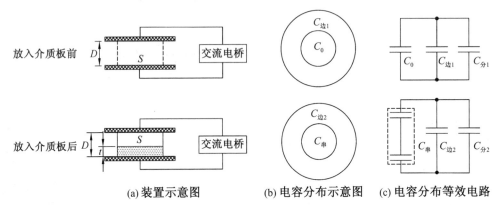

图 3.10-2 放入介质板前后装置示意图及其电容分布原理图

因两次测量时电极间距 D 为固定值,系统状态保持不变,则有 $C_{边1}=C_{边2}$,$C_{分1}=C_{分2}$.

由式(3.10-2)减式(3.10-3),得

$$C_{串} = C_2 - C_1 + C_0 \qquad (3.10\text{-}6)$$

由式(3.10-5)、式(3.10-6),得

$$\varepsilon_r = \frac{C_{串} t}{\varepsilon_0 S - C_{串}(D-t)} \qquad (3.10\text{-}7)$$

二、电桥法测量空气的介电常数

利用上述装置也可测定空气的介电常数($\varepsilon \approx \varepsilon_0$)和系统及引线的分布电容.方法是:旋转螺旋测微器,改变电容器的极板间距 D,测出不同 D 值对应的极板充满空气时的电容量 C,此时近似有

$$C = \frac{\varepsilon_0 S_0}{D} + C_{分} \qquad (3.10\text{-}8)$$

式中,S_0 为电极面积,如果令 $y=C$,$A=C_{分}$,$B=\varepsilon_0 S_0$,$x=\dfrac{1}{D}$,将以上四个参数置换上式,则得到线性方程为 $y=A+Bx$,分别测定每个 D 及其对应的 C,利用最小二乘法即可得到 ε_0 及 $C_{分}$ 之值.

【实验仪器】

介电常数测试仪、ZC2811D LCR 数字电桥、螺旋测微器、游标卡尺、待测固体介质圆板.

【实验内容及步骤】

一、测定待测固体电介质的相对介电常数

1. 用游标卡尺和螺旋测微器分别测出固体介质圆板的直径 d 和厚度 t,并计算出面积 S.

2. 旋转介电常数测试仪旋钮,让两极板接触,读出基础读数;之后扣除基础读数,控制上、下极板间间距为 5 mm.

3. 将介电常数测试仪与数字电桥按红正黑负连接好(图 3.10-3),并打开电源预热 5 min.

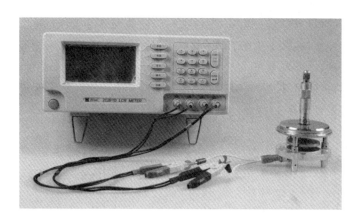

图 3.10-3　介电常数测试仪与数字电桥连接线路

4. 校正数字电桥(此处为开路校正,也可短路校正).按一下"功能"键,此时面板显示"Quit Clear",表示测量端不满足清零条件,需检查测量端;断开数字电桥一端接线柱,按一下"功能"键,此时面板显示"Open clear",即表示校准完成.

5. 将测量频率 f 调至 10 kHz,测量模式选择手动模式"MANU",连接好电路.反复放入固体电介质板 3 次,每次分别用数字电桥测出放入固体介质板前后的电容值 C_1、C_2,填入表 3.10-1.

二、测定空气介电常数

1. 用游标卡尺测量极板直径 $D_0 = 52.50$ mm,并计算极板面积 S_0.
2. 参照固体电介质测量中线路连接、校准步骤 3 和 4.
3. 将测量频率 f 调至 10 kHz,测量模式选择手动模式"MANU",连接好电路.依次调节上下极板间距,分别用数字电桥测出对应基板厚度和电容值 C,填入表 3.10-2 中.

【注意事项】

1. 本实验在理论推导过程中认为系统的 $C_{分}$ 不变,因此,在实验过程中要保证实验装置的位置不变,放入样品前后电极的位置不变,周围的环境不变,特别是在读数时手或身体不要靠近仪器,总的来说就是保证实验系统状态不变.

2. 实验中改变极板间距或放入电介质前后均会使电容量或频率发生变化,对其变化方向应有一定的预判,以便及时发现异常并纠正.

【思考题】

1. 在测量固体的相对介电常数时,如何减少边界效应和测量系统分布电容对测量结果的影响?
2. 交流电桥是怎样测出待测电容的电容量的?

【知识拓展】

电介质是指可被电极化的绝缘体.介电常数则是反映电介质极化(储电)能力强弱的重要参数,其值越大,则极化能力越强.介电常数的测量方法主要有替代法、比较法、电桥法、Q 表法、谐振法、微波测量法和直流测量法等.电容器是生活中常用的元器件,随着人们对于储能要求的不断提高,超级电容器(Super Capacitors)以其功率密度大、循环使用、寿命长等优点引起人们广泛的关注,其在新能源汽车、智能家居、电力系统等领域均有较大的应用前景,其对于遏止能源危机、改善环境有着重大意义.超级电容器按储能机理和活性物质的不同分为双电层超级电容器、法拉第赝电容器和混合两种机理的非对称型超级电容器.

一、双电层超级电容器

如图3.10-4所示,由于外加电场作用,充电时极板上的空间电荷会吸引电解液中的离子,使其在距极板表面一定距离处形成一个离子层,与极板表面的剩余电荷形成双电层结构,两者所带电量相同,电荷相反.又由于势垒的存在,电荷不会中和.另一个极板也是如此.充电完成,将施加的电场撤离后,电解液中的阴阳离子与极板上的正负电荷相互吸引,双电层不会消失,使能量储存在了双电层中.当连接上负载时,由于正负电极存在电势差,将有电流产生,电荷从正极

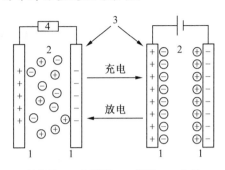

1.双电层;2.电解液;3.极板;4.负载

图3.10-4 双电层超级电容器原理图

经负载流向负极.同时,双电层中被吸引的阴阳离子脱离库仑力的束缚,分散在电解液中,双电层消失,能量被释放.

二、法拉第赝电容器

法拉第赝电容器的储能机理与双电层超级电容器的储能机理有很大的不同.它的电极材料一般选用具有一定化学活性的过渡金属氧化物、氢氧化物和导电聚合物等.充电时,极板电势发生变化,吸引电解液中的阴阳离子到极板表面,与被活化的电极材料发生快速可逆的法拉第氧化还原反应,或者发生欠电位沉积,从而达到储存电能的效果.放电时,极板处又发生相应的逆反应,使电容器恢复初始的状态,能量被释放.因此,与双电层超级电容器不同,由于涉及化学反应,法拉第赝电容器的比电容值与所加电势有一定关系.但就目前的研究进展来讲,尚未建立一个确定的数学模型来描述法拉第赝电容器的比电容值.法拉第赝电容器工作时,所发生的法拉第反应过程不仅仅发生在电极表面或近表面,内部也会发生,并且同时伴有一定的物理吸附,所以产生的比电容和能量密度都高于双电层超级电容器.但是,法拉第赝电容器工作时,电极材料和电解液中都发生化学反应,经过多次循环充放电后,必定会对电极材料和电解液造成一定损耗,降低使用寿命.因此,法拉第赝电容的循环稳定性比双电层超级电容器差.另一方面,法拉第氧化还原反应速率再快,也需要一定的时间来完成,所以功率密度比双电层超级电容器低.

三、非对称型超级电容器

双电层超级电容器和法拉第赝电容器的电极均可以独立工作,所以,可以将两种类型的超级电容器结合起来,一个电极选用双电层材料,另一个电极选用赝电容材料或电池电极材料,制成非对称型超级电容器.赝电容电极或电池电极具有较高的能量密度,而双电层电极具有较高的功率密度与循环稳定性.结合了两种类型的混合型超级电容器能同时利用两者的优点,延长器件的使用寿命,同时,能够满足实际应用中的高功率密度和高能量密度的要求,具有更高的实际应用价值.

摘自:肖谧,宿玉鹏,杜伯学.超级电容器研究进展[J].电子元件与材料,2019,38(09):1-12.

【数据记录】

表 3.10-1 固体电介质的相对介电常数

次数	d/mm	t/mm	S/mm²	C_0/pF	C_1/pF	C_2/pF	$C_串$/pF	ε_r
1								
2								
3								
平均值								

表 3.10-2 空气的介电常数和系统分布电容 $C_分$

D/mm	1.000	1.100	1.200	1.300	1.400	1.500	1.600	1.700	1.800	1.900
C/pF										

已知极板间空气层直径 $D_0 = 52.50$ mm.

教师签字：_____

实验日期：_____

【数据处理】

一、固体电介质的相对介电常数的数据处理

固体介质圆板的直径为

$$\bar{d} = \frac{\sum_{i=1}^{3} d_i}{3} =$$

固体介质圆板的厚度为

$$\bar{t} = \frac{\sum_{i=1}^{3} t_i}{3} =$$

固体介质圆板的底面积为

$$S = \frac{\pi \bar{d}^2}{4} =$$

面积为 S、厚度为 D 的空气圆柱的电容为

$$C_0 = \frac{\varepsilon_0 S}{D} =$$

放入固体介质圆板前的总电容为

$$\overline{C_1} = \frac{\sum_{i=1}^{3} C_{1_i}}{3} =$$

放入固体介质圆板后的总电容为

$$\overline{C_2} = \frac{\sum_{i=1}^{3} C_{2_i}}{3} =$$

面积为 S、厚度为 t 的介质板与厚度为 $D-t$ 的空气串联,总电容为

$$C_{串} = \overline{C_2} - \overline{C_1} + C_0 =$$

介质板的相对介电常数为

$$\varepsilon_r = \frac{C_{串} \cdot t}{\varepsilon_0 S - C_{串}(D-t)} =$$

二、空气的介电常数的数据处理

用最小二乘法处理空气介电常数数据,填入表 3.10-3 中.

表 3.10-3 利用最小二乘法处理空气介电常数数据

D_0/mm	$\bar{x}/\text{mm}^{-1}$	$\overline{x^2}/\text{mm}^{-2}$	$\bar{x}^2/\text{mm}^{-2}$	$\overline{xy}/\text{mm}^{-2}$	$S_A/\mu\text{F}$	$A/\mu\text{F}$	n
52.50							10
S_0/mm^2	$\bar{y}/\mu\text{F}$	$\overline{y^2}/\mu\text{F}^2$	$\bar{y}^2/\mu\text{F}^2$	$S_y/\mu\text{F}$	$S_B/(\mu\text{F} \cdot \text{mm})$	$B/(\mu\text{F} \cdot \text{mm})$	r

各参数含义,参考第 1 章中最小二乘法与线性拟合.

第 4 章 光学实验

实验 4.1 用显微镜测量微小长度

显微镜是常见的助视光学仪器,由一个透镜或几个透镜组合构成,用于帮助人眼观察近处微小物体,主要工作原理是增大被观察物体对人眼的张角,起视角放大的作用.

【实验目的】

1. 了解显微镜的构造及其放大原理,并掌握其使用方法.
2. 理解放大率的概念并掌握其测量方法.
3. 学会利用显微镜测量微小长度.
4. 进一步熟悉透镜成像规律.

预习视频

【实验原理】

一、显微镜的放大率

显微镜的物镜、目镜都是会聚透镜,位于物镜物方焦点外侧附近的微小物体经物镜放大后先成一放大的实像,此实像再经目镜成像于无穷远处,这两次放大都使得视角增大.为了适于观察近处的物体,显微镜的焦距都很短.

显微镜的放大率定义为像对人眼的张角的正切和物在明视距离 $D=250$ mm 处时直接对人眼的张角的正切之比.如图 4.1-1 所示,有

$$M = \frac{y'/f_e'}{y/D} = \frac{Dy'}{f_e' y} = \frac{D\delta}{f_e' f_o'} = \beta_o M_e \tag{4.1-1}$$

式中 $\beta_o = \dfrac{y'}{y} = \dfrac{\delta}{f_o'}$ 是物镜的线放大率,M_e 是目镜的放大率,f_o'、f_e' 为物镜和目镜的像方焦距,δ 是显微镜的光学间隔,由式(4.1-1)可知,显微镜的镜筒越长,物镜和目镜的焦距越短,放大率就越大,通常物镜和目镜的放大率标在镜头上.

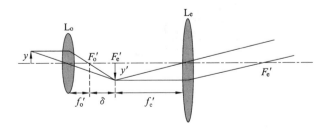

图 4.1-1 显微镜基本光学系统

当显微镜成虚像于距目镜为 l'' 的位置上,而人眼在目镜后焦点处观察时(图 4.1-2),显微镜的视放大率为

$$M = \frac{y''/(l''+f_e')}{y/D} = \frac{y''/(l''+f_e')}{y'/D} \cdot \frac{y'}{y} = \frac{Dy'}{f_e' y} = \beta_o M_e \qquad (4.1\text{-}2)$$

中间像并不在目镜的物方焦平面上,$\beta_o = \frac{y'}{y} \neq \frac{\delta}{f_o'}$.这时视放大率的测量可通过一个与主光轴成 45°的半透半反镜把一带小灯的标尺成虚像至显微镜的像平面,直接比较测量像长 y'',即可得出视放大率为

$$M = \frac{y''}{y} \qquad (4.1\text{-}3)$$

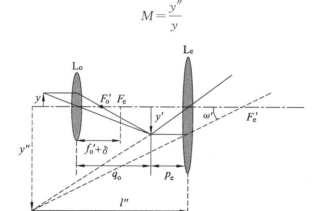

图 4.1-2 显微镜成像于有限远时的光路图

二、显微镜的构造原理与使用

1. 显微镜的构造.

常用的生物显微镜的构造和外形如图 4.1-3 所示,它由光学系统和机械系统组成.

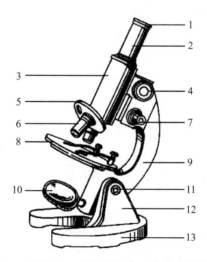

1—目镜;2—目镜镜筒;3—镜筒;4—粗调手轮;5—物镜转换器;6—物镜;7—微调手轮;8—载物台;9—镜架;10—反光镜;11—倾斜调节螺丝;12—支架;13—镜座.

图 4.1-3 显微镜的结构

光学部分的成像系统由目镜和物镜组成,目镜由两块透镜装置在目镜镜筒中构成,如图 4.1-4 所示,筒上标有放大率,常用的有 5×、10×、12.5×.光学部分的照明系统由聚光镜和可变光阑以及反射镜组成.反射镜将外来光线导入聚光镜,并由聚光镜变焦,以照亮被观察物.可变光阑可改变孔径,用来调节照明亮度,以便使用不同数值孔径的物镜观察时获得清晰的像.

显微镜的机械部分由镜筒、镜架和镜座组成.调节器有粗调手轮和微调手轮,转动粗调手轮可以使镜筒明显升降,用于粗调对光;转动微调手轮可以进行精确对物调焦.载物台在物镜下方,用来放置载物玻片和标本,载物台移动手轮可以前后、左右移动载物玻片和标本.移动距离可从显微镜的游标尺上读出.

图 4.1-4　不同倍率的目镜

2. 显微镜的操作规程.

显微镜是精密的光学仪器,要注意保养和维护,使用时应严格遵守操作规程和使用方法,特别是使用高倍物镜时,由于物镜视场小而暗、工作距离短、调节较为困难,需要细心操作,防止物镜与被观察物体接触而受到挤压,造成损坏.显微镜的调焦操作流程如下:

(1) 需要使用高倍物镜时,先用低倍物镜进行调节.

(2) 先用粗调手轮将镜筒向下调节,从旁边严密监视,使镜头慢慢靠近被观察物而又不接触.

(3) 从目镜中观察,并慢慢转动粗调手轮,镜筒上升,使镜头与物之间距离逐渐增大,直至观察到清晰的物像.

(4) 转动转换器,换用高倍物镜(注意转换时不要碰到被观察物),稍加调节微调手轮,即可获得清晰的像,至此调焦完毕.

【实验仪器】

生物显微镜、测微目镜、标准石英尺、待测样品,如图 4.1-5 所示.

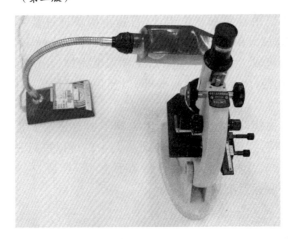

图 4.1-5　显微镜装置实物图

【实验内容及步骤】

1. 将标准石英尺放在显微镜载物台上夹住.

2. 选择适当倍率的目镜,根据需要调节聚光镜、反光镜和可变光阑,使目镜中观察到强弱适当而均匀的视场.

3. 熟悉显微镜的机械结构,用低倍物镜对石英尺进行调焦,调焦严格遵守显微镜的调焦操作规范.

4. 将目镜卸下,换上测微目镜,调焦至物的像最清晰为止.

5. 转动测微目镜鼓轮,使分划板上叉丝取向与标准石英尺平行,然后将叉丝移至和显微镜视场中标准石英尺某一刻度重合,记下测微目镜的读数 l'. 转动测微目镜鼓轮,使叉丝在标准石英尺上移动 N 格,此时叉丝与石英尺上另一刻度线重合,记下测微目镜的读数 l''.

6. 重复几次测量,求出 $l = l'' - l'$ 的平均值,计算物镜的放大率,并求出平均值,填入表 4.1-1.

7. 取下标准石英尺,换上所需测量的标本玻片,对每一长度重复测量几次,求出平均值,填入表 4.1-2.

【思考题】

1. 用显微镜测量微小长度时,用测微目镜测定标准石英尺的 m 个分格的数值与标准石英尺相应分格的实际值之比为什么不等于物镜的放大率?

2. 望远镜和显微镜结构和使用上有哪些相同点和不同点?

【数据记录】

表 4.1-1 物镜放大率的测定

次数	l'/mm	l''/mm	$l_i=(l''-l')/\text{mm}$	$M_i=\dfrac{l_i}{l_0}$	$\overline{M}$
1					
2					
3					

$N=50$ 格,每格 0.01 mm,$l_0=0.5$ mm.

表 4.1-2 微小长度 a 的测定

次数	a'/mm	a''/mm	$a_i=(a''-a')/\text{mm}$	$\overline{a}$
1				
2				
3				

教师签字：_____

实验日期：_____

【数据处理】

1. 物镜放大率的测定.

$N=50$ 格,每格 0.01 mm,$l_0=0.5$ mm.

$$M_i = \frac{l_i}{l_0} =$$

$$\overline{M} = \frac{\sum\limits_{i=1}^{3} M_i}{3} =$$

相对误差:

2. 微小长度的测量.

$$\overline{a} = \frac{\sum\limits_{i=1}^{3} a_i}{3}$$

$$A = \frac{\overline{a}}{\overline{M}} =$$

实验 4.2　牛顿环与劈尖干涉

用一束单色平行光照射透明薄膜,薄膜上表面的反射光与下表面的反射光来自同一入射光,满足相干条件.如果入射光入射角不变,薄膜厚度发生变化,那么不同厚度处可满足不同的干涉明暗条件,出现明暗干涉条纹,相同厚度处一定满足同样的干涉条件,因此同一干涉条纹下对应同样的薄膜厚度.这种干涉称为等厚干涉,相应干涉条纹称为等厚干涉条纹.等厚干涉现象在光学加工中有着广泛应用,牛顿环和劈尖干涉就属于等厚干涉.

【实验目的】

1. 观察、了解等厚干涉现象及其特点.
2. 掌握读数显微镜的原理和测量操作技术.
3. 掌握用牛顿环法测量透镜的曲率半径和用劈尖干涉法测量金属细丝直径的实验方法.

预习视频

【实验原理】

一、用牛顿环法测量透镜的曲率半径

牛顿环装置是由一块曲率半径较大的平凸玻璃透镜和一块光学平玻璃片相接触而组成的.相互接触的透镜凸面与平玻璃片平面之间的空气间隙构成一个空气劈尖,空气膜的厚度从中心接触点到边缘逐渐增加,如图 4.2-1(a)所示.

当单色光垂直地照射牛顿环装置时,在空气劈尖的上下表面反射的光具有一定的光程差,如图 4.2-1(a)所示,因此在透镜凸面处形成以 O 点为圆心的一系列明暗相间的同心圆环,称为牛顿环[图 4.2-1(b)].如果从反射光的方向观察,中心为暗斑;如果从透射光的方向观察,中心为亮斑.随着空气薄层从中心向外侧厚度的增加,条纹变窄变密,这种干涉条纹称为等厚干涉条纹.

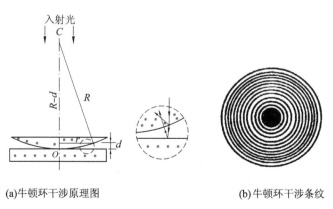

(a)牛顿环干涉原理图　　　　　(b)牛顿环干涉条纹

图 4.2-1　牛顿环

接下来以反射光为例推导明暗条纹半径 r、入射光波长 λ 和平凸透镜的曲率半径 R 之间的关系.

根据光的干涉条件,在空气薄膜厚度为 d 的位置,空气薄膜上下表面反射光的光程差为

$$\delta = 2d + \frac{\lambda}{2} = \begin{cases} k\lambda, & k=1,2,3,\cdots（明环） \\ (2k+1)\frac{\lambda}{2}, & k=0,1,2,\cdots（暗环） \end{cases} \quad (4.2\text{-}1)$$

由图 4.2-1(a) 中几何关系,已知 $R \gg r$,可得

$$r^2 = R^2 - (R-d)^2 = 2Rd - d^2 \approx 2Rd$$

因此,$r = \sqrt{2Rd}$,代入式(4.2-1)中,有

$$r = \begin{cases} \sqrt{\left(k-\frac{1}{2}\right)R\lambda} & k=1,2,3,\cdots（明环半径） \\ \sqrt{kR\lambda} & k=0,1,2,\cdots（暗环半径） \end{cases} \quad (4.2\text{-}2)$$

由式(4.2-2)中第 k 级暗环半径公式可以看出:若 λ 已知,只要测出第 k 级暗环半径,就可以根据式(4.2-2)求出透镜的曲率半径 R;反之,若 R 已知,只要测出 r,即可求得入射光波长 λ.但是平凸透镜和平板玻璃不可能很理想地只以一点接触,牛顿环中心暗斑具有一定尺寸,这样就无法准确地确定出第 k 个暗环的几何中心位置,所以第 k 个暗环半径难以准确测得.为了提高测量精度,我们选择距离中心较远,条纹比较清晰的两个暗环,测量它们的直径,采取逐差法计算 R.

设第 m 条暗环和第 n 条暗环的直径各为 D_m 及 D_n,则由暗环直径 $D_k = \sqrt{4kR\lambda}$,可得

$$R = \frac{D_m^2 - D_n^2}{4(m-n)\lambda} \quad (4.2\text{-}3)$$

上式为本实验的测量公式,可见只需要测出第 m 级和第 n 级暗环的直径 D_m、D_n,即可求出透镜曲率半径 R,不必确定环的级数及中心.

二、用劈尖干涉法测量金属丝的微小直径

将两块平板玻璃叠放在一起,一端与棱边相接触,待测的金属丝放在另一端,两玻璃板之间形成劈尖形空气薄膜,如图 4.2-2 所示.以单色光(波长为 λ)垂直照射在玻璃板上,空气劈尖的上下表面的反射光在空气层上表面附近相遇发生反射,形成一系列平行于劈尖棱边的等宽、等间距的明暗相间的直条纹,且相邻两条纹所对应的空气膜厚度之差为半个波长,则 6 条暗纹的空气薄膜厚度差为 3λ,若距棱 L 处劈尖的厚度为 d(即金属丝的直径),测出 6 条暗纹之间的水平距离 l_6,则有

$$d = L\sin\alpha = L\frac{\Delta d_6}{l_6} \quad (4.2\text{-}4)$$

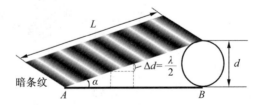

图 4.2-2 劈尖干涉

金属丝的直径为

$$d = 3\lambda \frac{L}{l_6} \tag{4.2-5}$$

【实验仪器】

读数显微镜、牛顿环仪、单色钠光灯、劈尖,如图 4.2-3 所示.

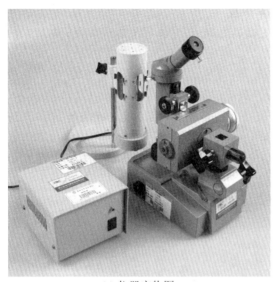

(a) 仪器实物图　　　　　　　　(b) 牛顿环仪

图 4.2-3　实验装置

【实验内容及步骤】

一、读数显微镜调节和使用方法

1. 调整目镜(图 4.2-4),从目镜中观察叉丝是否清晰,如不清晰,则调节目镜直到叉丝清晰为止.

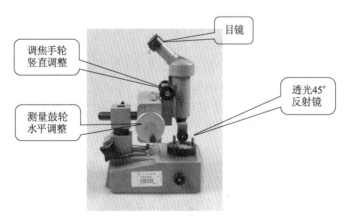

图 4.2-4　读数显微镜结构图

2. 将待测物放在载物台上.

3. 旋转调焦手轮,使显微镜上下移动,直到看清被测物体为止.

4. 旋转测量鼓轮,使显微镜向左(或向右)移动,使镜内十字叉丝分别与待测物体的两个位置相切,记下两次读数值,其差值的绝对值即为待测物长度.测量值从主尺(读毫米位)和读数鼓轮(相当于螺旋测微器的微分筒)上读出,读数显微镜丝杆的螺距为 1 mm.读数鼓轮周界上刻有 100 分格,分度值为 0.01 mm.

二、牛顿环干涉测量平凸透镜的曲率半径

1. 调整测量装置,使牛顿环中心与显微镜对准,在显微镜中能观察到反射回来的亮度适中的均匀黄光.

2. 调节显微镜目镜,使十字叉丝清晰.

3. 调节竖直调焦手轮,使镜筒移动,看到干涉条纹.

4. 转动测量鼓轮,使牛顿环中心暗斑通过视场中心,然后使十字叉丝先移动到左侧第 12 环处,记录数据,接着退回左侧第 11 环处,记录数据(为了消除回程差),接下来依次测出左侧第 10～3 级各暗环的读数,然后继续向右移动到牛顿环右侧,测出右边的第 3～12 环的各个环读数,并记录在表 4.2-1 中.

5. 根据公式 $D_k = |D_左 - D_右|$ 计算出各暗环直径,填入表 4.2-1 中.

6. 用逐差法计算出 $D_m^2 - D_n^2$,实验中钠荧光的平均波长为 589.3 nm,根据式(4.2-3),求出透镜的曲率半径,计算不确定度并写出结果.

三、劈尖干涉测量金属细丝的直径(选做)

1. 将劈尖放在读数显微镜载物台上,调节显微镜,直至能看清劈尖所产生的干涉条纹.

2. 调节劈尖的位置,使十字叉丝中心与某一条纹中心重合,条纹与测量方向垂直,记下读数,再依次使十字叉丝与下一级条纹中心重合,记下读数,共测 12 条,将数据记录在表 4.2-2 中.

3. 测出金属丝距离棱边 AC 的距离 L,测量 6 次.

4. 利用式(4.2-5),计算金属细丝的直径.

【注意事项】

1. 调节显微镜的焦距时,应使目镜筒从待测物体移开,自下而上地调节.将镜筒下移过程中严禁碰伤和损坏 45°透光反射镜和待测物.

2. 在整个测量过程中,十字叉丝中的一条必须与主尺平行,十字叉丝的走向应与待测物的两个位置连线平行,同时不要移动待测物.

3. 测量中的读数鼓轮只能向一个方向转动,以防止因螺纹中的空程引起误差.

【思考题】

1. 透射光与反射光形成的牛顿环为什么不同?

2. 若使用白光光源,实验结果如何?

3. 牛顿环实验中,如果平板玻璃上有微小的凸起,将导致牛顿环条纹发生畸变.试问该处的牛顿环将局部内凹还是局部外凸?

【数据记录】

表 4.2-1 牛顿环干涉测透镜的曲率半径

条纹级数	左侧读数 $D_左$/mm	右侧读数 $D_右$/mm	$D_i=\|D_左-D_右\|$/mm	$(D_m^2-D_n^2)$/mm²	R/m
12					
11					
10					
9					
8					
7					
6					
5				$\overline{R}=$	
4					
3					

表 4.2-2 劈尖干涉测量金属细丝的直径（选做）

暗纹序数	X_k	暗纹序数	X_{k+6}	$l_6=X_{k+6}-X_k$	测量次数	X_A	X_C	L
1		7			1			
2		8			2			
3		9			3			
4		10			4			
5		11			5			
6		12			6			
		$\overline{l_6}$					$\overline{L}$	

教师签字：_____

实验日期：_____

【数据处理】

1. 逐差法求 $D_m^2 - D_n^2$.

$$D_{12}^2 - D_7^2 = \qquad , R_1 =$$
$$D_{11}^2 - D_6^2 = \qquad , R_2 =$$
$$D_{10}^2 - D_5^2 = \qquad , R_3 =$$
$$D_9^2 - D_4^2 = \qquad , R_4 =$$
$$D_8^2 - D_3^2 = \qquad , R_5 =$$

得 $$\overline{R} = \frac{1}{5}(R_1 + R_2 + R_3 + R_4 + R_5) =$$

2. 计算 R 的不确定度.

$$S_{\overline{R}} = \sqrt{\frac{\sum_{i=1}^{5}(R_i - \overline{R})^2}{n(n-1)}} =$$

$$\sigma_{R,仪} = \frac{\Delta_{R,仪}}{\sqrt{3}} =$$

$$u_R = \sqrt{S_{\overline{R}}^2 + \sigma_{R,仪}^2} =$$

$$R = \overline{R} \pm u_R =$$

3. 计算 d 的不确定度(选做).

$$S_{l_6} = \sqrt{\frac{\sum_{i=1}^{6}(l_{6i} - \overline{l_6})^2}{6 \times (6-1)}} = \qquad , S_L = \sqrt{\frac{\sum_{i=1}^{6}(L_i - \overline{L})^2}{6 \times (6-1)}} =$$

$$\sigma_{d,仪} = \frac{\Delta_{d,仪}}{\sqrt{3}} =$$

$$u_{l_6} = \sqrt{S_{l_6}^2 + \sigma_{d,仪}^2} = \qquad , u_L = \sqrt{S_L^2 + \sigma_{d,仪}^2} =$$

$$u_d = \overline{d}\sqrt{\left(\frac{u_{l_6}}{l_6}\right)^2 + \left(\frac{u_L}{L}\right)^2} =$$

$$d = \overline{d} \pm u_d =$$

实验 4.3　迈克耳孙干涉仪的使用

迈克耳孙干涉仪是 1883 年美国物理学家迈克耳孙和莫雷合作,为研究"以太"漂移实验而设计制造出来的精密光学仪器.实验结果否定了以太的存在,解决了当时关于"以太"的争论,并为爱因斯坦发现相对论提供了实验依据.迈克耳孙也因其在光学精密仪器、光谱学与计量学方面的研究于 1907 年获诺贝尔物理学奖.

【实验目的】

1. 了解迈克耳孙干涉仪的工作原理及等倾干涉的实现方法.
2. 了解迈克耳孙干涉仪在科学中的地位和意义.
3. 掌握迈克耳孙干涉仪的调整和使用方法,并学会测量未知光源的波长.

预习视频

【实验原理】

一、迈克耳孙干涉仪

迈克耳孙干涉仪的结构原理如图 4.3-1 和图 4.3-2 所示,G 和 G′ 为材料、厚度完全相同的平行板,G 的一面镀上半反射膜,G 和 G′ 与两臂轴各成 45°.M_1、M_2 为平面反射镜,M_2 是固定的,M_1 和精密丝杆相连,使其可前后移动,其最小读数为 10^{-4} mm,可估计到 10^{-5} mm,M_1 和 M_2 后各有几个小螺丝可调节其方位.

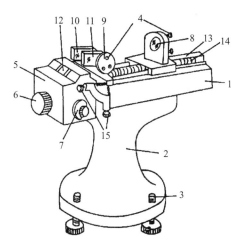

1—导轨架;2—底座;3—水平调节螺丝;4—反光镜调节螺丝;5—传动系统罩;6—粗调手轮;7—微调手轮;8—可动反光镜 M_1;9—固定反光镜 M_2;10—分光板 P_1;11—补偿板 P_2;12—读数窗口;13—导轨;14—精密丝杆;15—水平和竖直拉簧螺丝.

图 4.3-1　迈克耳孙干涉仪

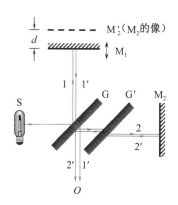

图 4.3-2　迈克耳孙干涉仪光路图

图 4.3-2 为迈克耳孙干涉仪光路图.光源 S 发出的光射向 G 板而分成透射光 2、反射光 1 两束光,这两束光又经 M_1 和 M_2 反射,分别通过 G 的两表面射向观察处 O 相遇而发生干涉. G' 的作用是使 1、2 两束光的光程差仅由 M_1、M_2 与 G 板的距离决定,由于它补偿了 1 和 2 之间的附加光程差,所以被称为补偿板.

迈克耳孙干涉仪可以使相干的两束光在相遇之前走过的路程相当长,而且其路径是互相垂直的,分得很开,这正是它的主要优点之一.从 O 处向 G 处观察,除看到 M_1 镜外,还可通过 G 的半反射膜看到 M_2 的虚像 M_2',M_1 与 M_2 镜所引起的干涉显然与 M_1、M_2' 引起的干涉等效,M_1 和 M_2' 形成了空气"薄膜",因 M_2' 不是实物,故可方便地改变薄膜的厚度(即 M_1 和 M_2' 的距离 d).因此,在迈克耳孙干涉仪中产生的干涉相当于厚度为 d 的空气薄膜所产生的干涉.

二、等倾干涉

由于在迈克耳孙干涉仪中产生的干涉相当于厚度为 d 的空气薄膜($n=1$)所产生的干涉,当 M_1 与 M_2 垂直时,即 M_1 与 M_2' 平行时,可以观察到等倾干涉条纹.图 4.3-3 为与迈克耳孙干涉仪等效的等倾干涉光路图.其中 S 为面光源,M 是可以使一半光线透过,另一半光线反射的一种特殊平面镜,L 为透镜,光屏置于透镜的焦平面上,即光屏通过透镜的焦点并且和透镜平行放置.根据等倾干涉的光程差公式,有

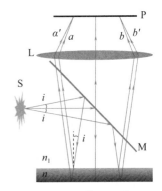

图 4.3-3 等倾干涉

$$\Delta = 2d\cos i + \frac{\lambda}{2} = \begin{cases} k\lambda, & k=1,2,3,\cdots(\text{明条纹}) \\ (2k+1)\frac{\lambda}{2}, & k=0,1,2,\cdots(\text{暗条纹}) \end{cases}$$
(4.3-1)

干涉条纹的级次 k 仅与倾角 i 有关,点光源 S 发出的光线中,具有同一倾角的反射光线会聚干涉,形成同一级次的圆环形干涉条纹,称为等倾干涉条纹.光线 a、a' 和 b、b' 的光程差相同,经干涉后聚焦在光屏的同一条干涉条纹上,屏上得到一组明亮而清晰的同心圆条纹.这些干涉条纹具有如下特点:

(1) 条纹的干涉级次为内高外低,且中心级次最高.

条纹中心处入射角 $i=0$,对应的条纹级次最高,则圆心处出现亮点的条件为

$$\delta = 2d = k\lambda$$
(4.3-2)

即中心处干涉条纹的级次为

$$k = \frac{2d}{\lambda}$$
(4.3-3)

(2) 空气薄膜厚度发生变化时,条纹发生移动.

当空气薄膜厚度 d 变化时,条纹的级次相应发生变化,圆心处会出现明-暗-明的交替变化.当空气薄膜厚度 d 逐渐增大,对任意级干涉条纹,必定需要减小 $\cos i$ 来满足式(4.3-1),即条纹向着入射角 i 变大的方向移动,此时观察到的现象为条纹从中心向外"涌出".当条纹级次改变一级时,对应的空气薄膜厚度改变 $\frac{\lambda}{2}$.即每当空气薄膜厚度 d 增加 $\frac{\lambda}{2}$,就有一个条纹涌出;反之,空气薄膜厚度 d 逐渐减小,条纹会向着中心"陷入",每陷入一个条纹对应的空

气薄膜厚度减小 $\frac{\lambda}{2}$.

因此,只要测出干涉仪中 M_1 移动的距离 Δd,并数出相应的"吞吐"环数 Δk,就可求出 λ.计算公式如下:

$$\lambda = \frac{2\Delta d}{\Delta k} \qquad (4.3\text{-}4)$$

【实验仪器】

迈克耳孙干涉仪、多束激光器.实验仪器如图 4.3-4 所示.

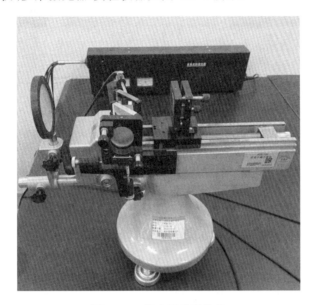

图 4.3-4　迈克耳孙干涉仪

【实验内容及步骤】

一、观察扩展光源的等倾干涉条纹

1. 打开多束激光器电源开关,旋转粗调手轮,使 M_1 与 M_2 至 G 镀膜面的距离大致相等.

2. 将观察屏取下,眼睛从 G、M_1 方向看,仔细调节 M_2 背后的 2 个螺丝,使两排光点重合.

3. 将观察屏放上去,细致缓慢地调节 M_2 下方的两个微调拉簧螺丝,使得在观察屏中心看到圆环.

4. 细致缓慢地调节 M_2 下方的两个微调拉簧螺丝,使干涉条纹中心随观察者的眼睛左右上下移动而移动,但不发生条纹的"涌出"或"陷入"现象.这时,观察到的干涉环才是严格的等倾干涉.如果眼睛移动时,看到干涉环有"涌出"或"陷入"现象,要分析一下再调.

二、测激光波长

1. 调节仪器零点:将微调手轮沿某一方向(如顺时针方向)旋至零,同时注意观察读数窗刻度轮旋转方向;保持刻度轮旋向不变,转动粗调手轮,让读数窗口基准线对准某一刻度,使读数窗中的刻度轮与微调手轮的刻度轮相互配合.

2. 始终沿原调零方向,细心转动微调手轮,观察每"涌出"或"陷入"50 个干涉环时 M_2 镜位置,记入表 4.3-1 中,连续记录 7 次.迈克耳孙干涉仪读数包含主尺读数、粗动手轮读数和微动手轮读数三部分,主尺分度值为 1 mm,粗动手轮读数分度值为 10^{-2} mm,微动手轮分度值为 10^{-4} mm(图 4.3-5).

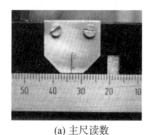　　　　

(a) 主尺读数　　　　　(b) 粗动手轮读数　　　　(c) 微动手轮读数

图 4.3-5　迈克耳孙干涉仪读数

3. 计算"涌出"或"陷入"50 个干涉环时 M_1 镜的移动距离 Δd 和平均值 $\overline{\Delta d}$,并填入表 4.3-1 中.

4. 根据式(4.3-4)求出激光的平均波长.

【注意事项】

1. 为了使测量结果正确,必须避免引入空程,应将手轮按原方向转几圈,直到干涉条纹开始均匀移动后,才可测量.

2. 在调节和测量过程中,一定要非常细心和耐心,转动手轮时要缓慢、均匀,切忌用力过猛.

3. 切忌用手触摸元件的光学表面,应拿取磨砂面或边缘.若光学表面有灰尘或污痕,可用镜头纸、丙酮进行处理.

4. 应轻拿轻放光学仪器或元件,避免使其受到冲击或震动、摔落.

【思考题】

1. 移动动镜时,条纹清晰度变化有何规律?分析其产生变化的原因.
2. 思考迈克耳孙干涉仪的其他用途(例如,测量薄膜的折射率).

【数据记录】

表 4.3-1　实验数据

序号	d_1/mm	d_2/mm	Δd/mm	$\overline{\Delta d}$/mm
1				
2				
3				
4				
5				
6				
7				

教师签字：_____

实验日期：_____

【数据处理】

$$\lambda = \frac{2\overline{\Delta d}}{\Delta k} =$$

$$\Delta k = 50$$

1. Δd 的不确定度：

$$S_{\overline{\Delta d}} = \sqrt{\frac{\sum_{i=1}^{n}(\Delta d_i - \overline{\Delta d})^2}{n(n-1)}} =$$

$$\sigma_{R,仪} = \frac{\Delta_{R,仪}}{\sqrt{3}} =$$

$$u_{\Delta d} = \sqrt{S_{\overline{\Delta d}}^2 + \sigma_{R,仪}^2} =$$

2. λ 的不确定度：

$$u_\lambda = \frac{2u_{\Delta d}}{\Delta k} = \qquad （保留1位有效数字）$$

3. 结果表示：

$$\lambda = \overline{\lambda} \pm u_\lambda =$$

实验 4.4 用白光干涉测定薄膜介质的折射率

目前测量薄膜厚度和折射率的方法有多种,如椭圆偏振法、准波导法等.其中在实验室中最常用、最简单方便的方法是利用迈克耳孙干涉法来进行测量.

【实验目的】

1. 进一步了解迈克耳孙干涉仪的工作原理以及等厚干涉的实现方法.
2. 进一步学习迈克耳孙干涉仪的调整和使用方法.
3. 掌握利用迈克耳孙干涉仪测量薄膜介质的折射率的实验方法.

预习视频

【实验原理】

1. 迈克耳孙干涉仪的原理及使用方法见实验 4.3.
2. 等厚干涉.

当 M_1、M_2' 不完全平行时,M_1 和 M_2' 之间形成楔形空气膜(图 4.4-1),一般情况下屏上将呈现弧形等厚干涉条纹.若改变活动镜位置,使 M_1 和 M_2' 的间距 $d=0$,此时由 M_1 和 M_2' 反射到屏上的两束相干光光程差为零,屏上呈现直线形明暗条纹.这时动镜 M_1 的位置称为等光程位置.

若改用白光照射,由于白光是复色光,而明暗纹位置又与波长有关.因此,只有在 $d=0$ 的对应位置上,各种波长的光到达屏上时,光程差均为 0,形成零级暗条纹.在零级暗条纹附近有几条彩色直条纹.稍远处,由于不同波长、不同级次的明暗条纹相互重叠,便看不清干涉条纹了.

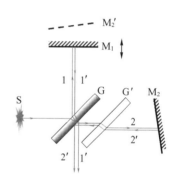

图 4.4-1 等厚干涉示意图

由于白光等厚干涉条纹能准确确定等光程位置,可以用来测定透明薄片的折射率.当视场内出现彩色直条纹后,继续转动微调手轮,使零级暗条纹移到视场中央.然后在动镜 M_1 与分光板 G 之间插入待测薄片,此时由于光程差变化,彩色条纹消失.再转动微调手轮,使动镜 M_1 向分光板 G 方向移近,当彩色条纹重新出现,并移到视场中央时,动镜 M_1 的移动正好抵消了光程差的变化.根据以上分析,可以推出薄片折射率的测量公式为(空气薄膜的折射率为 1):

$$n=\frac{l_0-l}{2d}+1 \tag{4.4-1}$$

式中,d 为薄片厚度(由螺旋测微器测出);l_0、l 分别为薄片插入前后的等光程位置读数.

【实验仪器】

迈克耳孙干涉仪(图 4.4-2)、钠光灯、毛玻璃屏、白炽灯、待测薄片.

【实验内容及步骤】

1. 迈克耳孙干涉仪的调节.具体调节方法见实验 4.3.

2. 观察白光干涉,测定等光程位置.

(1) 沿逆时针方向转动粗调手轮,将活动镜移至合适位置处;再沿逆时针方向转动微调手轮,使 d 减小,此时条纹变粗、变疏,直到只有 3~4 个条纹.然后调节倾度微调螺丝,使 M_1 与 M_2' 有一微小交角;再沿逆时针方向缓慢转动微调手轮,使屏上条纹最直.

(2) 打开白炽灯,照射干涉仪,遮住一半钠灯的光.用眼向活动镜方向观察,并继续缓慢转动微调手轮.当看到彩色直条纹后,记下此时活动镜的位置,即为等光程位置 l_0.

图 4.4-2 实验装置

3. 测量薄膜介质的折射率.

(1) 将薄膜放置在 M_2' 之前,原彩色干涉条纹就会消失.

(2) 逆时针缓慢转动微调手轮,当再次看到彩色条纹后,记下此时活动镜的位置,即为有介质条件下等光程位置 l.

(3) 拿走薄膜,重新测量白光.

重新测量白光干涉时活动镜的位置,再放上薄膜再测.重复测量 5 次,将数据记录在表 4.4-1 中,并计算平均值.

(4) 用螺旋测微器测量薄膜厚度 d,将数据记录在表 4.4-2 中,并计算平均值.

【注意事项】

1. 移动活动镜时,一定要非常缓慢,因白光干涉条纹只有数条,移动太快就会一晃而过.

2. 在调节和测量过程中,一定要非常细心和耐心,转动手轮时要缓慢、均匀,切忌用力过猛.

3. 切忌用手触摸元件的光学表面,应拿取磨砂面或边缘.若光学表面有灰尘或污痕,可用镜头纸、丙酮进行处理.

4. 应轻拿轻放光学仪器或元件,避免使其受到冲击或震动、摔落.

【思考题】

1. 介质薄膜的厚度对实验结果有什么影响?
2. 总结迈克耳孙干涉仪调节要点及规律.

【数据记录】

表 4.4-1 等光程位置

测量次数	l_0	l	$D = l_0 - l$
1			
2			
3			
4			
5			
$\overline{D}$			

表 4.4-2 薄膜厚度

测量次数	1	2	3	4	5
d/mm					
$\overline{d}/\text{mm}$					

$$\overline{n} = \frac{\overline{D}}{2\overline{d}} + 1 =$$

教师签字：_____

实验日期：_____

【数据处理】

1. d 的不确定度：

$$S_{\bar{d}} = \sqrt{\frac{\sum_{i=1}^{5}(d_i - \bar{d})^2}{5 \times (5-1)}} =$$

$$\sigma_{d,仪} = \frac{\Delta_{d,仪}}{\sqrt{3}} =$$

$$u_d = \sqrt{S_{\bar{d}}^2 + \sigma_{d,仪}^2} =$$

2. D 的不确定度：

$$S_{\bar{D}} = \sqrt{\frac{\sum_{i=1}^{5}(D_i - \bar{D})^2}{5 \times (5-1)}} =$$

$$\sigma_{D,仪} = \frac{\Delta_{D,仪}}{\sqrt{3}} =$$

$$u_D = \sqrt{S_{\bar{D}}^2 + \sigma_{D,仪}^2} =$$

3. 结果表示：

$$u_n = \sqrt{\left(\frac{u_d}{\bar{d}}\right)^2 + \left(\frac{u_D}{\bar{D}}\right)^2} =$$

$$n = \bar{n} \pm u_n =$$

实验 4.5　分光计的调节与棱镜折射率的测定

分光计(测角仪)是用于精确测量入射光线与出射光线之间夹角的一种光学测量仪器. 分光计的基本工作原理是:让光线通过平行光管的狭缝和聚焦透镜形成一束平行光线,经过光学元件的反射或折射后进入望远镜物镜并成像在望远镜的焦平面上,通过目镜进行观察和测量各种光线的偏转角度,得到光学参量. 由于一些物理量如折射率、光栅常数、色散率等可以通过测量有关的角度(如最小偏向角、衍射角、布儒斯特角等)来确定,而在光学实验中分光计通常用于测定光线的方向及各种角度,因此,分光计在光学实验中应用十分广泛.

【实验目的】

1. 了解分光计的结构,掌握分光计的调节和使用方法.
2. 掌握测量棱镜顶角的方法.
3. 用最小偏向角法测定玻璃的折射率.

预习视频

【实验原理】

一、分光计的结构

分光计由底座、望远镜、载物台、平行光管(准直管)和读数盘等组成,如图 4.5-1 所示.

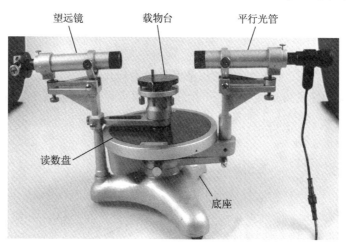

图 4.5-1　分光计的结构图

1. 自准直望远镜.

自准直望远镜由目镜、物镜、分划板和镜筒组成,如图 4.5-2 所示. 在望远镜镜筒内有一块分划板,一般包含三条横线和一条竖线,圆形视场的两条直径的焦点是望远镜镜筒的轴线(即望远镜的光轴). 在分划板的下方有一个被照亮的绿色十字,其作用是判断望远镜光轴与仪器主转轴的角度,可以用望远镜下方的倾角调节螺丝调整.

181

2. 载物台.

载物台用来放置待测元件,如图 4.5-3 所示.载物台下方有 3 个螺钉支撑,3 个螺钉组成一个正三角形,用于调节载物台的倾斜角度.下方有一个载物台锁定螺钉,旋紧后载物台与游标盘将同时固定.

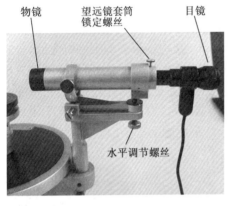

图 4.5-2　自准直望远镜　　　　　图 4.5-3　载物台

3. 平行光管.

平行光管如图 4.5-4 所示,一端装有平行光管物镜,另一端是狭缝套管,前后移动套管,可改变狭缝与物镜的距离.当狭缝刚好处于平行光管物镜的焦平面上时,狭缝产生的光通过物镜后形成平行光.若望远镜光轴已垂直仪器转轴,且载物台与观察平面平行,只需要参照分划板上的绿色十字调整平行光管和望远镜,使之等高、同轴,此时平行光管光轴垂直于仪器转轴,即待测平面与观察平面平行.

4. 读数盘.

读数盘由内外套在一起的两个圆盘组成.度盘一周有长短不同的 720 条等分刻线,长线按"度"读,短线按"30′"读;小于 30′的数据从游标盘的标尺上读出,上面 30 小格对应度盘上 29 小格,即读数盘的精度为 1′.以图 4.5-5 所示的读数盘为例,读数为 112°30′稍多一点,而游标上的第 15 格恰好与刻度盘上的某一刻度对齐,因此该读数为 112°45′.

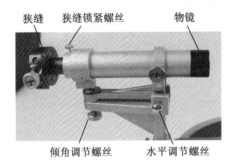

图 4.5-4　平行光管　　　　　图 4.5-5　读数盘的读数

二、分光计的调节

调节分光计的三个要求是:入射光线是平行光(即要求调整平行光管,使之发射平行光);望远镜能接收平行光(即要求将望远镜调焦到无穷远,亦即使平行光能成像最清晰);经过光学元件的光线构成的平面应与仪器的中心转轴垂直,即平行光管和望远镜的光轴与分光计的中心转轴垂直,载物台中轴线与中心转轴重合.

1. 目测粗调.

根据眼睛的粗略估计,调节望远镜和平行光管上的倾角调节螺丝,使它们的光轴大致与中心转轴垂直;调节载物台下的三个水平调节螺钉,使其大致处于水平状态.

2. 调节自准直望远镜,即将望远镜调焦到无穷远.

在载物台上放一镜面垂直于望远镜光轴的平面反射镜.调节叉丝面与物镜之间的距离(即调焦),如果叉丝恰好处在物镜的焦平面上,则叉丝发出的光经物镜变为平行光,此平行光由反射镜反射回来,经物镜后所成叉丝像应准确地处在叉丝平面上.所以在调焦过程中只要在叉丝平面上看到反射回来的清晰的叉丝像,望远镜即调焦到无穷远.这个调焦方法叫作自准直法.调焦前后目镜视场如图 4.5-6 所示.

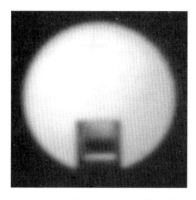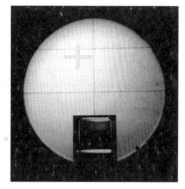

图 4.5-6　望远镜调焦前(左图)后(右图)目镜视场

具体操作步骤如下:

(1) 将平面镜轻轻贴住望远镜,放松目镜调节螺丝,前后拉动目镜套筒,调节分划板与物镜之间的距离(调节物镜的焦距),使模糊的绿色亮十字像清晰.注意使叉丝与亮十字的反射像之间无视差,如有视差,则需反复调节,予以消除.如果没有视差,说明望远镜已聚焦于无穷远.

(2) 将双面反射镜按照如图 4.5-7 所示的位置放置在载物台上.这样放置的优点是:若要调节反射镜的俯仰,只需要调节载物台下的螺丝 a 或 b 即可,而螺丝 c 的调节与反射镜的俯仰无关.转动载物台,使反射镜的一个反射面正对望远镜,再轻缓地左右转动载物台,通过望远镜观察,找到由反射镜面反射回来的光斑(模糊的绿色亮十字).如果看不到,这说明从望远镜出射的光没有被平面镜反射回到望远镜中,粗调未达到要求,应重新粗调.

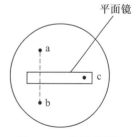

图 4.5-7　双面反射镜放置方法

3. 调节望远镜光轴和分光计中心转轴垂直.

如果望远镜的光轴与反射镜的镜面垂直,则反射的绿十字像与分划板上的双十字叉丝的上十字叉丝重合,如图 4.5-8 所示.当反射镜两面反射的绿十字像都能与上十字叉丝重合,则说明望远镜的光轴和分光计的中心转轴垂直.但是在一般情况下,开始时两者并不重合,需仔细调节.

(1) 自准直望远镜调焦到无穷远后,在目镜视场中已经找到了一个反射面反射的绿十字像,如图 4.5-8(a)所示,然后使反射镜跟随载物台和游标盘绕转轴转过 180°,从望远镜中找到另一面反射的绿十字像.若找不到,说明该反射面反射的绿十字像光线没有进入望远镜内.此时,可以在望远镜外用眼睛直接向平面镜观察,找到绿十字像,适当地调节望远镜光轴高低调节螺丝和载物台下方调节螺丝 a 或者 b,直至双面反射镜的两个面都能从望远镜中看到绿十字像.

（2）采用"各半调节法"调节绿十字像与分划板上部十字叉丝重合,先调节望远镜光轴高低调节螺钉,使绿十字像与上部十字叉丝的间距减少 1/2,如图 4.5-8(b)所示,再调节载物台调平螺钉,使像与上部十字叉丝重合.然后将载物台旋转 180°,用同样的方法调节另一面.这样反复调节几次即可调节成功,此时,无须任何调节,反射镜两面的像均与上部十字叉丝重合,即望远镜光轴与分光计中心转轴垂直.调好之后不能再动望远镜高低调节螺丝.

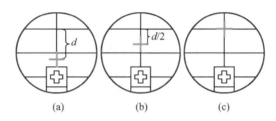

图 4.5-8　各半调节法

调节载物台中轴线与中心转轴重合.以上调节还不能决定载物台平面垂直于中心转轴,还需将平面镜改放在与 a、c 平行的直径上,只调节螺丝 c,使反射像与叉丝重合.注意此时不能再调螺丝 a、b 及望远镜的倾角调节螺丝了.

4. 调节平行光管,使之发射平行光,并使平行光管主轴与转轴垂直.

取下双面镜,点亮汞灯,使之正对狭缝.

调节平行光管狭缝至透镜的距离,使在望远镜中能看到狭缝清晰的像,且狭缝像与叉丝无视差,说明平行光管已发射平行光.

将原先竖着的狭缝转 90°,成水平状,再调节平行光管的倾角调节螺丝,使狭缝像与分划板上下面一条水平线重合.再调节平行光管的水平调节螺丝,令分划板竖线平分狭缝像.

将狭缝转过 90°,使狭缝像与分划板竖线平行或者重合.锁紧狭缝锁紧螺丝,此时平行光管光轴与望远镜光轴就平行了,也就是说,平行光管光轴也垂直于分光计的中心转轴了.

三、用反射法测量棱镜的顶角

如图 4.5-9 所示,使棱镜顶角对准平行光,平行光被棱镜的两个光学面 AB 和 AC 分成两束光.利用分光计测出两束反射光线之间的夹角 φ,则可得到顶角 $A = \dfrac{\varphi}{2}$.

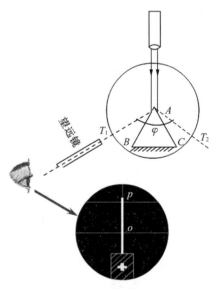

图 4.5-9　用反射法测量棱镜的顶角

四、用三棱镜最小偏向角法测棱镜的折射率（选做）

如图 4.5-10 所示，一束单色光以 i_1 角入射到 AB 面上，经棱镜两次折射后，从 AC 面折射出来，出射角为 i_2'。入射光和出射光的夹角 δ 称为偏向角。当棱镜的顶角 A 一定时，偏向角 δ 的大小随入射角 i_1 的变化而变化。当 $i_1 = i_2'$ 时，δ 最小，此时的偏向角称为最小偏向角，记为 $\delta_{\min}$。此时有

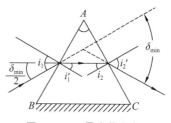

图 4.5-10　最小偏向角

$$\frac{\delta_{\min}}{2} = i_1 - i_1' = i_1 - \frac{A}{2} \quad (4.5\text{-}1)$$

所以

$$i_1 = \frac{1}{2}(\delta_{\min} + A) \quad (4.5\text{-}2)$$

设棱镜的折射率为 n，由折射定律，有

$$\sin i_1 = n \sin i_1' = n \sin \frac{A}{2} \quad (4.5\text{-}3)$$

所以

$$n = \frac{\sin i_1}{\sin \frac{A}{2}} = \frac{\sin \frac{\delta_{\min} + A}{2}}{\sin \frac{A}{2}} \quad (4.5\text{-}4)$$

可见，测出棱镜顶角 A 和最小偏向角 $\delta_{\min}$，即可求出棱镜的折射率。

【实验仪器】

分光计、三棱镜、双面平面镜、汞灯。

【实验内容及步骤】

1. 调节分光计。

2. 调节三棱镜，使其主截面垂直于仪器转轴。

按图 4.5-11 所示放置三棱镜（使光学面 AB 与螺丝 a、b 的连线垂直），转动载物台，使 AB 面正对望远镜，调节螺丝 a、b，使棱镜 AB 面反射的十字像落在分划板上双十字叉丝上部的交点上（即望远镜光轴与三棱镜的 AB 面垂直）；再转动载物台，使 AC 面正对望远镜，调节螺丝 c，使棱镜 AC 面反射的十字像落在分划板上双十字叉丝上部的交点上（即望远镜光轴与三棱镜的 AC 面垂直），反复调节，使三棱镜两折射面均与望远镜主轴垂直，此时三棱镜的主截面垂直于仪器转轴。

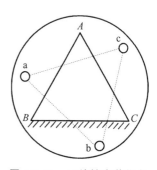

图 4.5-11　三棱镜在载物台上的放置方法

3. 测三棱镜的顶角。

将棱镜的顶角 A 对准平行光管，转动望远镜，观察准直管射出的平行光经棱镜的两个工作面反射的狭缝像，将望远镜分别转至 T_1、T_2 位置（图 4.5-9），使分划板上的叉丝中间竖线对准狭缝像的中心，记录此时读数盘左右两个游标处对应的读数（左右各一个读数），重复 5 次，求出棱镜的顶角，填入表 4.5-1 中，计算公式为

$$A = \frac{1}{4}[(\varphi_{左} - \varphi_{左}') + (\varphi_{右} - \varphi_{右}')] \qquad (4.5\text{-}5)$$

并取平均值.

4. 用最小偏向角法测定三棱镜的折射率 n (选做).

(1) 按图 4.5-12 所示放置三棱镜,使平行光管发出的平行光入射三棱镜的 AB 面,转动望远镜,在 AC 面寻找被三棱镜折射的狭缝像.

(2) 缓慢转动载物台,同时观察分划板上狭缝像移动的方向,注意此时偏向角是增大还是减小.

(3) 使载物台向着使偏向角减小的方向移动,同时用望远镜跟着狭缝像移动.当载物台(三棱镜)转动到某一位置时,狭缝像不再继续跟着移动,继续转动载物台,狭缝像突然向着与原方向相反的方向移动,即偏向角开始增大,此时这个位置对应的即最小偏向角 $\delta_{\min}$.记下此时读数盘对应的两个游标处的角度,填入表 4.5-2 中.最小偏向角计算公式如下:

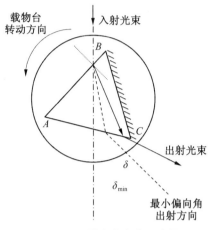

图 4.5-12 最小偏向角示意图

$$\delta_{\min} = \frac{1}{2}[(\varphi_{右} - \varphi_{左}) + (\varphi_{右}' - \varphi_{左}')] \qquad (4.5\text{-}6)$$

并取平均值.

【注意事项】

1. 在调整望远镜光轴、载物台平面垂直于仪器转轴时,望远镜、游标盘的锁紧螺丝不能同时松开.

2. 在调节分光计的过程中必须按顺序依次调整,调整好后,在整个实验过程中不可再调节望远镜和平行光管的水平调节螺钉.

3. 调节分光计读数盘时,注意将两个游标置于左右两个合适的位置后再锁紧下方读数盘的固定螺丝.

4. 不可用手摸及用纸擦望远镜、平行光管及三棱镜的光学表面,用手拿三棱镜时应拿不透光面.

【思考题】

1. 在调节望远镜聚焦于无穷远的步骤中,出现什么现象时说明已经调好?
2. 在调节望远镜光轴垂直于仪器主轴时为什么采用"各半调节法"?
3. 分光计读数盘为什么要设置两个游标读数?

【数据记录】

表 4.5-1　用反射法测三棱镜的顶角

	T_1		T_2		A	$\bar{A}$
	$\varphi_左$	$\varphi_右$	$\varphi_左'$	$\varphi_右'$		
1						
2						
3						
4						
5						

表 4.5-2　最小偏向角的测量(选做)

	T_1		T_2		$\delta_{\min}$	$\overline{\delta_{\min}}$
	$\varphi_左$	$\varphi_右$	$\varphi_左'$	$\varphi_右'$		
1						
2						
3						
4						
5						

教师签字：_____

实验日期：_____

【数据处理】

1. 求三棱镜顶角 A 的不确定度：

$$S_{\bar{A}} = \sqrt{\frac{\sum_{i=1}^{5}(A_i - \bar{A})^2}{n(n-1)}} =$$

$$\sigma_{A,仪} = \frac{\Delta_{A,仪}}{\sqrt{3}} =$$

$$u_A = \sqrt{S_{\bar{A}}^2 + \sigma_{A,仪}^2} =$$

2. $\delta_{\min}$ 的不确定度：

$$S_{\bar{\delta}} = \sqrt{\frac{\sum_{i=1}^{5}(\delta_i - \bar{\delta})^2}{n(n-1)}} =$$

$$\sigma_{\delta,仪} = \frac{\Delta_{\delta,仪}}{\sqrt{3}} =$$

$$u_\delta = \sqrt{S_{\bar{\delta}}^2 + \sigma_{\delta,仪}^2} =$$

3. n 的不确定度：

$$n = \frac{\sin\left(\dfrac{A + \bar{\delta}_{\min}}{2}\right)}{\sin\dfrac{A}{2}} =$$

$$\frac{\partial n}{\partial A} = -\frac{\sin\dfrac{\delta_{\min}}{2}}{2\sin^2\dfrac{A}{2}} =$$

$$\frac{\partial n}{\partial \delta} = \frac{\dfrac{1}{2}\cos\dfrac{A + \delta_{\min}}{2}}{\sin\dfrac{A}{2}} =$$

$$u_n = \sqrt{\left(\frac{\partial n}{\partial A}u_A\right)^2 + \left(\frac{\partial n}{\partial \delta}u_\delta\right)^2} =$$

4. 结果表示：

$$A = \bar{A} \pm u_A =$$
$$n = \bar{n} \pm u_n =$$

实验 4.6 用透射光栅测定光的波长

衍射光栅是重要的分光元件,对复色光有色散作用.由于衍射光栅得到的条纹狭窄细锐,衍射花样的强度强,分辨本领高,所以其广泛应用在单色仪、摄谱仪等光学仪器中,光栅衍射原理也是 X 射线结构分析、近代频谱分析和光学信息处理的基础.

光栅由大量相互平行、等宽、等间距的狭缝(或刻痕)构成,应用透射光工作的称为透射光栅,应用反射光工作的称为反射光栅.本实验用的是平面透射光栅,用金刚石刻刀在平面玻璃上刻有多条等距平行线,刻痕处由于散射而不易透光,光线只能从刻痕间的狭缝通过.

【实验目的】

1. 进一步学习分光计的调节和使用方法.
2. 观察光栅衍射现象和光栅光谱的特点.
3. 掌握利用光栅测量光栅常量和光波波长的原理和方法.

预习视频

【实验原理】

一、光栅衍射

透射光栅如图 4.6-1 所示.如图 4.6-2 所示,细长狭缝光源位于透镜 L_1 的物方焦面上,光栅上相邻狭缝的间距为 d.自光源射出的光,经透镜 L_1 后,成为平行光且垂直照射于光栅平面上,通过每个狭缝的光都会发生衍射,衍射角为 θ 的光束经过透镜 L_2 后会聚于透镜 L_2 焦平面的点 P_θ,形成对应级次的明纹.产生衍射明纹的条件为

$$d\sin\theta_k = \pm k\lambda \tag{4.6-1}$$

式(4.6-1)称为光栅方程.式中,θ 为衍射角,λ 为光波的波长,k 是光谱级数($k=0,\pm1,\pm2,\cdots$),d 称为光栅常量.

图 4.6-1 透射光栅

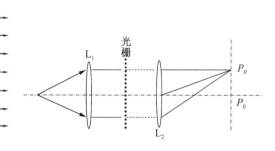

图 4.6-2 成像光路图

若入射光是复色光,由于各色光的波长各不相同,则由光栅方程可以看出,其衍射角 θ 也各不相同,经过光栅后,复色光被分解为单色光.如图 4.6-3 所示,在中央 $k=0,\theta=0$ 的位置,各个波长的明纹仍将重叠在一起,形成 0 级明条纹.而在中央明条纹两侧,各种波长的单

色光产生各自对应的谱线,同级谱线组成一个光带,这些光带的整体叫作衍射光谱.因此,在测定衍射角 θ 后可以根据光栅方程确定 d 与 λ 的关系,即只要知道光栅常量 d,就可以求出未知光的波长 λ.

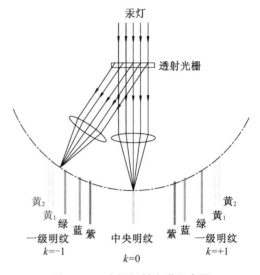

图 4.6-3 光栅衍射光谱示意图

二、光栅常数的测量

用汞灯光谱中的绿线($\lambda = 546.1$ nm)作为已知波长,测量光栅常数 d,测量公式为

$$d = \frac{k\lambda}{\sin\theta_k} \quad (4.6\text{-}2)$$

三、光的波长的测量

利用光栅常数,测量光谱线的波长,测量公式为

$$\lambda = \frac{d\sin\theta_k}{k} \quad (4.6\text{-}3)$$

四、光栅的角色散

角色散是光栅的重要参数,它表示单位波长间隔内两单色谱线之间的角距离.汞灯光谱中双黄线的波长之差 $\Delta\lambda = 2.06$ nm,两条谱线偏向角之差 $\Delta\theta$ 和两者波长之差 $\Delta\lambda$ 之比为

$$D = \frac{\Delta\theta}{\Delta\lambda} \quad (4.6\text{-}4)$$

对光栅方程微分,可有

$$D = \frac{\Delta\theta}{\Delta\lambda} = \frac{k}{d\cos\theta} \quad (4.6\text{-}5)$$

由上式可知,光栅光谱具有如下特点:光栅常数 d 越小,色散率越大;高级数的光谱比低级数的光谱有较大的色散率.

【实验仪器】

分光计、汞灯、光栅.

【实验内容及步骤】

一、调节分光计

调节分光计,使望远镜对准无穷远,望远镜轴线与分光计中心轴线垂直,平行光管出射平行光.调节方法见实验 4.5.

二、调节光栅

把光栅按图 4.6-4 所示放置在载物台上,转动载物台,在分划板视场中能看到绿色十字叉丝像,否则应调整光栅位置或倾角.调节载物台下方螺丝 b、c,使分划板竖线、由光栅反射的绿色十字叉丝像竖线、由平行光管过来的亮竖线这三条竖线合一,如图 4.6-5 所示.三线合一后,锁紧游标盘.

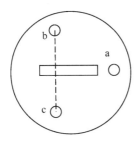

图 4.6-4　光栅放置位置　　　　图 4.6-5　三条竖线合一

三、测量光栅常数

本实验采用汞灯一级光谱中绿线($\lambda=546.1$ nm)作为已知波长,测量光栅常数 d.

1. 打开汞灯,转动望远镜观察光谱,如果左右两侧光谱线相对于目镜中叉丝的水平线高低不等,说明光栅的衍射面与观察面不平行,此时可以调节载物台下方螺丝 a,使它们一致.

2. 转动望远镜到光栅的左侧,使分划板叉丝对准光谱中绿线,记录读数,并填入表 4.6-1 中.

3. 将望远镜转到光栅的右侧,同样对准与中谱线对称的绿线,记录读数,并填入表 4.6-1 中.

4. 重复步骤 2、3,计算一级光谱中绿线的衍射角,计算公式为

$$\theta=\frac{1}{4}[(\varphi_{左}-\varphi_{左}{}')+(\varphi_{右}-\varphi_{右}{}')] \tag{4.6-6}$$

利用式(4.6-2)计算 d,将数据填入表 4.6-1 中.

四、测定光的波长

本实验选择汞灯光谱中蓝线、黄$_1$ 线和黄$_2$ 线作为测量目标.多次测量它们的衍射角,并计算波长,测量方法与测定光栅常数中测定绿线衍射角的方法相同.将测量数据记录在表 4.6-1 中.

五、测量光谱的角色散（选做）

用汞灯作为光源,测定光谱中双黄线的衍射角之差,求出双黄线的波长差 $\Delta\lambda$,由式(4.6-5)求角色散.

【注意事项】

1. 分光计是较精密的光学仪器,要加倍爱护,不应在制动螺丝锁紧时强行转动望远镜,也不要随意拧动狭缝.

2. 光栅是精密光学器件,严禁用手触摸刻痕,注意轻拿轻放,以免弄脏或损坏.

3. 在测量数据前务必检查分光计的几个制动螺丝是否锁紧,若未锁紧,取得的数据会不可靠.

4. 测量中应正确使用望远镜转动的微调螺丝,以便提高工作效率和测量准确度.

5. 在对游标进行读数时,由于望远镜可能位于任何方位,故应注意望远镜转动过程中是否过了刻度的零点.

【思考题】

1. 平行光管的狭缝很宽时,对测量结果有何影响？

2. 若光栅面和入射平行光不严格垂直,对实验结果有何影响?

3. 比较棱镜和光栅分光的主要区别.

【知识拓展】

光栅与超结构光栅

在光栅发展早期,人们对光栅的认识是初步的,在1801年托马斯·杨的"光的理论"一文中介绍了利用一块刻有相邻间隔约为 0.05 mm 的一系列平行线的玻璃测微尺作为光栅,并研究了光通过光栅后所观察到的彩色是由于相邻刻线的微小距离所致.后来夫琅禾费用两个完全相同的 126 牙/cm 的细牙螺丝平行放置,在其相邻螺纹中绕上细丝制成了细丝光栅,发现了衍射角与细丝的粗细或者缝的宽窄无关,而与这两者之和也就是光栅常量 d 值有关.在夫琅禾费之后的很长一段时间,光栅由于刻画技术的限制发展得较为缓慢.1877年,卢瑟福首次制出了 680 线/mm 的光栅.19世纪80年代,罗兰发明了凹面光栅,将刻线直接刻画于凹球面镜的表面上,这样光栅不仅将光色散成光谱,还能把它聚焦成清晰的像,避免玻璃透镜对辐射的吸收作用.1920年,伍德接替罗兰的工作,研究出通过改进光栅刻槽的形状来提高光栅的衍射效率的方法.经过一代又一代物理学家的不懈努力,光栅已成了光谱学研究中重要的分光元件.

超构光栅属于超构表面的一种,属于人工超材料.超材料是一种单元尺度远远小于工作波长的人工周期结构,在长波长条件下(波长远大于结构单元尺寸),具有等介电常数和等效磁导率,这些电磁参数主要依赖于基本组成单元的谐振特性,从而区别于通常意义上的光子晶体或人工电磁带隙材料.通过对单元谐振特性的设计,可以在特定频段对超材料的等效电磁参数进行有效控制,如可以使其等效介电常数和等效磁导率接近于零,甚至为负,这些特性使超材料具有广阔的应用前景,在设计和实现上也具有很大的灵活性.超构表面是超材料的一种,而渐变超构光栅是超构表面的应用之一,它设计一种非超薄的渐变超构表面来操控光的传播,与超薄型超构表面类似,这种渐变超构表面在结构上具有周期性,由于较厚,类似于传统的光栅;但是与传统光栅不同的是,这种渐变超构表面界面上带有覆盖 2π 突变相位,可以对各个衍射级次进行调制,这种较厚的渐变超构表面简称为超构光栅.

研究显示:渐变超构光栅具有超构表面中的各种异常光学特性,不仅转化效率较高,而且具有超薄超构表面中观察不到的新光学现象,蕴含新的物理机制(如奇偶性相关的异常折射/反射现象).2018年,中国科学院院士崔铁军课题组提出利用两层超构光栅实现平面的逆向反射器件,对于 0~70° 的入射角均能实现逆向反射的效果.基于超构光栅中的异常衍射规律,2019年,苏州大学徐亚东课题组设计和研究了一个结构简单且易于制备的中红外平面超构光栅器件,为了减少系统的复杂性和单元个数导致的损耗,一个周期只包含2个单元.理论研究表明:该超构光栅可以实现几乎100%转化效率的逆向反射,且在大角度时仍有接近完美的反射效率,而且其逆向反射的工作角度可以通过几何结构调节,理论上可以覆盖 0~90°,进一步发展了超构光栅理论.

摘自:王美欧,肖倩,金霞,等.基于亚波长金属超构光栅的中红外大角度高效率回射器[J].物理学报,2020,69(1):014211-1-014211-6.

【数据记录】

表 4.6-1　用透射光栅测定光的波长

光线	序号	T_1		T_2		衍射角		$d/\mu m$	λ/nm
		$\varphi_左$	$\varphi_右$	$\varphi_左'$	$\varphi_右'$	θ	$\bar{\theta}$		
绿	1								
	2								
	3								546.1
	4								
	5								
蓝									
黄$_1$									
黄$_2$									

教师签字：_____

实验日期：_____

【数据处理】

1. 光栅常数的测定和光的波长的测定.

(1) 光栅常数的测定:

$$\theta = \frac{1}{4}[(\varphi_左 - \varphi_左{'}) + (\varphi_右 - \varphi_右{'})]$$

$\theta_1 =$

$\theta_2 =$

$\theta_3 =$

$\theta_4 =$

$\theta_5 =$

$$\bar{\theta} = \frac{1}{5}(\theta_1 + \theta_2 + \theta_3 + \theta_4 + \theta_5) =$$

$$d = \frac{k\lambda}{\sin\bar{\theta}} =$$

(2) 光波长的测定:

$$\theta_{蓝} = \frac{1}{4}[(\varphi_左 - \varphi_左{'}) + (\varphi_右 - \varphi_右{'})] =$$

$$\lambda_{蓝} = \frac{d\sin\theta_{蓝}}{k} =$$

$$\theta_{黄1} = \frac{1}{4}[(\varphi_左 - \varphi_左{'}) + (\varphi_右 - \varphi_右{'})] =$$

$$\lambda_{黄1} = \frac{d\sin\theta_{黄1}}{k} =$$

$$\theta_{黄2} = \frac{1}{4}[(\varphi_左 - \varphi_左{'}) + (\varphi_右 - \varphi_右{'})] =$$

$$\lambda_{黄2} = \frac{d\sin\theta_{黄2}}{k} =$$

2. 将蓝线、双黄线的计算值与理论值进行比较,计算相对误差.

理论值:$\lambda_{蓝} = 435.8$ nm,$\lambda_{黄1} = 576.96$ nm,$\lambda_{黄2} = 579.07$ nm.

3. 测定光栅的角色散.(选做)

$\Delta\theta =$

$\Delta\lambda =$

$$D = \frac{k}{d\cos\theta} =$$

将以上两个结果进行比较.

实验 4.7 薄透镜焦距的测定

透镜是最常用的光学元件,是构成显微镜、望远镜等光学仪器的基础.焦距是表征透镜成像性质的重要参数.测定焦距不单是一项产品检验工作,更重要的是为光学系统的设计提供依据.学习透镜焦距的测量,不仅可以加深对几何光学中透镜成像规律的理解,而且有助于训练光路分析方法,掌握光学仪器调节技术.

【实验目的】

1. 了解透镜成像的原理及成像规律.
2. 学会光学系统共轴调节,了解视差原理的实际应用.
3. 掌握薄透镜焦距的测量方法,会用左、右逼近法确定像最清晰的位置,测量凸透镜和凹透镜的焦距.

预习视频

【实验原理】

薄透镜是透镜中最基本的一种,其厚度较自身两折射球面的曲率半径及焦距要小得多,厚度可忽略不计,在近轴条件下,物距、像距、焦距满足高斯公式:

$$\frac{1}{u} + \frac{1}{v} = \frac{1}{f} \tag{4.7-1}$$

符号规定:距离自参考点(薄透镜的光心)量起,与光线进行方向一致时为正,反之为负.

一、凸透镜焦距的测定

1. 自准法.

用自准法测凸透镜焦距的光路图如图 4.7-1 所示,若物位于焦平面上,则由平面镜反射后成一与原物等大、倒立的像于同一焦平面上.

2. 物像法.

用物像法测凸透镜焦距的光路图如图 4.7-2 所示,测出物距和像距后,代入透镜成像公式(4.7-1),即可算出凸透镜的焦距.

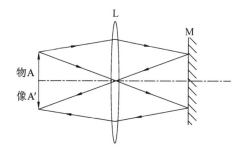

图 4.7-1 用自准法测凸透镜的焦距

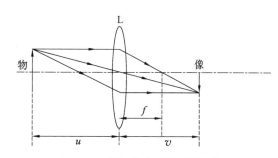

图 4.7-2 用物像法测凸透镜的焦距

3. 共轭法.

用共轭法测凸透镜焦距的光路图如图 4.7-3 所示,物屏与像屏之间的距离 D 保持不变,

而且满足 $D>4f$ 时,当凸透镜在物屏与像屏之间移动时,可实现两次成像.透镜在 x_1 位置时,成倒立、放大的实像 $A'B'$;透镜在 x_2 位置时,成倒立、缩小的实像 $A''B''$.实验中,只要测量出光路图中的物屏与像屏的距离 D 和透镜两次成像移动的距离 L,可算出透镜的焦距,测量公式为

$$f=\frac{D^2-L^2}{4D} \tag{4.7-2}$$

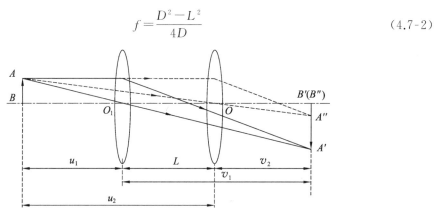

图 4.7-3　用共轭法测凸透镜的焦距

二、凹透镜焦距的测定

1. 物像法.

为了测量凹透镜的焦距,常用辅助凸透镜与之组成透镜组,得到能用像屏接收的实像.其测量原理如图 4.7-4 所示.

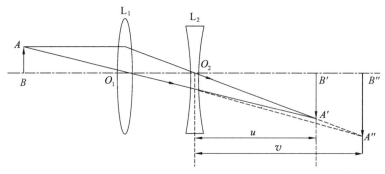

图 4.7-4　用物像法测凹透镜的焦距

实物 AB 经凸透镜 L_1 成像于 $A'B'$,在 L_1 和 $A'B'$ 之间插入待测凹透镜 L_2,就凹透镜 L_2 而言,虚物 $A'B'$ 又成像于 $A''B''$.实验中,调整 L_2 及像屏至合适的位置,就可找到透镜组所成的实像 $A''B''$.因此,可把 O_2B' 看作凹透镜的物距 u,O_2B'' 看作凹透镜的像距 v,则由式(4.7-1)可得测量公式为

$$f=\frac{uv}{u-v} \tag{4.7-3}$$

2. 自准法.

用自准法测凹透镜的焦距的光路图如图 4.7-5 所示,实物 AB 经凸透镜 L_1 成像于 $A'B'$,在 L_1 和 $A'B'$ 之间插入待测凹透镜 L_2 和平面反射镜 M,移动凹透镜,当凹透镜 L_2 与 $A'B'$ 的间距等于凹透镜 L_2 的焦距 f 时,经凹透镜 L_2 折射后的光线变成一组平行光线,该平行光线经平面镜 M 反射,根据光路可逆原理,会在平面镜 M 右侧成一个与箭矢物等高、清晰的倒

立实像,测出 O_2 到 $A'B'$ 的距离,就得到凹透镜的焦距.

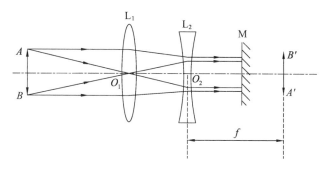

图 4.7-5　用自准法测凹透镜的焦距

【实验仪器】

带标尺的光具座一台、凸透镜一块、凹透镜一块、带箭矢物光孔电源一台、平面反射镜一块、光屏一个、光学元件底座和支架各 6 个.

图 4.7-6　实验装置

【实验内容及步骤】

一、光学系统的共轴调节

先利用水平尺在实验桌上调节光具座导轨,使之水平,然后进行各光学元件同轴等高的粗调和细调,直到各光学元件的光轴共轴,并与光具座导轨平行为止.

1. 粗调.

将箭矢物、凸透镜、凹透镜、平面镜、白屏等光学元件放在光具座上,使它们尽量靠拢,用眼睛观察,进行粗调(升降调节、水平位移调节),使各元件的中心大致在与导轨平行的同一直线上,并垂直于光具座导轨.

2. 细调:利用透镜二次成像法来判断是否共轴,并进一步调至共轴.

当物屏与像屏的距离大于 $4f$ 时,沿光轴移动凸透镜,将会成两次大小不同的实像.若两个像的中心重合,表示已经共轴;若两个像的中心不重合,以小像的中心位置为参考(可作一记号),调节透镜(或物)的高低或水平位置,使大像中心与小像的中心完全重合,调节技巧为大像追小像.当有两个透镜需要调整(如测凹透镜的焦距)时,必须逐个进行上述调整,即先将一个透镜(凸)调好,记住像中心在屏上的位置,然后加上另一透镜(凹),再次观察成像的情况,对后一个透镜的位置进行上下、左右的调整,直至像中心仍旧保持在第一次成像时的中心位置上.注意,已调至同轴等高状态的透镜在后续的调整、测量中绝对不允许再变动.

二、凸透镜焦距的测定

1. 自准法.

(1) 固定物屏,记录物屏的位置.

(2) 移动凸透镜,并绕铅直轴略转动靠近透镜的平面镜,看到物屏上一个移动的像,用"左右逼近法"移动透镜使其成清晰的倒立实像于物平面上,记录此时透镜光心在光具座上的坐标位置 $x_左$ 与 $x_右$,重复测五次,并将结果填入表 4.7-1 中.

2. 物像法.

(1) 先用粗略估计法测量待测凸透镜的焦距,然后将物屏和像屏放在光具座上,使它们的距离略大于粗测焦距值的 4 倍,在两屏之间放入透镜,调节物屏、透镜和像屏共轴,并与主光轴垂直,记录物屏、像屏的位置.

(2) 用"左右逼近法"移动透镜,找出其成清晰的倒立实像的坐标位置 $x_左$ 与 $x_右$,重复测五次,并将结果填入表 4.7-2 中.

3. 共轭法.

同物像法步骤,固定屏的位置不动,用"左右逼近法"移动透镜,记录成放大像时透镜的坐标位置 $x_左$ 与 $x_右$ 及成小像时的坐标位置 $x_左'$ 与 $x_右'$,重复测五次,并将结果填入表 4.7-3 中.

三、凹透镜焦距的测定

1. 物像法.

(1) 利用共轭法中得到的清晰的小像作为凹透镜的物,记下小像的位置 x_{P_1}.

(2) 保持凸透镜 L_1 的位置不变,将凹透镜 L_2 放入 L_1 与像屏之间,联合移动凹透镜和像屏,使屏上重新得到清晰的、放大的、倒立的实像 $A''B''$,记下像屏的位置 x_{P_2}.

(3) 用"左右逼近法"移动凹透镜,测得像清晰时凹透镜的位置坐标 $x_{O_2左}$ 与 $x_{O_2右}$,重复测五次,并将结果填入表 4.7-4 中.

2. 自准法(选做).

(1) 取凸透镜与箭矢物的间距略大于 $2f$,然后固定凸透镜.

(2) 用"左右逼近法"移动光屏,测像的清晰位置坐标 $x_左$ 与 $x_右$,重复测五次,并求平均值.

再将凹透镜和平面镜置于凸透镜和光屏之间,用"左右逼近法"移动凹透镜,看到物平面上清晰的倒立实像时,记录凹透镜的坐标位置 $x_左'$ 与 $x_右'$,重复测五次,并求平均值.

【注意事项】

1. 不能用手摸透镜的光学面.
2. 透镜不用时,应将其放在光具座的另一端,不能放在桌面上,避免摔坏.
3. 区分物光经凸透镜内表面和平面镜反射后所成的像,前者不随平面镜转动,而后者移动.

【思考题】

1. 用共轭法测凸透镜焦距时的成像条件是什么?此法有何优点?
2. 实验室用物像法测凹透镜焦距的成像条件是什么?
3. 如果会聚透镜的焦距大于光具座长度,请设计一个实验方案,能在光具座上测量该透镜的焦距.

【数据记录】

表 4.7-1 自准法测凸透镜的焦距

项目	次数				
	1	2	3	4	5
$x_{左}/\text{cm}$					
$x_{右}/\text{cm}$					
$\bar{x}_i = \dfrac{x_{左}+x_{右}}{2}/\text{cm}$					

物屏位置 $x_{物} =$

表 4.7-2 物像法测凸透镜的焦距

项目	次数				
	1	2	3	4	5
$x_{左}/\text{cm}$					
$x_{右}/\text{cm}$					
$\bar{x}_i = \dfrac{x_{左}+x_{右}}{2}/\text{cm}$					

物屏位置 $x_{物} =$ 像的位置 $x_p =$

表 4.7-3 共轭法测凸透镜的焦距

项目	次数				
	1	2	3	4	5
$x_{左}/\text{cm}$					
$x_{右}/\text{cm}$					
$\bar{x}_i = \dfrac{x_{左}+x_{右}}{2}/\text{cm}$					
$x_{左}'/\text{cm}$					
$x_{右}'/\text{cm}$					
$\bar{x}_i' = \dfrac{x_{左}'+x_{右}'}{2}/\text{cm}$					

物屏位置 $x_{物} =$ 像的位置 $x_p =$

表 4.7-4 物像法测凹透镜的焦距

项目	次数				
	1	2	3	4	5
$x_{o_2左}/\text{cm}$					
$x_{o_2右}/\text{cm}$					
$\bar{x}_{o_2 i} = \dfrac{x_{o_2左}+x_{o_2右}}{2}/\text{cm}$					

$x_{p_1} =$ $x_{p_2} =$

教师签字：_____

实验日期：_____

【数据处理】

1. 用自准法测凸透镜的焦距.

$$\bar{x} = \sum_{i=1}^{5} \frac{\bar{x}_i}{5} = \qquad , \quad \bar{f} = |\bar{x} - x_{物}| = \qquad , \quad S_{\bar{x}} = \sqrt{\frac{\sum_{i=1}^{5} \Delta x_i^2}{5 \times (5-1)}} =$$

$$\sigma_{f,仪} = \frac{\Delta_{f,仪}}{\sqrt{3}} = \qquad , \quad u_f = \sqrt{S_{\bar{x}}^2 + \sigma_{f,仪}^2} =$$

结果表示：$f = \bar{f} \pm u_f =$

2. 用物像法测凸透镜的焦距.

$$\bar{x} = \sum_{i=1}^{5} \frac{\bar{x}_i}{5} = \qquad , \quad \bar{u} = -|\bar{x} - x_{物}| = \qquad , \quad \bar{v} = |\bar{x} - x_P| =$$

$$\bar{f} = \frac{\bar{u}\bar{v}}{\bar{u} - \bar{v}} = \qquad , \quad S_{\bar{x}} = \sqrt{\frac{\sum_{i=1}^{5} \Delta x_i^2}{5 \times (5-1)}} = \qquad , \quad \sigma_{f,仪} = \frac{\Delta_{f,仪}}{\sqrt{3}} =$$

$$U_{\bar{u}} = U_{\bar{v}} = \sqrt{S_{\bar{x}}^2 + \sigma_{f,仪}^2} = \qquad , \quad u_f = \sqrt{\left(\frac{\partial f}{\partial u}\right)^2 u_{\bar{u}}^2 + \left(\frac{\partial f}{\partial v}\right)^2 u_{\bar{v}}^2} =$$

结果表示：$f = \bar{f} \pm u_f =$

3. 用共轭法测凸透镜的焦距.

$$\bar{x} = \sum_{i=1}^{5} \frac{\bar{x}_i}{5} = \qquad , \quad \bar{x'} = \sum_{i=1}^{5} \frac{\bar{x_i'}}{5} = \qquad , \quad \bar{L} = |\bar{x'} - \bar{x}| =$$

$$D = |x_P - x_{物}| = \qquad , \quad \bar{f} = \frac{D^2 - \bar{L}^2}{4D} = \qquad , \quad S_{\bar{x}} = \sqrt{\frac{\sum_{i=1}^{5} \Delta x_i^2}{5 \times (5-1)}} =$$

$$S_{\bar{x'}} = \sqrt{\frac{\sum_{i=1}^{5} \Delta x_i'^2}{5 \times (5-1)}} = \qquad , \quad \sigma_{f,仪} = \frac{\Delta_{f,仪}}{\sqrt{3}} = \qquad , \quad U_L = \sqrt{S_{\bar{x}}^2 + S_{\bar{x'}}^2 + \sigma_{f,仪}^2} =$$

$$U_D = \sigma_{f,仪} = \qquad , \quad u_f = \sqrt{\left(\frac{\partial f}{\partial D}\right)^2 u_D^2 + \left(\frac{\partial f}{\partial L}\right)^2 u_L^2} =$$

结果表示：$f = \bar{f} \pm u_f =$

4. 用物像法测凹透镜的焦距.

$$\bar{x}_{o_2} = \sum_{i=1}^{5} \frac{\bar{x}_{o_2 i}}{5} = \qquad , \quad \bar{u} = |x_{P_1} - \bar{x}_{o_2}| = \qquad , \quad \bar{v} = |x_{P_2} - \bar{x}_{o_2}| =$$

$$\bar{f} = \frac{\bar{u}\bar{v}}{\bar{u} - \bar{v}} = \qquad , \quad S_{\bar{x}_{o_2}} = \sqrt{\frac{\sum_{i=1}^{5}(\bar{x}_{o_2 i} - \bar{x}_{o_2})^2}{5 \times (5-1)}} = \qquad , \quad \sigma_{f,仪} = \frac{\Delta_{f,仪}}{\sqrt{3}} =$$

$$U_{\bar{u}} = U_{\bar{v}} = \sqrt{S_{\bar{x}_{o_2}}^2 + \sigma_{f,仪}^2} = \qquad , \quad u_f = \sqrt{\left(\frac{\partial f}{\partial u}\right)^2 u_{\bar{u}}^2 + \left(\frac{\partial f}{\partial v}\right)^2 u_{\bar{v}}^2} =$$

结果表示： $f = \bar{f} \pm u_f =$

实验 4.8 单缝衍射

光在传播过程中遇到障碍物时将绕过障碍物,改变光的直线传播,这种现象称为光的衍射.当障碍物的大小与光的波长大得不多时,如狭缝、小孔、小圆屏、毛发、细针、金属丝等,就能观察到明显的光的衍射现象,亦即光线偏离直线传播的现象.观察衍射现象的装置由光源、衍射屏和接收屏三部分组成.通常分为两类,光源与接收屏离衍射屏的距离较近,称为近场衍射或菲涅耳衍射;光源与接收屏都移到距离衍射屏足够远,即光源投射到衍射屏上的光看作平行光,同时从衍射屏到接收屏上的光也看作平行光时,称为远场衍射或者夫琅禾费衍射.本实验采用夫琅禾费单缝衍射,由于光源到接收屏的距离较远,所以在实验中在接收屏与缝之间放置一个会聚透镜来实现近距离范围内的夫琅禾费衍射.

【实验目的】

1. 观察单缝衍射现象及其特点.
2. 测量单缝衍射的光强分布.
3. 应用单缝衍射的规律计算单缝缝宽.

预习视频

【实验原理】

单缝的夫琅禾费衍射光路图如图 4.8-1 所示,设单缝宽为 a,透镜 L 的焦距为 f,D 为单缝与透镜之间的距离,屏幕置于透镜的焦平面上.理论上可以证明,只要满足 $\lambda \gg \dfrac{a^2}{8D}$,此时就满足夫琅禾费衍射的远场条件.

所有以衍射角 θ 出射的平行光经透镜聚焦于屏幕上的同一点,但各光线到达 P 点时相位不同. 如图 4.8-1 所示,A、B 点出射的光光程差最大,为

$$\Delta L = a\sin\theta \qquad (4.8\text{-}1)$$

根据菲涅尔的半波带法,若 ΔL 恰为入射光半波长的整数倍,则以 $\dfrac{\lambda}{2}$ 为间隔将狭缝 AB 均分为 n 个半波带,有:每一个半波带在 P 点引起的光振动振幅近似相等;相邻半波带上各相应点发出的光到 P 点时光程差为 $\dfrac{\lambda}{2}$.

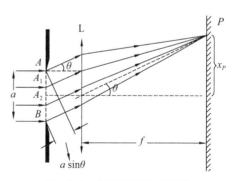

图 4.8-1 单缝衍射的光路图

所以用菲涅尔的半波带法求出的单缝衍射条纹分布规律如下:

(1) 中央明条纹. 如图 4.8-2(a)所示,以衍射角 $\theta=0$ 出射的所有光线聚焦于屏幕中心的 P_0 点. 所有这些光线都是同相位的,所以 P_0 点处为明条纹的中心,称为单缝衍射的中央明条纹(中央主极大).

（2）暗条纹（极小）.当 $n=2k$ 时,得到偶数个半波带,则 P 点处为暗条纹中心,如图 4.8-2(b)所示.即暗条纹条件为

$$\Delta L = a\sin\theta = \pm k\lambda \quad (k=1,2,3,\cdots) \tag{4.8-2}$$

由于 $a\gg\lambda$,所以衍射角 θ 很小,暗条纹中心位置可以用下式表示：

$$x_P \approx \pm k\lambda \frac{f}{a} \quad (k=1,2,3,\cdots) \tag{4.8-3}$$

（3）其他明条纹（次极大）.当 $n=2k+1$ 时,得到奇数个半波带.P 点处为明条纹中心,如图 4.8-2(c)所示.即明条纹条件为

$$\Delta L = a\sin\theta = \pm(2k+1)\frac{\lambda}{2} \quad (k=1,2,3,\cdots) \tag{4.8-4}$$

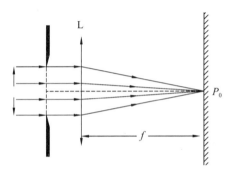

（a）单缝衍射中央明条纹

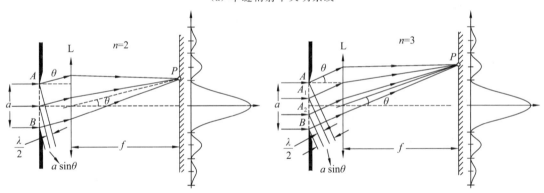

（b）单缝衍射暗条纹　　　　　　（c）单缝衍射其他明条纹

图 4.8-2　单缝衍射条纹

由于半波带法是一个近似理论,实际的单缝衍射各级次极大位置会稍向主极大方向靠拢.根据惠更斯-菲涅耳原理,可导出单缝衍射的相对光强分布规律：

$$\frac{I}{I_0} = \left(\frac{\sin u}{u}\right)^2 \tag{4.8-5}$$

其中,$u=\dfrac{\pi a\sin\theta}{\lambda}$.$I$ 为极大值的各处即可得到明条纹条件,令 $\dfrac{\mathrm{d}(\sin^2 u/u^2)}{\mathrm{d}u}=0$ 可得 $u=\tan u$.用图解法可以得到解为

$$u = 0, \pm 1.43\pi, \pm 2.46\pi, \pm 3.47\pi, \cdots$$

所以,单缝衍射相对光强分布曲线如图 4.8-3 所示.

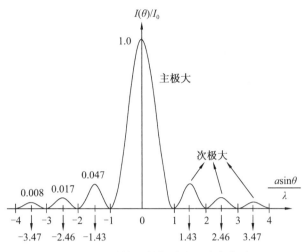

图 4.8-3 单缝衍射相对光强分布曲线

(4) 条纹宽度.中央明条纹宽度即为±1 级暗条纹中心的距离,如图 4.8-4(a)所示,可用下式表示:

$$\Delta x_0 = 2f\tan\theta_1 \approx 2\lambda \frac{f}{a} \tag{4.8-6}$$

其他明条纹宽度即为相邻暗条纹中心的距离,如图 4.8-4(b)所示,可用下式表示:

$$\Delta x_k = f(\tan\theta_{k+1} - \tan\theta_k) \approx \lambda \frac{f}{a} \tag{4.8-7}$$

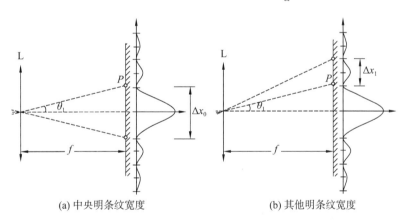

(a) 中央明条纹宽度　　　　　　　(b) 其他明条纹宽度

图 4.8-4 单缝衍射条纹宽度

由式(4.8-7)可知,条纹间距与狭缝宽度成反比.实验中测出条纹宽度后即可利用式(4.8-7)求出缝宽 a.

【实验仪器】

导轨、激光电源、激光器、读数显微镜、狭缝、小孔屏、一维光强测量装置、WJH 型数字式检流计.

【实验内容及步骤】

实验内容是观察单缝衍射现象,测量单缝衍射的光强分布,并计算出缝宽.

1. 按照激光器—狭缝—小孔屏——维光强测量装置—数字检流计的顺序在光学平台上摆好实验仪器,其中激光器与单缝之间的距离以及单缝与一维光强测量装置之间的距离均置为 50 cm 左右,加上本实验采用的是方向性很好,发散角为 $1\times10^{-3}\sim1\times10^{-5}$ rad 的 He-Ne 激光作为光源,这样可满足夫琅禾费衍射的远场条件,从而可省去单缝前后的透镜.

2. 点亮 He-Ne 激光器,使激光垂直照射于单缝的刀口上,利用小孔屏调好光路.

3. 将 WJH 检流计接上电源开机预热 15 min,将量程选择开关置于Ⅰ挡,"衰减"旋钮置于"校准"位置(顺时针到底,即灵敏度最高).调节"调零"旋钮,使数据显示器显示"－000"(负号闪烁).以后在测量过程中如果数码管显示"999",说明超过量程,可将量程调高一挡.如果数字显示小于 190,且小数点不在第一位时,可将量程减少一挡,以充分利用仪器的分辨率.

4. 将小孔屏置于一维光强测量装置之前,观察小孔屏上的衍射花纹,使它由宽变窄及由窄变宽,重复几次,使小孔屏上的衍射图像清晰、对称,条纹间距适当.

5. 移去小孔屏,调整一维光强测量装置,使光电探头中心与激光束高度一致,移动方向与激光束垂直,起始位置适当.

6. 关掉激光电源,记下本底读数(即初读数),再打开激光电源,开始测量.为消除空程,减小误差,应转动手轮使光电探头单方向移动,即沿衍射图像的展开方向(x 轴方向),从左向右或从右向左,每次移动 0.200 mm,单向、逐点记下衍射图像的位置坐标 x 和相应的光强,将结果填入表 4.8-1 中.

7. 以光强最大值 I_0 除以各光强值,绘制单缝衍射光强分布图,从图中测出中央明条纹半宽度 x_1(即第一级暗条纹位置坐标),并求出缝宽 a.

8. 用读数显微镜直接测出缝宽,测 5 次,取平均值,将结果填入表 4.8-2 中与衍射测量结果比较,求相对误差.

【注意事项】

1. 观察时不要正对光源,以免灼伤眼睛.

2. 由于使用激光光源,省去光路图中的透镜,光路图中狭缝到透镜的焦距 f 在实验中替换为单缝与一维光强测量装置之间的距离 $D=50$ cm.

【思考题】

1. 当缝宽增加一倍时,衍射花样的光强和条纹宽度将会怎样改变?如缝宽减半,又怎样改变?

2. 激光输出的光强如有变动,对单缝衍射图像和光强分布曲线有无影响?有何影响?

3. 用实验中所应用的方法是否可测量细丝的直径?若能测量,试介绍原理和方法.

【数据记录】

$D = 50$ cm,$\lambda = $ _____.

表 4.8-1 单缝衍射光强实验数据记录

坐标 x/mm	光强 I	坐标 x/mm	光强 I	坐标 x/mm	光强 I	坐标 x/mm	光强 I	坐标 x/mm	光强 I

表 4.8-2 狭缝宽度直接测量结果

次数	1	2	3	4	5
狭缝宽度 a					
$\bar{a}$					

教师签字：_____

实验日期：_____

【数据处理】

1. 单缝衍射光强分布图(图 4.8-5)

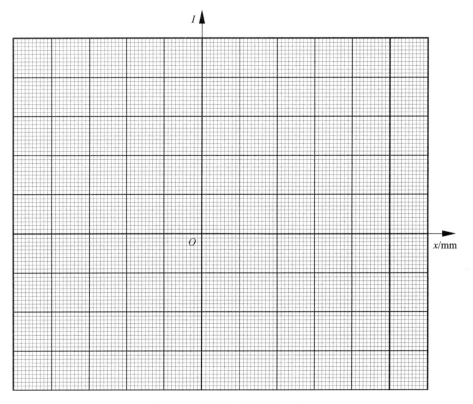

图 4.8-5　单缝衍射光强分布曲线

2. 中央明条纹半宽度(即第一级暗条纹位置坐标)为

$$x_1 =$$

3. 狭缝宽度为

$$a = \frac{D\lambda}{x_1} =$$

4. 直接测量与衍射法测量结果的相对误差:

实验 4.9 液晶的电光效应及其特性研究

液晶是 1888 年奥地利植物学家莱尼茨尔(Reinitzer)在做有机物溶解实验时,在一定的温度范围内观察到的.1961 年,美国 RCA 公司的黑尔迈乐(Heimeier)发现了液晶的一系列电光效应,并制成了显示器件.液晶在物理、化学、电子等诸多领域有着广泛的应用,如液晶显示器件、光导液晶光阀、光调制器等.液晶显示器件由于具有驱动电压低(一般为几伏)、功耗极小、体积小、寿命长、环保无辐射等优点,已广泛应用于各种显示器件中,其工作原理正是液晶的电光效应.

【实验目的】

1. 掌握液晶光开关的工作原理,测量液晶光开关的电光特性曲线和时间响应曲线.

2. 了解液晶光开关的工作条件,测量液晶光开关的视角特性.

预习视频

【实验原理】

液晶是介于液体与晶体之间的一种物质状态.一般的液体内部分子排列是无序的,而液晶既具有液体的流动性,其分子又按一定规律有序排列,使它呈现晶体的各向异性.当光通过液晶时,会产生偏振面旋转、双折射等效应.液晶分子是含有极性基团的极性分子,在电场作用下,偶极子会按电场方向取向,导致分子原有的排列方式发生变化,从而使液晶的光学性质也随之发生改变,这种因外电场引起的液晶光学性质的改变称为液晶的电光效应.

一、液晶光开关的工作原理

液晶的种类很多,下面以常用的 TN(扭曲向列)型液晶为例,说明其工作原理.

TN 型光开关的结构如图 4.9-1 所示.在两块玻璃板之间夹有正性向列相液晶,液晶分子的形状为棍状.棍的长度在十几埃(1 Å = 10^{-10} m),直径为 4~6 Å,液晶层厚度一般为 5~

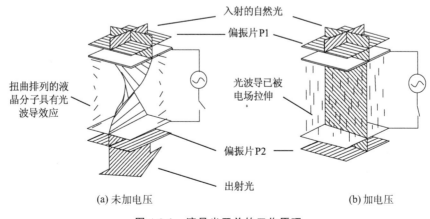

图 4.9-1 液晶光开关的工作原理

8 μm.玻璃板的内表面涂有透明电极,电极的表面预先作了定向处理,电极表面的液晶分子按一定方向排列,且上下电极上的定向方向相互垂直.上下电极之间的那些液晶分子因范德瓦耳斯力的作用,趋向于平行排列.然而由于上下电极上液晶的定向方向相互垂直,所以从俯视方向看,液晶分子的排列从上电极的沿 $-45°$ 方向排列逐步地、均匀地扭曲到下电极的沿 $+45°$ 方向排列,整个扭曲了 $90°$,如图 4.9-1(a)所示.

偏振光从上电极表面透过扭曲排列起来的液晶传播到下电极表面时,偏振方向会旋转 $90°$.取两张偏振片贴在玻璃的两面,P1 的透光轴与上电极的定向方向相同,P2 的透光轴与下电极的定向方向相同,于是 P1 和 P2 的透光轴相互正交.

未加驱动电压时,自然光经过偏振片 P1 后只剩下平行于透光轴的线偏振光,该线偏振光到达输出面时,其偏振面旋转了 $90°$.这时光的偏振面与 P2 的透光轴平行,因而有光通过.

当施加足够电压时(一般为 1~2 V),在静电场的作用下,液晶分子趋于平行于电场方向排列.于是原来的扭曲结构被破坏,成了均匀结构,如图 4.9-1(b)所示.从 P1 透射出来的偏振光的偏振方向在液晶中传播时不再旋转,保持原来的偏振方向到达下电极.这时光的偏振方向与 P2 正交,因而光被关断.

由于上述光开关在没有电场的情况下让光透过,加上电场的时候光被关断,因此叫作常通型光开关,又叫作常白模式.若 P1 和 P2 的透光轴相互平行,则构成常黑模式.

二、液晶光开关的电光特性

图 4.9-2 为光线垂直液晶面入射时本实验所用液晶相对透射率(以不加电场时的透射率为 100%)与外加电压的关系.

由图 4.9-2 可知,对于常白模式的液晶,其透射率随外加电压的升高而逐渐降低,在一定电压下达到最低点,此后略有变化.可以根据此电光特性曲线图得出液晶的阈值电压和关断电压(阈值电压:透过率为 90% 时的驱动电压.关断电压:透过率为 10% 时的驱动电压).

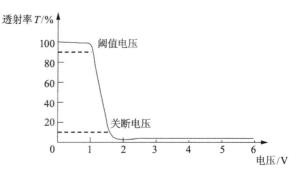

图 4.9-2 液晶光开关的电光特性曲线

液晶的电光特性曲线越陡,即阈值电压与关断电压的差值越小,由液晶开关单元构成的显示器件允许的驱动路数就越多.TN 型液晶最多允许 16 路驱动,故常用于数码显示.在电脑、电视等需要高分辨率的显示器件中,常采用 STN(超扭曲向列)型液晶,以改善电光特性曲线的陡度,增加驱动路数.

三、液晶光开关的时间响应特性

加上(或去掉)驱动电压能使液晶的开关状态发生改变,是因为液晶的分子排序发生了改变,这种重新排序需要一定时间,反映在时间响应曲线上,用上升时间 τ_r 和下降时间 τ_d 描述.给液晶开关加上一个如图 4.9-3(a)所示的周期性变

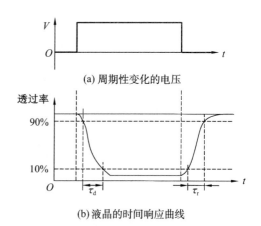

(a) 周期性变化的电压

(b) 液晶的时间响应曲线

图 4.9-3 液晶驱动电压和时间响应图

化的电压,就可以得到液晶的时间响应曲线.如图 4.9-3(b)所示,上升时间为透过率由 10%升到 90%所需时间,下降时间为透过率由 90%降到 10%所需的时间.

液晶的响应时间越短,显示动态图像的效果越好,这是液晶显示器的重要指标.早期的液晶显示器在这方面逊色于其他显示器,现在通过结构方面的技术改进,已达到很好的效果.

四、液晶光开关的视角特性

液晶光开关的视角特性表示对比度与视角的关系.对比度定义为光开关打开和关断时透射光强度之比,当对比度大于 5 时,可以获得满意的图像;当对比度小于 2 时,图像就模糊不清了.

图 4.9-4 表示了某种液晶视角特性的理论计算结果.图 4.9-4 中,用与原点的距离表示垂直视角(入射光线方向与液晶屏法线方向的夹角)的大小.

图中 3 个同心圆分别表示垂直视角为 30°、60°和 90°.90°同心圆外面标注的数字表示水平视角(入射光线在液晶屏上的投影与 0°方向之间的夹角)的大小.图 4.9-4 中的闭合曲线为不同对比度时的等对比度曲线.

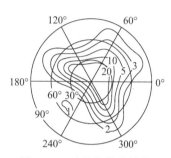

图 4.9-4 液晶视角特性的理论计算结果

由图 4.9-4 可以看出,液晶的对比度与垂直与水平视角都有关,而且具有非对称性.若我们把具有图 4.9-4 所示视角特性的液晶开关逆时针旋转,以 220°方向向下,并由多个显示开关组成液晶显示屏,则该液晶显示屏的左右视角特性对称,在左、右和俯视三个方向,垂直视角接近 60°时对比度为 5,观看效果较好.在仰视方向对比度随着垂直视角的加大迅速降低,观看效果差.

【实验仪器】

液晶电光特性综合实验仪(图 4.9-5)、数字存储示波器.

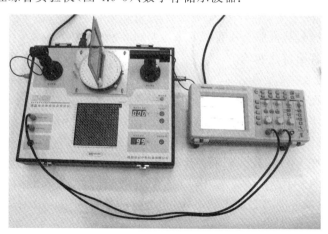

图 4.9-5 液晶电光特性综合实验仪

【实验内容及步骤】

打开电源,点亮光源,让光源预热 10～20 min.若光源未亮,检查模式转换开关.只有当模式转换开关处于静态时,光源才会被点亮.

检查仪器初始状态：发射器光线必须垂直入射到接收器，在静态、0°、0.00 V 供电电压条件下，透过率显示大于"250"时，按住透过率校准按键 3 s 以上，透过率可校准为 100%（若供电电压不为 0，或显示小于"250"，则该按键无效，不能校准透过率）.

一、液晶光开关电光特性测量

将模式转换开关置于静态模式，将透过率显示校准为 100%，按表 4.9-1 的数据改变电压，使得电压值从 0.0～6.0 V 变化，记录相应电压下的透过率数值.重复 3 次并计算相应电压下透过率的平均值，依据实验数据绘制电光特性曲线，可以得出阈值电压和关断电压.

二、液晶的时间响应的测量

将模式转换开关置于静态模式，透过率显示调到 100%，然后将液晶供电电压调到 2.00 V，在液晶静态闪烁状态下，用存储示波器观察此光开关时间响应特性曲线，可以根据此曲线得到液晶的上升时间 τ_r 和下降时间 τ_d（图 4.9-6）.

三、液晶光开关视角特性的测量

1. 水平方向视角特性的测量.

将模式转换开关置于静态模式.首先将透过率显示调到 100%，然后再进行实验.

在供电电压为 0 V 时，按照表 4.9-2 所列的角度调节液晶屏与入射激光的角度，在每一角度下测量光强透过率最大值 T_{max}.然后将供电电压设置为 2 V，再次调节液晶屏角度，测量光强透过率最小值 T_{min}，并计算其对比度.以角度为横坐标，对比度为纵坐标，绘制水平方向对比度随入射光入射角变化的曲线（图 4.9-7）.

2. 垂直方向视角特性的测量.

关断总电源后，取下液晶显示屏，将液晶板旋转 90°，重新通电，将模式转换开关置于静态模式.按照与上述相同的方法和步骤，可测量垂直方向的视角特性，并填入表 4.9-3 中.

实验完成后，关闭电源开关.

【注意事项】

1. 禁止用光束照射他人眼睛或直视光束本身，以免伤害眼睛.

2. 在进行液晶视角特性实验中，更换液晶板方向时，务必断开总电源后，再进行插取，否则将会损坏液晶板.

3. 液晶板凸起面必须朝向光源发射方向，否则实验记录的数据为错误数据.

4. 在调节透过率为 100% 时，如果透过率显示不稳定，则可能是光源预热时间不够，或光路没有对准，需要仔细检查，调节好光路.

5. 在校准透过率为 100% 前，必须将液晶供电电压显示调到 0.00 V 或显示大于"250"，否则无法校准透过率为 100%.在实验中，电压为 0.00 V 时，不要长时间按住"透过率校准"按钮，否则透过率显示将进入非工作状态，本组测试的数据为错误数据，需要重新进行本组实验数据记录.

【思考题】

1. 如何实现常黑型液晶显示？
2. 液晶电光特性如何表现出开关特性？
3. 测量液晶光开关的视角特性时应注意哪些事项？

【数据记录及处理】

实验条件：室温_____℃.

1. 液晶的电光特性.

表 4.9-1 液晶光开关电光特性测量

电压/V		0	0.5	0.8	1.0	1.2	1.3	1.4	1.5	1.6	1.7	2.0	3.0	4.0	5.0	6.0
透过率/%	1															
	2															
	3															
	平均值															

2. 时间响应特性实验.

调节数字示波器，画出时间响应曲线，得到液晶的响应时间：上升时间 τ_r 和下降时间 τ_d.

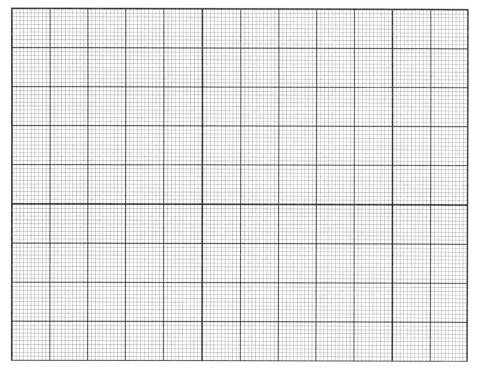

图 4.9-6 液晶的响应时间

3. 液晶的视角特性实验.

表 4.9-2 水平方向的视角特性

正角度/(°)	0	5	10	15	20	25	30	35	40	45	50	55	60	65	70	75
T_{max}(0 V)																
T_{min}(2 V)																
T_{max}/T_{min}																

续表

负角度/(°)	0	5	10	15	20	25	30	35	40	45	50	55	60	65	70	75
T_{max}(0 V)																
T_{min}(2 V)																
T_{max}/T_{min}																

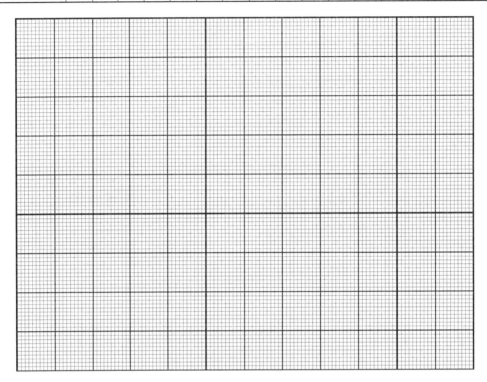

图 4.9-7　水平方向对比度随入射光入射角变化的曲线

表 4.9-3　垂直方向的视角特性

正角度/(°)	0	5	10	15	20	25	30	35	40	45	50	55	60	65	70	75
T_{max}(0 V)																
T_{min}(2 V)																
T_{max}/T_{min}																
负角度/(°)	0	5	10	15	20	25	30	35	40	45	50	55	60	65	70	75
T_{max}(0 V)																
T_{min}(2 V)																
T_{max}/T_{min}																

由上表数据可以找出比较好的垂直视角显示范围.

教师签字：_____

实验日期：_____

实验 4.10　普朗克常量的测定

光电效应是指一定频率的光照射在金属表面时,可以使电子从金属表面逸出成为光电子,我们把这种现象称为光电效应.1887 年,赫兹首先发现了光电效应现象,当他在用两套电极做电磁波的发射与接收的实验时,发现当紫外光照射到接收电极的负极时,接收电极更容易放电.此后,又经过多位科学家的研究,总结了一系列的实验规律,但这些规律都无法用经典的电磁理论解释.直到 1905 年爱因斯坦依照普朗克的量子假设,提出了光子的概念,并在著名论文"关于光的产生和转化的一个试探性观点"中提出光电效应方程,解释了光电效应的实验结果.光电效应实验和光量子理论在物理学中具有重大而深远的意义.利用光电效应制成的许多光电器件也得到了广泛应用.

【实验目的】

1. 理解光的量子性,通过光电管的弱电流特性,找出不同光频率下的截止电压.
2. 验证爱因斯坦方程,并测定普朗克常量.

预习视频

【实验原理】

一、光电效应原理

频率为 ν 的光以能量单位(光子)的形式一份一份地向外辐射,当金属中的电子吸收一个光子时,电子便获得其全部能量,若这一能量大于电子逃脱金属表面的约束所需要的逸出功 W_S 时,电子就会从金属中逸出,成为光电子,按照能量守恒定律,这个光电子逸出后的初动能为

$$\frac{1}{2}mv_m^2 = h\nu - W_S \tag{4.10-1}$$

上式称为爱因斯坦方程,$\frac{1}{2}mv_m^2$ 为光电子逸出表面后所具有的最大动能,h 为普朗克常量($h_{理论} = 6.626 \times 10^{-34}$ J·s).

光电效应的实验原理图如图 4.10-1 所示.光电管中为真空,A、K 分别为阳极和阴极,当频率为 ν 的入射光照射到光电管阴极 K 上($h\nu > W_S$),就会产生光电子.此时,若在 A、K 间加上电压 U_{AK},满足一定条件就会产生光电流 I:当阳极 A 电势高于阴板 K 电势(即 $U_{AK} > 0$)时,光电效应产生的光电子会加速跑向阳极 A,形成光电流,当所加电压足够大时,光电流达到饱和值;反之,当阳极 A 电势低于阴板 K 电势(即 $U_{AK} < 0$)时,光电效应产生的光电子会被减速,随着反

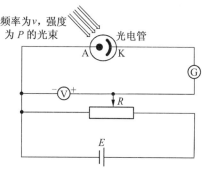

图 4.10-1　光电效应实验原理图

向电压的加大,到达阳极 A 的光电子逐渐减少,光电流逐渐减小为零,我们把光电流刚减小到零时的电压称为截止电压 U_S. 此时,具有最大初动能的光电子都到达不了阳极 A,则有

$$eU_S = \frac{1}{2}mv_m^2 = h\nu - W_S \tag{4.10-2}$$

由于金属材料的逸出功 W_S 是金属的固有属性,对于给定的金属材料,其 W_S 为定值,则式(4.10-2)可改写为

$$U_S = \frac{h}{e}\nu - \frac{W_S}{e} = \frac{h}{e}\nu - \frac{h}{e}\nu_0 \tag{4.10-3}$$

式中,ν_0 称为截止频率,e 为电子的电量.

显然,U_S 与 ν 呈线性关系,其斜率为 $\frac{h}{e}$. 若测出不同频率的光入射时的截止电压 U_S,用最小二乘法作出曲线,该直线的斜率为 K,则斜率 $K = \frac{h}{e}$,可由 $h = eK$ 求出普朗克常量 h;直线与横坐标轴的交点即为截止频率.

二、光电效应的基本实验结论

1. 对应某一频率,光电效应的光电流 I 与所加电压 U_{AK} 之间的关系如图 4.10-2 所示.当 $U_{AK} \leqslant U_S$ 时,电流为零,U_S 即为截止电压.

2. 当 $U_{AK} \geqslant U_S$ 时,光电流 I 迅速增加,然后趋于饱和,饱和光电流 I_M 的大小与入射光的强度 P 成正比,如图 4.10-3 所示.

3. 对于不同频率的光,其截止电压 U_S 的值不同,如图 4.10-4 所示.

4. 作截止电压 U_S 与频率 ν 的关系图,如图 4.10-5 所示. U_S 与 ν 呈线性关系.当入射光频率低于某极限值 ν_0(ν_0 随不同金属而不同)时,不论光的强度如何,照射时间多长,都没有光电流产生.

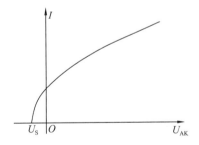

图 4.10-2　光电管的伏安特性曲线

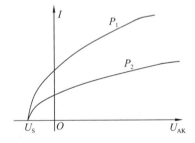

图 4.10-3　同频率 ν、不同光强度 P 时光电管的伏安特性曲线

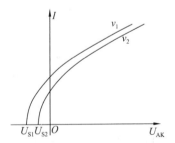

图 4.10-4　不同频率 ν 时光电管的伏安特性曲线

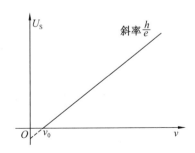

图 4.10-5　遏止电压 U_S 与入射频率 ν 的关系图

5. 光电效应是瞬时效应,光电子的逸出时间至多为纳秒量级.

三、测量截止电压过程中存在的问题

我们的实验就是利用上述 U_s 与 ν 是线性关系求普朗克常量 h 的.但在测试中不可避免地存在反向电流、暗电流、本底电流等,这是由于:

1. 反向电流的产生.制作光电管时,阳极 A 上往往溅有阴极材料,因此在光照射时,阳极 A 也会发射光电子,形成反向电流.

2. 暗电流的产生.自由电子热运动使光电管在没有受到光照时也会产生光电流,主要由于阳极热电子发射、漏电等原因造成,我们称其为暗电流.

3. 本底电流是由于各种漫反射入射到光电管上导致的.

由于它们的存在,尤其是反向电流的影响,在测定 U_s 时应特别小心.

【实验仪器】

光电效应(普朗克常量)实验仪.仪器由汞灯及电源、滤色片、光阑、光电管构成,仪器结构及控制面板如图 4.10-6、图 4.10-7 所示,实验仪有手动和自动两种工作模式.

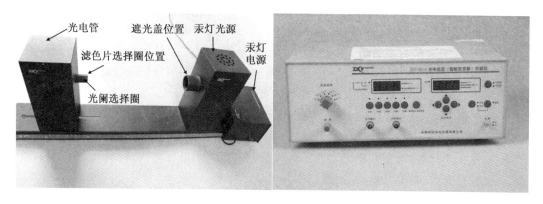

图 4.10-6　光电效应(普朗克常量)实验仪

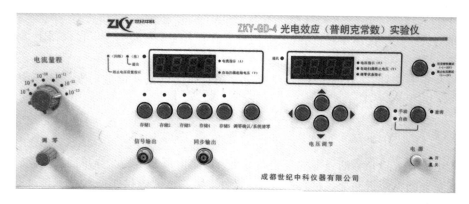

图 4.10-7　光电效应实验仪面板

【实验内容及步骤】

一、测试前的准备

1. 将汞灯及光电管暗箱遮光盖盖上,接通实验仪及汞灯电源,预热 20 min.

2. 调整光电管与汞灯距离约为 35 cm 并保持不变.

3. 检查光电管暗箱电压输入端与实验仪电压输出端(后面板上)连接线是否接好(红-红,蓝-蓝).

4. 将"电流量程"选择开关置于所选挡位,进行测试前调零.调零时应将光电管暗箱电流输出端 K 与实验仪微电流输入端(后面板上)断开,旋转"调零"旋钮,使电流指示为 000.0.

5. 用高频匹配电缆将光电管暗箱电流输出端 K 与实验仪微电流输入端(后面板上)连接起来,按"调零确认/系统清零"键,系统进入测试状态.

二、测定普朗克常量 h(用手动工作模式)

1. 使"伏安特性测试/截止电压测试"状态键为"截止电压测试"状态,"手动/自动"模式键处于"手动"模式(开机后默认状态为"截止电压测试""手动"模式状态,即其对应指示灯亮),确认电流量程选择开关处于"10^{-13} A"挡.

2. 将直径为 4 mm 的光阑及 365 nm 的滤色片装在光电管暗箱光输入口上,打开汞灯遮光盖,此时电压表显示 U_{AK} 的值,单位为 V;电流表显示与 U_{AK} 对应的光电流值 I,单位为 10^{-13} A.用电压调节键(↑、↓、←、→按键)可调节 U_{AK} 的值,其中←、→按键用于调节数位,↑、↓按键用于调节该位上值的大小.将测得的数据填入表 4.10-1.

3. 依次换上 404.7 nm、435.8 nm、546.1 nm、577.0 nm 的滤色片,重复以上测量步骤,依次测得截止电压 U_s.

4. 重复 2、3 两次,每个频率的光取三次数据,完成表 4.10-1.

5. 实验完成后,断电并整理、归置仪器与导线.

6. 完成不同波长对应的平均截止电压计算,如表 4.10-2 所示.

【注意事项】

1. 光电效应实验仪调零时,仪器上不能放置任何物品,手也不能压在仪器上,以免造成接触电压,对调零造成影响.

2. 测截止电压时,调节电压旋钮,使得与电压对应的电流从负值到零,不可使电流在正负值上振荡,这样很难使电流到零.

【思考题】

1. 光电流是否随光源的强度的变化而变化?截止电压是否因光强不同而变化?

2. 测量普朗克常量和金属材料的截止频率时,接好电流连接线调零与不接电流连接线调零有什么区别?

3. 测量普朗克常量实验中有哪些误差来源?如何减少这些误差?

【数据记录】

表 4.10-1 不同入射频率 ν 及其对应的截止电压 U_S

入射波长/nm	365.0	404.7	435.8	546.1	577.0
频率 $\nu/(\times 10^{14}$ Hz)	8.214	7.408	6.879	5.490	5.196
U_{S1}/V					
U_{S2}/V					
U_{S3}/V					
平均截止电压 U_S/V					

教师签字：_____

实验日期：_____

【数据处理】

分别计算不同频率的光照射光电管时的截止电压．

表 4.10-2 不同波长对应的平均截止电压计算

λ/nm	365.0	404.7	435.8	546.1	577.0
$\overline{U_S} = \dfrac{\sum_{i=1}^{3} U_{Si}}{3}$ /V					

根据测得的截止电压 U_S，在图 4.10-8 中完成 U_S-ν 曲线，得到斜率

$$K=$$

故普朗克常量 $\qquad h = K \cdot e =$

其百分误差 $\qquad E = \dfrac{|h - h_\text{理}|}{h_\text{理}} \% =$

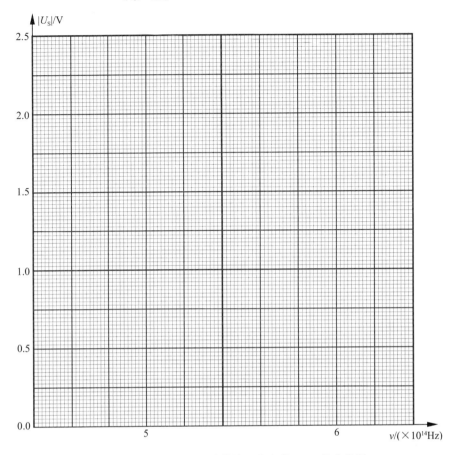

图 4.10-8　根据测量和计算结果作出的 U_S-ν 的曲线图

注：曲线斜率 K 亦可通过 origin 软件获得，根据五组数据在 origin 中作图，利用软件"Analysis"栏中"Fitting"下的"Linear Fit"拟合，即可得到图示直线及其斜率、截距.

图 4.10-9 为一应用实例，从图中可以看出，皮尔逊相关系数 $r=0.99797$，直线拟合的截距为 -1.5310，斜率为 0.37259，有效数字位数应按规则求取.

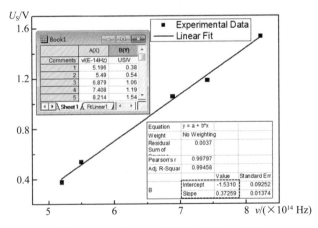

图 4.10-9　用 origin 软件拟合 U_S-ν 实例

第 5 章　设计性实验

实验 5.1　用落球法测液体的黏度系数

在稳定流动的流体中,各层流体的速度不同,流体之间就会产生切向力,快的一层给慢的一层以拉力,慢的一层给快的一层以阻力,这一对力称为流体的内摩擦力或黏滞力.液体都具有黏滞性,这种黏滞性可以用黏度系数 η 定量描述.对液体黏滞性的研究在流体力学、化学化工、医疗、水利、材料学等领域都有广泛的应用.比如医学上常把血黏度的大小作为人体血液健康的重要标志之一.又如,石油在封闭管道中长距离输送时,其输运特性与黏滞性密切相关,因而在设计管道前,必须测量被输石油的黏度.黏度可用落球法、毛细管法、转筒法等测得,其中落球法适用于测量黏度较高的液体.

【实验目的】

1. 观察液体的黏滞现象.
2. 测定小球在蓖麻油中的下落速度并计算蓖麻油的黏度系数.

【实验原理】

如图 5.1-1 所示,当金属小球在静止黏性液体中下落时,处在液体中的小球受到铅直方向的三个力的作用:小球的重力 mg(m 为小球的质量)、液体作用于小球的浮力 $\rho g V$(V 为小球的体积,ρ 为液体的密度)和黏滞阻力 F(其方向与小球运动方向相反).如果液体无限深广,在小球下落速度 v 较小的情况下,有

$$F = 6\pi \eta v r \tag{5.1-1}$$

上式称为斯托克斯公式.其中,r 为小球的半径;η 称为液体的黏度系数,其单位是 Pa·s.

图 5.1-1　小球下落示意图及受力分析图

小球在起初下落时,由于速度较小,受到的阻力也比较小,随着下落速度的增大,阻力也随之增大.最后,三个力达到平衡,即

$$mg = \rho g V + 6\pi \eta v_0 r \tag{5.1-2}$$

此时,小球将以 v_0 做匀速直线运动,由式(5.1-2)可得

$$\eta = \frac{(m - V\rho)g}{6\pi v_0 r} \tag{5.1-3}$$

令小球的直径为 d,将 $m = \frac{\pi}{6} d^3 \rho'$,$v_0 = \frac{l}{t}$,$r = \frac{d}{2}$ 代入式(5.1-3),得

$$\eta = \frac{(\rho' - \rho)gd^2 t}{18l} \qquad (5.1\text{-}4)$$

式中,ρ' 为小球材料的密度,l 为小球匀速下落的距离,t 为小球下落 l 距离所用的时间.

实验过程中,待测液体放置在容器中,故无法满足无限深广的条件.大量的实验表明,考虑管壁对小球运动的影响等因素,上式应进行如下修正,方能符合实际情况:

$$\eta = \frac{(\rho' - \rho)gd^2 t}{18l} \cdot \frac{1}{(1 + 2.4\frac{d}{D})(1 + 1.6\frac{d}{H})} \qquad (5.1\text{-}5)$$

式中,D 为容器的内径,H 为液柱的高度.

图 5.1-2 为实验所用 VM-1 型黏度系数测定仪,使用激光光电计时器测定小球在待测液体中匀速下落 AB 距离所用的时间.在玻璃量筒外 A 和 B 处放置半导体激光发射器,它们发射的激光束沿着量筒的直径方向透过液体,到达 A' 和 B' 处的激光接收器.调整接收装置,使接收器接收到激光束时,其上的发光二极管熄灭,否则处于发光状态.小球下落经过 AA' 时,将阻断激光束,这时计时器开始计时;小球下落经过 BB' 时又将阻断激光束,这时计时器计时停止,计时器显示的时间即为小球下落 AB 路程的时间.

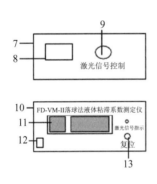
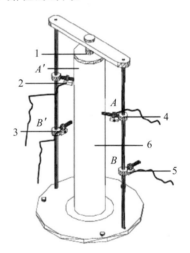

1—导管;2—激光接收器 A;3—激光接收器 B;4—激光发射器 A;5—激光发射器 B;6—量筒;7—主机后面板;8—电源插座;9—激光信号控制;10—主机前面板;11—计时器;12—电源开关;13—计时器复位端.

图 5.1.2 液体黏度系数测定仪结构图

【实验仪器】

液体黏度系数测定仪(盛待测蓖麻油)(图 5.1-3)、小钢球、游标卡尺、螺旋测微器、钢卷尺、镊子、密度计、水银温度计、小钢球.

【实验内容及步骤】

1. 测试架的调整.

(1) 将线锤装在支撑横梁中间部位,调整液

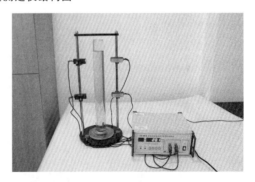

图 5.1-3 液体黏度系数测定仪实物图

体黏滞系数测定仪测试架上的三个水平调节螺钉,使线锤对准底盘中心圆点.

(2) 将光电门按仪器使用说明书上的方法连接.接通测试仪电源,此时可以看到两光电门的发射端发出红光线束.调节上下两个光电门的发射端,使两激光束刚好照在线锤的线上.

(3) 收回线锤,将装有测试液体的量筒放置于底盘上,并移动量筒使其处于底盘中央位置;将落球导管安放于横梁中心,两光电门接收端调整至正对发射光(可参照上述测试仪使用说明书校准两光电门).待液体静止后,用镊子镊住小钢球(未标号的)从导管中放入,观察能否挡住两光电门光束(挡住两光束时会有时间值显示).若没有阻断激光束,则调节发射器的水平位置和垂直位置,使小钢球能阻断激光束.再调节接收器的水平位置和垂直位置,使激光发射器的激光束透过量筒内的液体后到达激光接收器.

2. 用温度计测量待测液体的温度 T_1,当全部小钢球投下后再测一次液体温度 T_2,求其平均温度 $\bar{T}$.

3. 用螺旋测微器测量 6 个小钢球的直径 d_i 各 5 次(从不同方向测量),求其平均值 $\bar{d_i}$,并对 6 个小钢球编号待用.将实验数据记入表 5.1-2 中,并求平均值.

4. 用游标卡尺从不同位置测量量筒内径 D 5 次,用钢卷尺测量液柱高度 H 5 次,填入表 5.1-3 中,并求平均值.

5. 用钢卷尺测量光电门的距离 l 5 次,求其平均值,用密度计测出被测液体的密度 ρ_0.

6. 调节计时器的预置次数,设置预置次数为一次.一旦计时仪开始计时,预置次数改变无效,须按"RESET"键复位后才能改变预置次数.

7. 用镊子夹起 1 号小钢球,为了使其表面完全被所测的油浸润,先将小钢球在油中浸一下,然后放在玻璃圆筒中央,当小钢球经过标号线 A 时,小球挡光,使半导体激光器自动开始记录时间,当小钢球经过标号线 B 时,小钢球再次挡光,记录时间结束,得测量结果 t_1,重复以上步骤,按"RESET"键,连续测量 2~6 号小钢球的下落时间 $t_2 \sim t_6$,填入表 5.1-4 中,并求平均值.

8. 将相关量代入式(5.1-5),计算液体的黏度系数 η,求其平均值,并与该温度 $\bar{T}$ 下的黏度系数相比较.不同温度下的蓖麻油的黏度系数可参照表 5.1-1.

表 5.1-1 蓖麻油黏度系数与温度的关系

$T/$°C	$\eta/$(Pa·s)	$T/$°C	$\eta/$(Pa·s)	$T/$°C	$\eta/$(Pa·s)	$T/$°C	$\eta/$(Pa·s)	$T/$°C	$\eta/$(Pa·s)
4.5	4.00	13.0	1.87	18.0	1.17	23.0	0.75	30.0	0.45
6.0	3.46	13.5	1.79	18.5	1.13	23.5	0.71	31.0	0.42
7.5	3.03	14.0	1.71	19.0	1.08	24.0	0.69	32.0	0.40
9.5	2.53	14.5	1.63	19.5	1.04	24.5	0.64	33.5	0.35
10.0	2.41	15.0	1.56	20.0	0.99	25.0	0.60	35.5	0.30
10.5	2.32	15.5	1.49	20.5	0.94	25.5	0.58	39.0	0.25
11.0	2.23	16.0	1.40	21.0	0.90	26.0	0.57	42.0	0.20
11.5	2.14	16.5	1.34	21.5	0.86	27.0	0.53	45.0	0.15
12.0	2.05	17.0	1.27	22.0	0.83	28.0	0.49	48.0	0.10
12.5	1.97	17.5	1.23	22.5	0.79	29.0	0.47	50.0	0.06

【注意事项】

1. 测量时,用毛巾将小钢球擦拭干净,等被测液体稳定后再投放小钢球.

2. 全部实验完毕后,将量筒轻轻移出底盘中心位置后用磁铁将小钢球吸出,将小钢球擦拭干净,以备下次实验用.

3. 油的黏度随温度变化显著,实验时不要用手摸量筒,每次实验后要立即记录油温.

4. 6 次实验中油温相差不大于 1 ℃时,可求黏度系数的平均值 $\bar{\eta}$.

【思考题】

1. 实验中产生误差的主要原因有哪些?尝试说明.

2. 小钢球的直径大些可以吗?

3. 怎样合理地选择量筒上 A、B 刻线的位置?A 可以在液面位置吗?为什么?

4. 将小钢球放入量筒中需注意什么问题?

【知识拓展】

血液黏度

血液黏度是血液的主要力学特征,是影响血流阻力的重要因素,由于不同病理状态下,血液黏度变化有其规律性,所以它可为疾病的诊断、治疗提供有用的依据.

血液黏度与人的年龄、性别有密切的关系,此外与所用的仪器和操作方法有一定的关系.因此,血液黏度的正常值具有相对性.全血表现黏度的正常参考值为(旋转法测定,温度为 37 ℃,单位为 mPa·s)

切变率在 $230\ \mathrm{s}^{-1}$ 时,男性为 4.53 ± 0.46,女性为 4.22 ± 0.41;

切变率在 $11.5\ \mathrm{s}^{-1}$ 时,男性为 9.31 ± 1.48,女性为 8.37 ± 1.22.

生理状态的改变使血液黏度在一定范围内波动,夏天血浆体积增加,所以夏季血液黏度比冬季低.一天之中早晨血液黏度增加,上午 8 时达高峰,下午开始下降,凌晨 3 时降到最低点.此外,体育运动及饮食对血液黏度也有影响.

血液黏度异常是一种病态,血液黏度的病理改变多表现为高黏滞状态,在少数病理改变中也可出现血液黏度下降.血细胞异常会使血液黏度发生病理改变,如原发性红细胞增多症、白血病、骨髓瘤等,实际上很多疾病的发生、发展都与血液黏度的病理性改变有关,如心脑血管瘤、糖尿病、肿瘤等,因此对血液黏度的研究为解释病因、治疗疾病打开了新思路,现在已经发现有些药物能降低血液黏度,改善微循环,在临床治疗中已收到良好的效果.

【数据记录】

1. 小钢球直径的测量.

表 5.1-2　小钢球直径的测量

小钢球编号	d_i					$\bar{d_i}$
	1	2	3	4	5	
1						
2						
3						
4						
5						
6						

2. 初始温度 $T_1=$ _____，结束温度 $T_2=$ _____，$\bar{T}=$ _____.
   小钢球的密度 $\rho'=7.9\times10^3$ kg/m³，蓖麻油的密度 $\rho_0=$ _____（查表 5.1-1）.

3. 匀速下落路程 l、液柱高度 H、圆筒内径 D 的测量.

表 5.1-3　匀速下落路程 l、液柱高度 H、圆筒内径 D 的测量

次数	1	2	3	4	5	平均值
H						
l						
D						

4. 下落时间的测量.

表 5.1-4　下落时间的测量

小钢球	t_i	η_i	$\bar{\eta}$
1			
2			
3			
4			
5			
6			

教师签字：_____

实验日期：_____

【数据处理】

1. H、l、D 的不确定度.

(1) $\Delta_{米尺} = 0.05$ cm,$\bar{H} =$

$$S_{\bar{H}} = \sqrt{\frac{\sum_{i=1}^{n}(H_i - \bar{H})^2}{n(n-1)}} = \qquad ,\sigma_{H,仪} = \frac{\Delta_{米尺}}{\sqrt{3}} =$$

$$u_H = \sqrt{S_{\bar{H}}^2 + \sigma_{H,仪}^2} =$$

(2) $\Delta_{米尺} = 0.005$ mm,$\bar{l} =$

$$S_{\bar{l}} = \sqrt{\frac{\sum_{i=1}^{n}(l_i - \bar{l})^2}{n(n-1)}} = \qquad ,\sigma_{l,仪} = \frac{\Delta_{米尺}}{\sqrt{3}} =$$

$$u_l = \sqrt{S_{\bar{l}}^2 + \sigma_{l,仪}^2} =$$

(3) $\Delta_{游标卡尺} = 0.002$ mm,$\bar{D} =$

$$S_{\bar{D}} = \sqrt{\frac{\sum_{i=1}^{n}(D_i - \bar{D})^2}{n(n-1)}} = \qquad ,\sigma_{D,仪} = \frac{\Delta_{游标卡尺}}{\sqrt{3}} =$$

$$u_D = \sqrt{S_{\bar{D}}^2 + \sigma_{D,仪}^2} =$$

2. 第 i 号小钢球直径 d 的不确定度.

$\Delta_{千分尺} = 0.005$ mm,$\bar{d_i} =$

$$S_{\bar{d_i}} = \sqrt{\frac{\sum_{i=1}^{n}(d_i - \bar{d})^2}{n(n-1)}} = \qquad ,\sigma_{d_i,仪} = \frac{\Delta_{千分尺}}{\sqrt{3}} =$$

$$u_{d_i} = \sqrt{S_{\bar{d_i}}^2 + \sigma_{d_i,仪}^2} =$$

3. 黏度系数的求解.

$$\eta_i = \frac{(\rho' - \rho)g{d_i}^2 t}{18l} \cdot \frac{1}{\left(1 + 2.4\dfrac{d_i}{D}\right)\left(1 + 1.6\dfrac{d_i}{H}\right)} =$$

$$E_{\eta_i} = \frac{u_{\eta_i}}{\eta_i} = \sqrt{\left(\frac{u_{d_i}}{\bar{d_i}}\right)^2 + \left(\frac{u_l}{\bar{l}}\right)^2 + \left(\frac{u_H}{\bar{H}}\right)^2 + \left(\frac{u_D}{\bar{D}}\right)^2} =$$

$u_{\eta_i} = E_{\eta_i} \eta_i = \qquad$ (保留一位有效数字)

实验 5.2 空气比热容比的测定

许多情况下,系统与外界之间的热传递会引起系统本身温度的变化,这一温度的变化与热传递的关系通常用热容来表示.气体在不同的状态过程中,温度变化相同,所吸收(放出)的热量是不同的.在实际理论研究和工程技术应用过程中,可以利用空气比热容比做一些验证理想气体绝热方程、测量热机效率、测量声波在常温气体中的传播特性、测定物质的密度等有意义的工作.

【实验目的】

1. 了解绝热、等容的热力学过程及有关状态方程.
2. 测定空气的比热容比.
3. 观察热力学过程中状态变化及基本物理规律.

预习视频

【实验原理】

在等压过程中,1 mol 气体温度升高(降低)1 K 时,所吸收(放出)的热量称为定压摩尔热容,用 C_p 或 $C_{p,m}$ 表示;在等容过程中,1 mol 气体温度升高(降低)1 K 时,所吸收(放出)的热量称为定容摩尔热容,用 C_V 或 $C_{V,m}$ 表示.C_p 及 C_V 一般为温度的函数,当实际过程所涉及的温度范围不大时,两者均近似为常数,且 $C_p > C_V$.

理想气体的定压比热容 C_p 和定容比热容 C_V 之比称为气体的比热容比,用符号 γ 表示 $\left(即 \gamma = \dfrac{C_p}{C_V}\right)$,又称气体的绝热系数.它经常出现在热力学方程中,是一个重要的物理量,可通过实验的方法测定.

以贮气瓶内空气的热力学系统作为研究对象,如图 5.2-1 所示,实验过程状态变化如下:

1. 实验时先关闭放气阀,打开充气阀,用气囊迅速而有节奏地将原处于环境大气压 p_0、室温 T_0 的空气打入瓶内,这时瓶内空气压强增大,温度升高,关闭充气阀,待稳定后瓶内空气达到状态 I (p_1, V_1, T_0).

2. 迅速打开放气阀,瓶内空气与外界大气相通,瓶内气体快速排出瓶外,并伴有"扑哧"声,待声音一停,立刻关闭放气阀.由于放气过程很短,可认为是一个绝热膨胀过程,瓶内气体压强减小,温度降低,在此放气过程中,瓶中保留气体由状态 I (p_1, V_1, T_0) 变为状态 II (p_0, V_2, T_1).

3. 关闭放气阀后,贮气瓶内空气通过容器壁和外界进行热交换,温度慢慢回升至室温 T_0,达到状态 III (p_2, V_2, T_0).

如图 5.2-2 所示,状态 I 到状态 II 是一个绝热膨胀过程,满足理想气体绝热方程:

$$p_1^{1-\gamma} T_0^{\gamma} = p_0^{1-\gamma} T_1^{\gamma} \tag{5.2-1}$$

状态 II 到状态 III 是一个等容吸热过程,满足理想气体状态方程:

$$\frac{p_2}{p_0} = \frac{T_0}{T_1} \tag{5.2-2}$$

将式(5.2-2)代入式(5.2-1),得

$$\gamma = \frac{\ln\dfrac{p_1}{p_0}}{\ln\dfrac{p_1}{p_2}} \tag{5.2-3}$$

通过测得 p_0、p_1 和 p_2 值,由式(5.2-3)即可求得空气的比热容比 γ.

从状态Ⅰ变化到状态Ⅲ是等温膨胀过程,也可以根据状态Ⅰ、Ⅱ、Ⅲ的关系,采用 p、V 的关系推导出上述关系式.

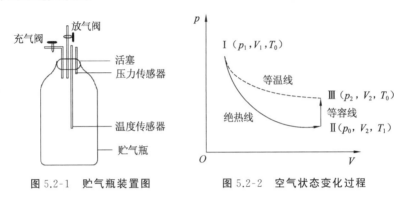

图 5.2-1 贮气瓶装置图　　　图 5.2-2 空气状态变化过程

【实验仪器】

FD-NCD-Ⅱ型空气比热容比测定仪(图 5.2-3、图 5.2-4)、水银温度计、福丁气压表.

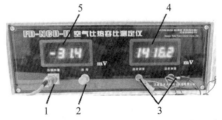

1—压力传感器接线端口;2—调零电位器旋钮;
3—温度传感器接线插孔;4—四位半数字电压表面板
(对应温度);5—三位半数字电压表面板(对应压强).

图 5.2-3 实验装置图　　　图 5.2-4 测定仪电源面板示意图

【实验内容及步骤】

1. 按图 5.2-3 所示接好电路,AD590 的测量方式为"内接",注意其正负极性.

2. 用水银温度计测定室温 T_0,用福丁气压表测量当天室温下的大气压 p_0 值.

3. 开启仪器,将电子仪器部分预热 20 min.打开放气阀,使容器与外界相通,用调零电位器调节零点,使左端电压表读数为 0 mV,此时 0 mV 相当于大气压强 p_0.读右边电压表的读数,记为 U_{T_0}(T_0 为室温)(用 mV 表示).

4. 关闭放气阀,打开充气阀,有节奏地按压气囊,使空气稳定地徐徐进入贮气瓶内,当左边电压表读数在 130~150 mV 时,即可停止打气,关闭充气阀.

5. 待右边电压表读数为 $U_{T_1} \approx U_{T_0}$ 时,读左边电压表的读数 U_{p_1}(mV),并填入表 5.2-1.

6. 迅速打开放气阀,当贮气瓶的空气压强降到环境大气压 p_0 时(即放气声一结束),马上关闭放气阀(这一步很关键).

7. 关闭放气阀后,瓶内气体将做等容变化,待气体温度上升至右边电压表的读数 $U_{T_2} \approx U_{T_0}$ 时,读左边电压表的读数 U_{p_2}(mV).

8. 用 $p_1 = p_0 + \dfrac{U_{p_1}}{2\,000} \times 10^5$ Pa,$p_2 = p_0 + \dfrac{U_{p_2}}{2\,000} \times 10^5$ Pa 计算 p_1、p_2 值.代入式(5.2-3)即可求出 γ 值.

9. 重复步骤 4、5、6、7、8 五次,由五次测量的 γ 值计算平均值及相对误差.

【注意事项】

1. 连接温度传感器时,要注意极性与颜色一一对应,其工作电路分内接和外接两种方式,由仪器后面板开关切换选择,本实验采用内接方式.

2. 实验过程中打开放气活塞放气,当听到放气声结束时,应迅速关闭活塞,提早或推迟关闭放气活塞,都将影响实验结果.

3. 容器与阀门均为玻璃制品,旋转阀门时动作不可过猛,以防折断.实验完毕将放气阀打开,使容器与大气相通.

4. 实验时要求环境温度基本保持不变.

【思考题】

1. 定性分析本实验中产生误差的主要原因是什么?应采用怎样的措施减少实验误差?
2. 为什么瓶内温度恢复不到先前记录的"室温"?

【知识拓展】

振动法测空气的比热容比

气体的比热容比(又称绝热指数、泊松比)是定压摩尔热容 $C_{p,m}$ 与定容摩尔热容 $C_{V,m}$ 之比,它在热力学过程中特别在绝热过程中是一个很重要的参数.γ 值的测量对研究气体的内能、气体分子的运动和分子内部的运动规律都是非常重要的.到目前为止,常用的测量方法有振动法、绝热膨胀法、声速法、传感器法、EDA 法等,其中振动法原理简明,装置简单,易操作,有其他方法无法比拟的优点.

实验基本装置(FB212 型气体比热容比测定仪)如图 5.2-5、图 5.2-6 所示,原理叙述如下:

在磨口储气瓶的壁上有一注气口 C,并插入一根细管,通过它可以将各种气体注入瓶中.由于小钢球 A 的直径比玻璃管 B 的直径仅小 0.01~0.02 mm,只要适当控制注入气体的流量,小钢球 A 便能在精密玻璃管 B 中以小孔为中心上下做简谐运动,振动周期可利用 FB212 型数字毫秒计和光电门来测量.

小钢球 A 的质量为 m、半径为 r(直径为 d),当容器内气体的压强 p 满足以下条件时小

钢球 A 处于力平衡状态,这时有

$$p = p_L + \frac{mg}{\pi r^2} \tag{5.2-4}$$

式中,p_L 为大气压强.

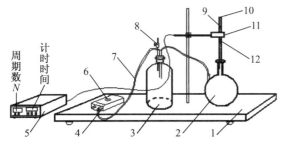

1—底座；2—磨口球形储气瓶；3—缓冲瓶；4—气泵出气口；
5—数字毫秒计；6—微型气泵及气量调节旋钮；7—橡皮管；
8—调节阀；9—小孔(系统气压动平衡调节气孔)；
10—钢球简谐振腔；11—光电门；12—小钢球.

图 5.2-5 FB212 型气体比热容比测定实验装置

图 5.2-6 磨口球形储气瓶示意图

若小钢球 A 偏离平衡位置一个比较小的距离 x,则容器内的压强变化为 Δp,物体的运动方程为

$$m \frac{d^2 x}{dt^2} = \pi r^2 \Delta p \tag{5.2-5}$$

因为小钢球 A 的振动过程相当快,所以一般把容器内气体状态的变化看作是一个绝热过程,则绝热方程为

$$pV^\gamma = C \text{（常数）} \tag{5.2-6}$$

将式(5.2-6)两边求导,并积分,可得

$$\Delta p = -\frac{\pi r^2 p \gamma}{V} \Delta x$$

式中,x 为任意位置与平衡位置的距离.记平衡位置为坐标原点,则

$$\Delta p = -\frac{\pi r^2 p \gamma}{V} x \tag{5.2-7}$$

将式(5.2-7)代入式(5.2-5),得

$$\frac{d^2 x}{dt^2} + \frac{\pi^2 r^4 p \gamma}{mV} x = 0 \tag{5.2-8}$$

此式即为熟知的简谐运动的微分方程,它的解为

$$\omega = \sqrt{\frac{\pi^2 r^4 p \gamma}{mV}} = \frac{2\pi}{T} \tag{5.2-9}$$

$$\gamma = \frac{4mV}{T^2 p r^4} = \frac{64mV}{T^2 p d^4} \tag{5.2-10}$$

式(5.2-10)就是我们实验的原理公式.磨口储气瓶的容积 V 一般由实验室直接给出,在此只要测算出小钢球 A 的直径 d、振动周期 T、质量 m,并由福丁气压表测出大气压强 p_L,由式(5.2-4)求出气体的压强 p,最后就可以计算出气体的比热容比 γ 值.

【数据记录】

表 5.2-1　测定空气的比热容比

$T_0 = $ _____ ℃, $p_0 = $ _____ Pa

测量次数	测量值/mV		计算值			
	状态Ⅰ	状态Ⅲ	p/Pa		γ	$\bar{\gamma}$
	U_{p_1}	U_{p_2}	p_1	p_2		
1						
2						
3						
4						
5						

教师签字：_____

实验日期：_____

【数据处理】

1. 第 1 次测量．

$$p_1 = p_0 + \frac{U_{p_1}}{2\,000} \times 10^5 \text{ Pa} = \qquad , p_2 = p_0 + \frac{U_{p_2}}{2\,000} \times 10^5 \text{ Pa} =$$

$$\gamma_1 = \frac{\ln \dfrac{p_1}{p_0}}{\ln \dfrac{p_1}{p_2}} =$$

2. 第 2 次测量．

$$p_1 = p_0 + \frac{U_{p_1}}{2\,000} \times 10^5 \text{ Pa} = \qquad , p_2 = p_0 + \frac{U_{p_2}}{2\,000} \times 10^5 \text{ Pa} =$$

$$\gamma_2 = \frac{\ln \dfrac{p_1}{p_0}}{\ln \dfrac{p_1}{p_2}} =$$

3. 第 3 次测量．

$$p_1 = p_0 + \frac{U_{p_1}}{2\,000} \times 10^5 \text{ Pa} = \qquad , p_2 = p_0 + \frac{U_{p_2}}{2\,000} \times 10^5 \text{ Pa} =$$

$$\gamma_3 = \frac{\ln \dfrac{p_1}{p_0}}{\ln \dfrac{p_1}{p_2}} =$$

4. 第 4 次测量．

$$p_1 = p_0 + \frac{U_{p_1}}{2\,000} \times 10^5 \text{ Pa} = \qquad , p_2 = p_0 + \frac{U_{p_2}}{2\,000} \times 10^5 \text{ Pa} =$$

$$\gamma_4 = \frac{\ln \dfrac{p_1}{p_0}}{\ln \dfrac{p_1}{p_2}} =$$

5. 第 5 次测量．

$$p_1 = p_0 + \frac{U_{p_1}}{2\,000} \times 10^5 \text{ Pa} = \qquad , p_2 = p_0 + \frac{U_{p_2}}{2\,000} \times 10^5 \text{ Pa} =$$

$$\gamma_5 = \frac{\ln \dfrac{p_1}{p_0}}{\ln \dfrac{p_1}{p_2}} =$$

因此可得 $\bar{\gamma} = \dfrac{\gamma_1 + \gamma_2 + \gamma_3 + \gamma_4 + \gamma_5}{5} =$

已知 $\gamma_{理} = 1.401\,6$，则相对误差为 $E = \dfrac{|\bar{\gamma} - \gamma_{理}|}{\gamma_{理}} \times 100\% =$

实验 5.3　音叉的受迫振动与共振实验

受迫振动与共振现象在工程和科学研究中都得到了广泛的应用.例如,在建筑、机械等工程中,为保证工程的质量,必须避免共振现象;而在石油化工企业中,常利用共振现象制成音叉式液体传感器,在线检测液体密度和液位高度.因此,受迫振动和共振现象受到物理学和工程技术等领域的广泛重视.

【实验目的】

1. 研究音叉振动在周期性外力作用下振幅与驱动力频率的关系,测量并绘制振动系统的共振曲线,求出共振频率.

2. 研究音叉共振频率与对称双臂质量间的关系,测量并绘制曲线,求出音叉共振频率与附在音叉双臂一定位置上相同物块质量的关系公式.

3. 利用测量共振频率的方法,测量一对附在音叉上的未知物块的质量.

预习视频

【实验原理】

本实验借助于音叉,来研究受迫振动及共振现象.用带铁芯的电磁线圈产生不同频率的电磁力作为驱动力,同样用电磁线圈来检测音叉振幅,测量受迫振动系统振动与驱动力频率的关系,研究受迫振动与共振现象及其规律,具有不直接接触音叉、测量灵敏度高等特点.

一、简谐运动与阻尼振动

物体的振动速度不大时,它所受的阻力大小通常与速率成正比.若以 F 表示阻力大小,可将阻力写成下列代数式:

$$F = -\gamma \mu = -\gamma \frac{\mathrm{d}x}{\mathrm{d}t} \tag{5.3-1}$$

式中,γ 是与阻力相关的比例系数,其值与运动物体的形状、大小和周围介质等的性质有关.

物体的上述振动在有阻尼的情况下,振子的动力学方程为

$$m \frac{\mathrm{d}^2 x}{\mathrm{d}t^2} = -\gamma \frac{\mathrm{d}x}{\mathrm{d}t} - kx \tag{5.3-2}$$

式中,m 为振子的等效质量,k 为与振子属性有关的劲度系数.

令 $\omega_0^2 = \dfrac{k}{m}$,$2\delta = \dfrac{\gamma}{m}$,代入式(5.3-2),可得

$$\frac{\mathrm{d}^2 x}{\mathrm{d}t^2} + 2\delta \frac{\mathrm{d}x}{\mathrm{d}t} + \omega_0^2 x = 0 \tag{5.3-3}$$

式中,ω_0 是对应于无阻尼时的系统振动的固有角频率,δ 为阻尼系数.

当阻尼较小时,式(5.3-3)的解为

$$x = A_0 e^{-\delta t} \cos(\omega t + \varphi_0) \tag{5.3-4}$$

式中,$\omega = \sqrt{\omega_0^2 - \delta^2}$.

由式(5.3-4)可知,如果 $\delta=0$,则认为是无阻尼的运动,这时 $x=A_0\cos(\omega t+\varphi_0)$,称为简谐运动.当 $\delta>0$,即在有阻尼的振动情况下,此运动是一种衰减运动.从公式 $\omega=\sqrt{\omega_0^2-\delta^2}$ 可知,相邻两个振幅最大值之间的时间间隔为

$$T=\frac{2\pi}{\omega}=\frac{2\pi}{\sqrt{\omega_0^2-\delta^2}} \tag{5.3-5}$$

与无阻尼的周期 $T=\dfrac{2\pi}{\omega_0}$ 相比,周期变大.

二、受迫振动与共振

实际的振动都是阻尼振动,一切阻尼振动最后都要停下来.要使振动能持续下去,必须对振子施加持续的周期性外力,使其因阻尼而损失的能量得到不断的补充.振子在周期性外力作用下发生的振动叫作受迫振动,而周期性的外力又称驱动力.实际发生的许多振动都属于受迫振动.例如,声波的周期性压力使耳膜产生的受迫振动,电磁波的周期性电磁场力使天线上电荷产生的受迫振动等.

假设驱动力有如下形式:

$$F=F_0\cos\omega t \tag{5.3-6}$$

式中,F_0 为驱动力的幅值,ω 为驱动力的角频率.

振子处在驱动力、阻力和线性回复力三者的作用下,其动力学方程为

$$m\frac{\mathrm{d}^2x}{\mathrm{d}t^2}=-\gamma\frac{\mathrm{d}x}{\mathrm{d}t}-kx+F_0\cos\omega t \tag{5.3-7}$$

仍令 $\omega_0^2=\dfrac{k}{m}$,$2\delta=\dfrac{\gamma}{m}$,得到

$$\frac{\mathrm{d}^2x}{\mathrm{d}t^2}+2\delta\frac{\mathrm{d}x}{\mathrm{d}t}+\omega_0^2 x=\frac{F_0}{m}\cos\omega t \tag{5.3-8}$$

微分方程理论证明,在阻尼较小时,上述方程的解为

$$x=A_0 e^{-\delta t}\cos\left(\sqrt{\omega_0^2-\delta^2}\,t+\varphi_0\right)+A\cos(\omega t+\varphi) \tag{5.3-9}$$

式中,第一项为暂态项,在经过一定时间之后这一项将消失;第二项是稳定项.在振子振动一段时间达到稳定状态后,其振动式即成为

$$x=A\cos(\omega t+\varphi) \tag{5.3-10}$$

应该指出,式(5.3-10)虽然与自由简谐运动式(即在无驱动力和阻尼力下的振动)相同,但实质已有所不同.首先,ω 并非振子的固有角频率,而是驱动力的角频率;其次,A 和 φ 不取决于振子的初始状态,而依赖于振子的性质、阻尼的大小和驱动力的特征.事实上,只要将式(5.3-10)代入方程(5.3-8),就可计算出

$$A=\frac{F_0}{\omega\sqrt{\gamma^2+\left(\omega m-\dfrac{k}{\omega}\right)^2}}=\frac{F_0}{m\sqrt{(\omega_0^2-\omega^2)^2+4\delta^2\omega^2}} \tag{5.3-11}$$

$$\varphi=\arctan\frac{\gamma}{\omega m-\dfrac{k}{\omega}} \tag{5.3-12}$$

式中,$\omega_0^2=\dfrac{k}{m}$,$\gamma=2\delta m$.

对式(5.3-11)求导,并令 $\dfrac{\mathrm{d}A}{\mathrm{d}\omega}=0$,即可求得 A 的极大值对应的 ω 值为

$$\omega=\sqrt{\omega_0^2-2\delta^2}=\omega_\mathrm{r} \qquad (5.3\text{-}13)$$

这时 A 的最大值为

$$A_{\max}=\dfrac{F_0}{2m\delta\sqrt{\omega_0^2-\delta^2}} \qquad (5.3\text{-}14)$$

此时称为共振.

在共振达到稳态时,振动物体的速度为

$$v=\dfrac{\mathrm{d}x}{\mathrm{d}t}=v_{\max}\cos\left(\omega t+\varphi+\dfrac{\pi}{2}\right) \qquad (5.3\text{-}15)$$

其中

$$v_{\max}=\dfrac{F_0}{\sqrt{\gamma^2+\left(\omega m-\dfrac{k}{\omega}\right)^2}} \qquad (5.3\text{-}16)$$

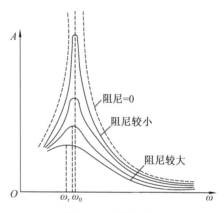

图 5.3-1 共振曲线

由式(5.3-13)可知,在不同的 δ 值时,共振频率 ω 是不同的.另外,δ 值越小,A-ω 关系曲线的极值越大.不同的 δ 值对应的共振曲线如图 5.3-1 所示.

描述这种曲线陡峭程度的物理量称为锐度,其值等于品质因数,即

$$Q=\dfrac{\omega_0}{\omega_2-\omega_1}=\dfrac{f_0}{f_2-f_1} \qquad (5.3\text{-}17)$$

式中,f_0 表示共振频率,f_1、f_2 分别表示半功率点所对应的频率.

三、音叉的振动周期与质量的关系

从式(5.3-5)可知,在阻尼 δ 较小、可忽略的情况下,有

$$T\approx\dfrac{2\pi}{\omega_0}=2\pi\sqrt{\dfrac{m}{k}} \qquad (5.3\text{-}18)$$

这样,可以通过改变质量 m 来改变音叉的共振频率.在一个标准基频为 256 Hz 的音叉两臂上对称地等距开孔,可以知道,这时的 T 变小,共振频率 f 变大;将两个相同质量的物块 m_x 对称地加在两臂上,这时 T 变大,共振频率 f 变小.从式(5.3-18)可知

$$T^2=\dfrac{4\pi^2}{k}(m_0+m_x) \qquad (5.3\text{-}19)$$

式中,k 为振子的劲度系数,它与音叉的力学属性有关;m_0 为不加质量块时的音叉振子的等效质量;m_x 为每个振动臂增加的物块质量.

由式(5.3-19)可见,音叉振动周期的平方与质量成正比.由此,可由测量音叉的振动周期来测量未知质量,还可以制成各种音叉传感器,如液体密度传感器、液位传感器等.通过测量音叉的共振频率,可求得容器内液体密度或液位高度.

【实验仪器】

FD-VR-A 型受迫振动与共振实验仪(包括音频信号发生器、交流数字电压表、音叉、电磁

激振线圈、电磁线圈传感器、阻尼片、加载质量块、支座等)、示波器.实验装置如图 5.3-2 所示.

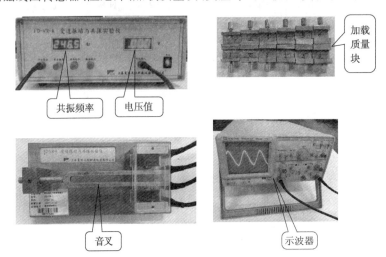

图 5.3-2　FD-VR-A 型受迫振动与共振实验仪

【实验内容及步骤】

1. 连接仪器.将实验架上的驱动器连线接至实验仪的驱动信号的输出端,实验架上的接收器接至实验仪的测量信号的输入端.驱动波形和接收波形的输出可以连接到示波器观测.测量信号输入端与交流电压表相连.然后接通电源,使仪器预热 10 min.

2. 测量无阻尼状态下音叉的共振频率 f 和对应的电压值 U.调节受迫振动与共振实验仪的输出信号频率,由低到高缓慢调节(参考值约为 250 Hz),仔细观察交流电压表的读数,当电压值读数达到最大时,记录音叉共振时的频率 f 和共振时的电压值 U.注意在共振频率附近多测几个频率点,总共须测 24 组数据,记入表 5.3-1 中,并绘制 U-f 曲线(图 5.3-3).

3. 在无阻尼状态下,将不同质量块分别加到音叉双臂指定位置(有标记线),并用螺丝旋紧.测出音叉双臂对称加相同质量物块时相对应的共振频率,记录 m-f 关系数据(表 5.3-2).作周期平方 T^2 与质量 m 的关系图(图 5.3-4),求出直线的斜率 B 和在 m 轴上的截距 m_0.

【注意事项】

1. 驱动线圈和接收线圈距离音叉臂的位置要合适,距离近容易相碰,距离远信号变小.测量共振曲线时,驱动线圈和接收线圈的位置确定后,不能再移动,否则会造成曲线失真.

2. 加不同质量的砝码时,注意每次的位置一定要固定,因为不同的位置会引起共振频率的变化.

3. 实验中所测量的共振曲线是在驱动力恒定条件下进行的,因此,实验中手动测量共振曲线或者用计算机自动测量共振曲线时,都要保持信号发生器的输出幅度不变.

【思考题】

1. 驱动线圈位置不变,接收线圈向音叉节点处移动,共振幅度会发生怎样的变化?

2. 一对质量块加在音叉臂的不同位置会产生什么影响?试分析音叉两臂所加不同质量块时,会对音叉的振动周期产生什么影响?

【数据记录】

表 5.3-1 无阻尼状态下音叉的幅频特性

序号	1	2	3	4	5	6	7	8	9	10	11	12
f/Hz												
U/V												
序号	13	14	15	16	17	18	19	20	21	22	23	24
f/Hz												
U/V												

表 5.3-2 无阻尼状态下不同质量的幅频特性和相应的共振频率

m/g						
f/Hz						
$T^2/(\times 10^{-5}\ \text{s}^2)$						

教师签字：_____

实验日期：_____

【数据处理】

1. 在下面的坐标纸中绘制无阻尼情况下的 U-f 曲线(图 5.3-3).

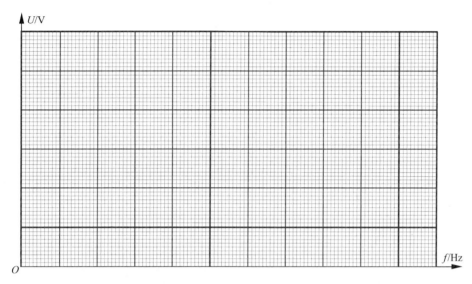

图 5.3-3 U-f 曲线

2. 利用公式 $T^2 = \left(\dfrac{1}{f}\right)^2$ 计算出不同质量下 f 对应的 T^2,并在下面的坐标纸中绘制周期平方 T^2 与质量 m 的关系图(图 5.3-4),运用曲线拟合知识或在电脑上用 origin 软件拟合出曲线方程,并求出斜率 B 和截距 m_0.

拟合出的曲线方程为

斜率 $B=$

截距 $m=$

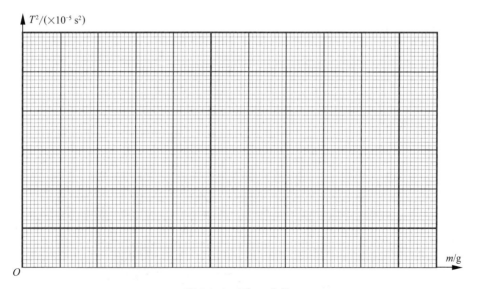

图 5.3-4 T^2-m 曲线

实验 5.4　p-n 结物理特性研究

半导体材料是指导电能力介于导体与绝缘体之间的一类材料,其电阻率约为 1 mΩ/cm～1 GΩ/cm. 通过对半导体材料进行不同掺杂就可以分别形成 p 型半导体和 n 型半导体. 在一块完整的半导体材料上,使两侧分别形成 p 型半导体和 n 型半导体,那么在两种半导体交界面附近就形成了 p-n 结. 半导体材料在电子、能源领域都有着极其重要的作用,而 p-n 结是制造各种元器件的基础,故探究 p-n 结的物理特性意义重大.

【实验目的】

1. 室温下,测量 p-n 结电流与电压的关系,用数据证实该关系符合玻尔兹曼分布律.
2. 测定玻耳兹曼常数 k.

预习视频

【实验原理】

一、p-n 结

半导体材料通常分为元素半导体、无机化合物半导体、有机化合物半导体、非晶态与晶态半导体. 这里我们以硅为例. 硅原子最外电子层有四个电子,它们决定了硅的物理和化学性能. 在晶体硅中,每个硅原子与其相邻的四个硅原子形成共价键. 通过在晶体硅中掺入硼或磷等杂质原子代替原来硅原子的位置,就可以改变硅的导电性. 如在晶体硅中掺入磷,磷原子与其周围的四个硅原子键合后仍剩余一个自由电子(载流子),它在晶体中能够移动并形成电流. 我们把磷掺杂的硅称为 n 型硅,把多数载流子为负电荷的半导体称为 n 型半导体. 磷原子在晶体中起到施放电子的作用,因而称磷这类杂质为施主杂质.

相应地,当给硅晶体掺杂硼时,硼原子与其周围的四个硅原子键合后仍缺少一个电子,我们把这个空缺的位置称为空穴. 空穴是人为假想的带一个单位正电荷的粒子,空穴也能移动并形成电流. 准确来讲,其实不是空穴在移动,而是一个电子从相邻键合处跳到空穴处,而它原来的位置就成为空穴,好像是空穴移动了一样. 我们把硼掺杂的硅称为 p 型硅,把多数载流子为正电荷的半导体称为 p 型半导体. 硼原子在晶体中起到接受电子的作用,因而称硼这类杂质为受主杂质.

如图 5.4-1 所示为 p-n 结形成示意图. p 区多数载流子(多子)为空穴,少数载流子(少子)为电子;而 n 区多数载流子(多子)为电子,少数载流子(少子)为空穴. 这就使界面两侧存在两种载流子浓度差,载流子会从高浓度区域流向低浓度区域(这个过程称为扩散,即 n 区的电子向 p 区扩散,p 区的空穴向 n 区扩散),这些载流子在界面附近复合消失;同时在 p 区和 n 区界面附近分别留下了一层不能移动的受主负离子和施主离子,从而形成了一个由 n 区指向 p 区的电场,称为内建电场,该区域称为空间电荷区. 随着扩散运动的进行,空间电荷区加宽,内建电场增强;同时,在电场力的作用下,n 区的少子在向 p 区漂移,p 区的少子在向 n 区漂移,最终多子参与的扩散运动与少子参与的漂移运动达到动态平衡,空间电荷区的厚度不再增加,内建电场不再增强,形成稳定的空间电荷区,称为 p-n 结.

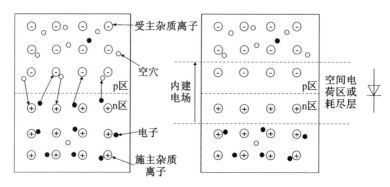

图 5.4-1　p-n 结形成示意图

二、p-n 结物理特性及玻耳兹曼常数 k 的测量

用图 5.4-1 右侧所示二极管类比 p-n 结,当 p-n 结(二极管)加正向电压时,打破了扩散和漂移运动的平衡,促使扩散运动占优势,因此有较多的电子不断从 n 区扩散到 p 区,同理,也有较多的空穴从 p 区扩散到 n 区.按照统计规律,在 p 区内离结界面越远的地方,电子浓度越低,最后消失.正是这种浓度梯度造成的扩散力,促使电子和空穴不断地运动并形成 p-n 结电流,p-n 结电流由 n 区和 p 区边界处少子扩散电流密度之和构成.

p-n 结的正向电压时的伏安特性曲线满足方程:

$$I = A\left(\frac{ep_{N0}D_P}{L_P} + \frac{en_{P0}D_N}{L_N}\right) \cdot \left[\exp\left(\frac{eU}{kT}\right) - 1\right] = I_0\left[\exp\left(\frac{eU}{kT}\right) - 1\right] \quad (5.4\text{-}1)$$

上式即为肖克莱(Shockley)方程.式中 I 为通过 p-n 结的正向电流,A 为 p-n 结面积,p_{N0} 为 n 区热平衡少数载流子浓度,n_{P0} 为 p 区热平衡少数载流子浓度,L_P 为空穴平均扩散长度,L_N 为电子平均扩散长度,D_N 为电子扩散系数,D_P 为空穴扩散系数,T 是热力学温度,e 是电子的电量(即 $e = 1.6 \times 10^{-19}$ C),U 为 p-n 结正向压降,$I_0 = A\left(\frac{ep_{N0}D_P}{L_P} + \frac{en_{P0}D_N}{L_N}\right)$ 为 p-n 结反向饱和电流,其值为不随电压变化的常数.由于在常温(300 K)时,$\frac{kT}{e} \approx 0.026$ V,而 p-n 结正向压降约为十分之几伏,则 $\exp\left(\frac{eU}{kT}\right) \gg 1$,于是式(5.4-1)可表示为

$$I = I_0 \exp\left(\frac{eU}{kT}\right) \quad (5.4\text{-}2)$$

即 p-n 结正向电流按指数规律变化.若测得 p-n 结的 I-U 曲线,则利用式(5.4-2)可求出 $\frac{kT}{e}$.测得温度 T,代入电子的电量,即可得玻耳兹曼常数 k.

在实际测量中,二极管的正向 I-U 关系虽然能较好地满足指数关系,但求得的常数 k 往往偏小.这是因为通过二极管的电流不只是扩散电流,还有其他电流.一般它包括三个部分:

(1) 扩散电流,它严格遵循式(5.4-2).

(2) 耗尽层复合电流,它正比于 $\exp\left(\frac{eU}{2kT}\right)$.

(3) 表面电流,它是由 Si 和 SiO_2 界面中杂质引起的,其值正比于 $\exp\left(\dfrac{eU}{mkT}\right)$,一般 $m>2$.

因此为验证式(5.4-2)及求出准确的 k 常数,不宜采用硅二极管,而采用硅三极管接成共基极线路.因为此时集电极与基极短接,集电极电流中仅仅是扩散电流.复合电流主要在基极出现,测量集电极时,将不包括它.本实验选取良好的硅

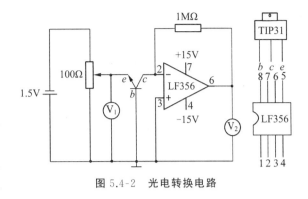

图 5.4-2 光电转换电路

三极管(TIP31 型),实验中又处于较低的正向偏置,这样表面电流的影响完全可以忽略,所以此时集电极电流与结电压将满足式(5.4-2).实验电路图如图 5.4-2 所示.

【实验仪器】

p-n 结物理特性测定仪、变压器油、水银温度计(量程为 0 ℃~50 ℃,最小刻度为 0.1 ℃).如图 5.4-3 所示,p-n 结物理特性测定仪由四部分组成.

1. 直流电源:±15 V 直流电源 1 组、1.5 V 直流电源 1 组.
2. 数字电压表:三位半数字电压表(0~2 V)1 只,四位半数字电压表(0~20 V)1 只.
3. 实验板:运算放大器 LF356、印刷线路板、接线柱、多圈电位器.
4. 恒温装置由 TIP31 型三极管、保温杯、玻璃试管(内放变压器油)、搅拌器等组成.

【实验内容及步骤】

1. 按图 5.4-2 所示连接电路,实物连接图如图 5.4-3 所示,图中 V_1 为三位半数字电压表,V_2 为四位半数字电压表,还有 TIP31 型三极管(带散热板),调节电压 U_1 的分压器为多圈电位器,为保持 p-n 结与周围环境一致,把 TIP31 型三极管浸没在装有变压器油的玻璃管中,玻璃管插在保温杯中,杯中放有水.变压器油的温度用量程为 0 ℃~50 ℃的水银温度计测量.

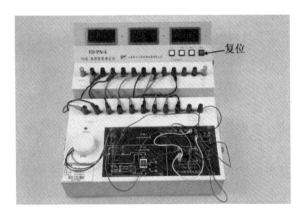

图 5.4-3 p-n 结物理特性测定仪及连线

2. 测量前按"复位"键(图 5.4-4 中箭头所示),读取并记录此时变压器油的温度 T_1.
3. 在室温下,调节三极管发射极与基极之间电压 U_1 并测量相应的电压 U_2,在常温下,U_1 的值约为 0.3~0.5 V,每隔 0.01 V 测一个数据,约测 21 个数据点,至 U_2 值饱和(U_2 值随 U_1 变化较小或基本不变)前结束测量.将测量结果填入表 5.4-1 中.
4. 测量后按"复位"键,读取并记录此时变压器油的温度 T_2,最后取前后两次温度的平均值 $\bar{T}$.
5. 切断电源,整理并归置实验仪器.

【注意事项】

1. 对于 U_2 太小(起始状态)及其接近或达到饱和时的数据,在处理数据时应删去,因为这些数据可能偏离式(5.4-2).

2. 用本装置做实验,TIP31 型三极管适用的温度范围为 0 ℃～50 ℃,若要在 －120 ℃～ 0 ℃ 温度范围内做实验,必须有低温恒温装置.

【思考题】

1. 实验测量的数据为什么不是从 0 V 开始？拟合时应如何取舍数据点？

2. 本实验测量扩散电流与电压之间的关系采用 TIP31 三极管,而不是采用二极管,主要是为了消除哪些误差？

【知识拓展】

中国泛半导体产业发展之路

所谓泛半导体产业,通常包含光伏、LED、平板显示和半导体四个行业,它们是将半导体材料通过真空工艺形成能量或信息转换器件的行业,统称为泛半导体行业.中国的泛半导体产业经过近二十年的发展,有些细分方向已经取得明显的进步,甚至有掌握了话语权的产业崛起,也有相比之下进展有限、更需努力的产业领域.

中国光伏行业也在各个产业环节涌现出了龙头型企业,带动并引领细分领域的发展,同时也出现了垂直整合型的产业发展态势,在国际市场上不仅拥有巨大话语权,也掌握着强大的综合竞争力,并正在通过商品贸易和基础设施的项目合作,向全球输出,以分享中国的产业发展成果.

国际上原有的 LED 行业巨头面对中国企业的挑战,逐渐丧失了在 LED 领域的各项竞争优势,特别是在通用照明领域,像欧司朗、飞利浦、GE 等曾经的世界照明巨头纷纷退出该领域.在 LED 大屏显示应用领域,中国企业也具有全球定价能力,这也体现了中国企业在固态照明应用的多个方向上具有综合优势.

由于在显示面板和与半导体相关的主要薄弱环节,长期缺乏大规模投入,中国企业基本错过了摩尔定律强力主导的技术时代,没有经历过循序渐进、逐步提升技术实力的发展过程,决心发力进入高端环节时,产业的高墙别人已巍巍筑就.特别是材料和装备环节与高水平制造能力相辅相成,互为表里,不仅是一国基础工业能力的体现,更考验一个国家在几十个基础和应用学科的科研水平和长期有效积累.中国企业不仅要补旧账,还要面临更加警惕中国发展的国际环境,获取外部资源的难度越来越大.

泛半导体行业作为以技术密集型为特征的产业形态,是否掌握关键制造技术或重要供应链环节,是一国工业实力的重要体现,也是影响国家竞争力的关键因素,作为大国的中国将其作为核心产业鼎力支持,这种定位并不是中国独有,日韩在其半导体产业发展过程中也曾长期实施国家扶持政策.中国未来在实施政府主导的产业政策方面,将面临越来越强大的外部压力,在科技冷战的氛围下,必须强化自力更生发展核心技术的能力,虽然在个别泛半导体领域已经取得了一定成就,但展望未来,会是更为崎岖的长路,不太会有超车的弯道,而是一场需要风雨兼程的漫漫马拉松.

(摘自：张原峰.中国泛半导体产业发展之路[J].现代国企研究.2020(Z1)：53-56.有改动)

【数据记录】

表 5.4-1　p-n 结物理特性研究实验数据表

U_1/V	0.30	0.31	0.32	0.33	0.34	0.35	0.36	0.37	0.38	0.39	0.40
U_2/V											
$\ln U_2$											
U_1/V	0.41	0.42	0.43	0.44	0.45	0.46	0.47	0.48	0.49	0.50	⋯
U_2/V											
$\ln U_2$											

$$T_1 = \underline{\qquad}, \quad T_2 = \underline{\qquad}, \quad \overline{T} = \frac{T_1 + T_2}{2} = \underline{\qquad}$$

教师签字：_____

实验日期：_____

【数据处理】

将 p-n 结电流公式两侧同乘 R，并取对数，有

$$\ln U_2 = \frac{e}{kT} U_1 + \ln C$$

式中 C 为常数，由上式可以看出 U_1 与 $\ln U_2$ 为线性关系，故可通过最小二乘法将表格中数据绘成 $\ln U_2$-U_1 曲线（图 5.4-4），得到斜率 K，进而求出玻耳兹曼常数 k.

斜率为 $\qquad\qquad\qquad K = $

玻耳兹曼常数为 $\qquad\qquad k = \dfrac{e}{KT} = $

玻耳兹曼常数 k 的百分误差为 $\qquad E = \dfrac{|k - k_{理}|}{k_{理}} \times 100\% = $

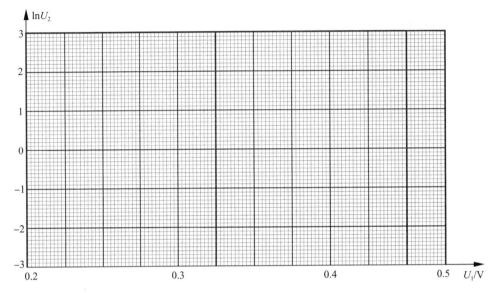

图 5.4-4 $\ln U_2$-U_1 曲线作图

注:$\ln U_2$-U_1 曲线斜率 K 亦可通过 origin 软件获得,从表中选取电压 U_1,从 $0.32\sim 0.41$ V 共 10 组数据,根据 10 组 $\ln U_2$、U_1 数据在 origin 中作图,利用软件 "Analysis" 栏中 "Fitting" 下的 "Linear Fit" 拟合,即可得到图示直线及其斜率、截距.

图 5.4-5 所示为一个应用实例,从图中可以看出皮尔逊相关系数 $r=0.999\ 8$,截距为 $-14.976\ 1$,斜率为 $38.866\ 45$,相应有效数字位数应按规则求取.

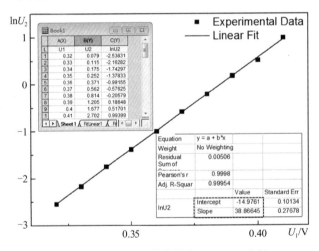

图 5.4-5 用 origin 软件拟合 $\ln U_2$-U_1 实例

实验 5.5　铁磁材料磁化曲线和磁滞回线的测定

铁磁材料是一种性能特异、用途广泛的材料,远到太空探测开发,近到现代科技的发展,如通信、自动化仪表及控制等,无不用到铁磁材料.铁磁物质(铁、钴、钢、镍、铁镍合金等)的磁性有两个显著的特点:一是在外磁场作用下能被强烈磁化,故磁导率 μ 很高,而且磁导率随磁场而变化;二是磁化过程中有磁滞现象,即磁场作用停止后,铁磁质仍保留磁化状态.由于它的磁化规律很复杂,因此,要具体了解某种铁磁材料的磁性,就必须测出它的磁化曲线和磁滞回线.

【实验目的】

1. 掌握测铁磁物质动态磁滞回线的基本原理.
2. 测定样品的基本磁化曲线,作 μ-H、B-H 曲线.
3. 测定样品的 B_n、B_r、H_c 和 μ 等参数.

【实验原理】

图 5.5-1 为铁磁物质的磁感应强度 B 与磁场强度 H 之间的关系曲线.当磁场 H 从零开始增加时,磁感应强度 B 随之缓慢上升,当 H 增至 H_n 时,B 到达饱和值 B_n,$OabS$ 称为起始磁化曲线.由图 5.5-1 比较线段 OS 和 SR 可知,H 减小,B 相应也减小,但 B 的变化滞后于 H 的变化,该现象称为磁滞.磁滞的明显特征是当 $H=0$ 时,B 不为零,而保留剩磁 B_r.

当磁场反向从 O 逐渐变至 $-H_c$ 时,磁感应强度 B 消失,说明要消除剩磁,必须施加反向磁场.H_c 称为矫顽力,它的大小反映铁磁材料保持剩磁状态的能力,线段 RD 称为退磁曲线.

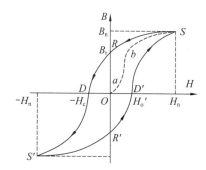

图 5.5-1　铁磁质起始磁化曲线和磁滞回线

图 5.5-1 中的闭合曲线称为磁滞回线.当铁磁材料处于交变磁场中时(如变压器中的铁芯),将沿磁滞回线反复被磁化→去磁→反向磁化→反向去磁.在此过程中要消耗额外的能量,并以热的形式从铁磁材料中释放,这种损耗称为磁滞损耗.可以证明,磁滞损耗与磁滞回线所围面积成正比.

应该说明,当初始态为 $H=B=0$ 的铁磁材料在交变磁场强度由弱到强依次进行磁化时,只有经过十几次反复磁化(称为"磁锻炼")以后,每次循环的回路才相同,形成一个稳定的磁滞回线.

由于铁磁材料磁化过程的不可逆性,具有剩磁的特点,因此在测定磁化曲线和磁滞回线时,首先必须将铁磁材料预先退磁,以保证外加磁场 $H=0$ 时,$B=0$;其次,磁化电流在实验过程中只允许单调增加或减小,不可时增时减.

如图 5.5-2 所示,这些磁滞回线顶点的连线称为铁磁材料的基本磁化曲线,由此可近似确定其磁导率 $\mu=\dfrac{B}{H}$,因 B 与 H 非线性,故铁磁材料的 μ 不是常量,而是随 H 的变化而变化.铁磁材料的相对磁导率可高达数千乃至数万,这一特点使它用途广泛.磁性材料可分为软磁材料和硬磁材料.软磁材料的磁滞回线狭长,矫顽力剩磁和磁滞损耗均较小,是制造变压器、电机和交流磁铁的主要材料;硬磁材料的磁滞回线较宽,矫顽力大,剩磁强,可用来制造永磁体,可应用于电表、录音机和静电复印等诸多方面.

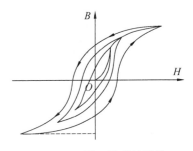

图 5.5-2 同一铁磁材料的一簇磁滞回线

观察和测量磁滞回线和基本磁化曲线的线路如图 5.5-3 所示.待测样品为 EI 型矽钢片,N 为励磁绕组,n 为用来测量磁感应强度 B 而设置的绕组,R_1 为励磁电流取样电阻.

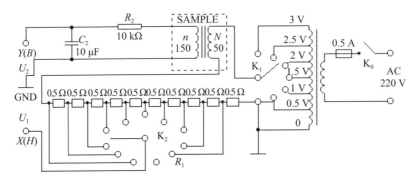

图 5.5-3 测量磁滞回线和基本磁化曲线的仪器线路图

设通过 N 的交流励磁电流为 I,根据安培环路定律,样品的磁化场强 H 为

$$H=\dfrac{N}{L}I \tag{5.5-1}$$

其中,L 为样品的平均磁路长度,因为 $I=\dfrac{U_1}{R_1}$,所以

$$H=\dfrac{N}{LR_1}\cdot U_1 \tag{5.5-2}$$

式中,N、L、R_1 均为已知常数,所以由 U_1 可确定 H.

在交变磁场下,样品的磁感应强度瞬时值 B 是测量绕组 n 和 R_2C_2 电路给定的,根据法拉第电磁感应定律,由于样品中的磁通量 Φ 的变化,在测量线圈中产生的感生电动势的大小为

$$E_2=n\dfrac{d\Phi}{dt} \tag{5.5-3}$$

其中 $\Phi=\dfrac{1}{n}\int E_2 dt$,所以有

$$B=\dfrac{\Phi}{S}=\dfrac{1}{nS}\int E_2 dt \tag{5.5-4}$$

式中,S 为样品的截面积.如果忽略自感电动势和电路损耗,则回路方程为

$$E_2 = i_2 R_2 + U_2 \tag{5.5-5}$$

式中,i_2 为感生电流,U_2 为积分电容 C_2 两端的电压.设在 Δt 时间内,i_2 向电容 C_2 的充电电荷量为 Q,则

$$U_2 = \frac{Q}{C_2} \tag{5.5-6}$$

所以

$$E_2 = i_2 R_2 + \frac{Q}{C_2} \tag{5.5-7}$$

如果选取足够大的 R_2 和 C_2,使 $i_2 R_2 \gg \dfrac{Q}{C_2}$,则 $E_2 = i_2 R_2$,因为 $i_2 = \dfrac{\mathrm{d}Q}{\mathrm{d}t} = C_2 \dfrac{\mathrm{d}U_2}{\mathrm{d}t}$,所以

$$E_2 = C_2 R_2 \frac{\mathrm{d}U_2}{\mathrm{d}t} \tag{5.5-8}$$

由(5.5-4)、(5.5-8)两式,可得

$$B = \frac{C_2 R_2}{nS} U_2 \tag{5.5-9}$$

式中,C_2、R_2、n 和 S 均为已知常数,所以由 U_2 可确定 B.

综上所述,将图 5.5-4 中的 U_H 和 U_B 分别加到示波器的"X 输入"和"Y 输入",便可观察样品的 B-H 曲线;如将 U_H 和 U_B 加到测试仪的信号输入端,可测定样品的饱和磁感应强度 B_n、剩磁 B_r、矫顽力 H_c 以及磁导率 $\mu \left(\mu = \dfrac{B}{H} \right)$ 等参数.

【实验仪器】

TH-MHC 型磁滞回线实验仪(图 5.5-4)、TH-MHC 型智能磁滞回线测试仪(图 5.5-5)、示波器等.

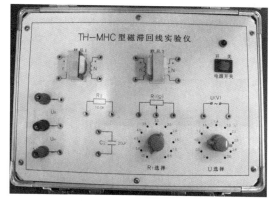

图 5.5-4　TH-MHC 型磁滞回线实验仪

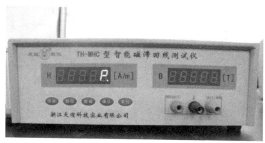

图 5.5-5　TH-MHC 型智能磁滞回线测试仪

实验仪参数如下:待测样品平均磁路长度 $L = 60$ mm.待测样品横截面积 $S = 80$ mm².待测样品励磁绕组匝数 $N = 50$.待测样品磁感应强度 B 的测量绕组匝数 $n = 150$.励磁电流 I_H 取样电阻,阻值为 $0.5 \sim 5$ Ω.积分电阻 R_2,阻值为 10 kΩ.积分电容 C_2,容量为 20 μF.

【实验内容及步骤】

1. 连接电路.选择样品1,按照实验仪上所给的电路图连线,并选择$R_1=2.5\ \Omega$,"U选择"设为 0 V."U_H"和"U_B"(即U_1和U_2)分别接示波器的"X输入"和"Y输入".插孔"⊥"为公共端.

2. 对样品退磁.打开实验箱电源,顺时针方向转动"U选择"旋钮,令U从 0 V 增至 3 V.然后逆时针方向转动旋钮,将U从最大值降为 0 V.这样做的目的是对样品退磁,确保使样品处于磁中性状态,即$B=H=0$.

3. 观察磁滞回线.打开示波器,使光点处于屏幕网格线中心,令$U=2.2$ V,并分别调节示波器X和Y轴的灵敏度,使屏幕上出现图形大小适中的磁滞回线.如图形中出现编织状的小环,可以降低励磁电压U的大小,予以消除.

4. 观察基本磁化曲线.按照步骤2方法对样品退磁,从$U=0$ V开始,逐渐提高励磁电压,将在屏幕上得到面积由小到大的一个套一个的一簇磁滞回线.这些磁滞回线顶点的连线就是样品的基本磁化曲线.

5. 测绘μ-H曲线(图5.5-6).重新对样品退磁,以此测定$U=0.5$ V,1.0 V,$\cdots$,3.0 V时的10组H_n和B_n的值,填入表5.5-1中,作出μ-H、B-H曲线(图5.5-7).

6. 取$U=3.0$ V,$R_1=2.5\ \Omega$,测定样品1的B_n,B_r,H_c和μ等参数.

磁滞回线测试仪的具体操作说明如下:

用磁滞回线测试仪测量数据之前,完成磁滞回线图形在示波器上的观察.

(1) 用三根导线将磁滞回线测试仪与电路箱的三色旋钮进行连接,颜色要对应.

(2) 打开电源,按"复位"键,显示屏上从右至左有"P"或"8"字样闪过.

(3) 按"功能"键(7次),直至左右屏幕上分别显示"Hb"和"tESt"(test)字样.

(4) 按"确认"键,此时仪器内部开始读取并记录数据,等待几秒钟,至左右屏幕上分别显示"Hb"和"Good"字样.

(5) 按"功能"键3次,此时左右屏幕显示"Hc"和"br"字样,代表所测的矫顽力H_c和剩余磁感应强度B_r.

(6) 按"确认"键,此时左右屏幕上显示的数值即为H和B的值.

(7) 按"功能"键2次,左右屏幕上显示"Hn"和"bn".

(8) 按"确认"键,此时左右屏幕上显示的数值即为饱和时的磁场强度"H_n"和磁感应强度"B_n"的值.

(9) 按"复位"键,改变"U选择"的电压值挡位,重复步骤3~8,测量不同电压下的H_c、B_r、H_n、B_n值.

【思考题】

1. 什么叫基本磁滞回线?它和初始磁化曲线有何区别?

2. 怎样使样品完全退磁,使初始状态在$H=0$、$B=0$的点上?

3. 磁锻炼的作用是什么?在磁锻炼时,为什么要拉动开关,使触点从接触到断开的时间长一些?

【数据记录】

测定不同电压时的 H_n、B_n 的值.

表 5.5-1　基本磁化曲线和 μ-H 曲线

U/V	$H_n/(\times 10^3 \text{ A} \cdot \text{m}^{-1})$	B_n/T	$\mu = \dfrac{B}{H}/(\text{H} \cdot \text{m}^{-1})$
0.5			
1.0			
1.2			
1.5			
1.8			
2.0			
2.2			
2.5			
2.8			
3.0			

$U=$ _____ ,$R_1=$ _____ ,$H_c=$ _____ ,
$B_r=$ _____ ,$B_n=$ _____ ,$\mu=$ _____ .

教师签字：_____

实验日期：_____

【数据处理】

根据表 5.5-1 中数据,绘制 μ-H、B-H 曲线(图 5.5-6、图 5.5-7).

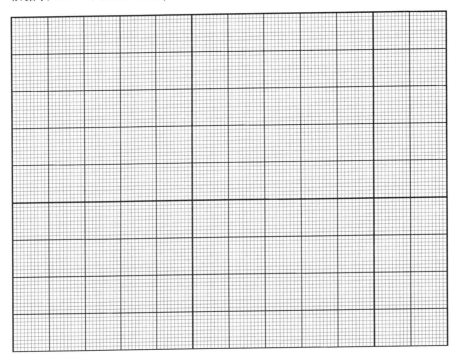

图 5.5-6　μ-H 曲线图

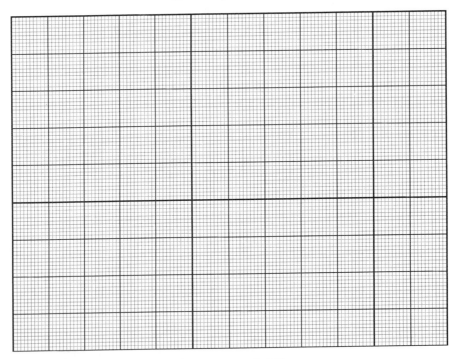

图 5.5-7　B-H 曲线图

实验 5.6　用超声光栅测定声速

声光效应是指光通过某一受到超声波扰动的介质时发生的衍射现象,这种现象是光波与介质中声波相互作用的结果.早在 1922 年,布里渊(L.Brillouin)就预言:"当高频声波在液体内传播时,如果有可见光通过该液体,可见光将产生衍射效应."这一预言在 10 年后得到了验证.1935 年,拉曼(Raman)和奈斯(Nath)通过大量的实验研究后发现,在一定条件下,当可见光通过某一受到超声波作用的介质时,的确可以观察到很明显的衍射现象,并且衍射条纹的光强分布类似于普通光栅,所以也称该介质为超声光栅.

【实验目的】

1. 了解声光效应的基本原理,理解光通过受超声波扰动的介质时发生衍射的内在机制.
2. 观察声光相互作用的现象.
3. 利用超声光栅测量声波在液体中的传播速度.

预习视频

【实验原理】

一、超声光栅形成原理

超声波作为一种纵波在液体中传播时,超声波的声压使液体分子产生周期性变化,促使液体的折射率也相应地做周期性变化,形成疏密波.此时如有平行单色光沿垂直超声波方向通过这疏密相间的液体时,就会被衍射,这一作用,类似于光栅,所以叫超声光栅.

设超声波以平面纵波的形式沿 x 轴正方向传播,其波动方程可描述为

$$y = A\cos\left[2\pi\left(\frac{t}{T_s} - \frac{x}{\lambda_s}\right)\right] \tag{5.6-1}$$

式中,T_s 为超声波的周期,λ_s 为超声波的波长.如果超声波被玻璃水槽的一个平面反射,当反射平面与波源的距离为波长的 $\frac{1}{4}$ 时,反射波为

$$y = A\cos\left[2\pi\left(\frac{t}{T_s} + \frac{x}{\lambda_s}\right)\right] \tag{5.6-2}$$

入射波与反射波叠加后得到

$$y = 2A\cos 2\pi \frac{x}{\lambda_s} \cos \frac{t}{T_s} \tag{5.6-3}$$

说明叠加的结果是形成驻波.由于驻波振幅可以达到单一行波的两倍,加剧了波源和反射面之间的疏密程度,如图 5.6-1 所示某时刻,驻波的任一波节两边的质点都涌向这一点,使该节点附近形成密集区,而相邻波节处为质点稀疏处,形成稀疏区.稀疏区使液体的折射率减小,而压缩作用使液体的折射率增加,在距离等于波长 λ_s 的两点,液体的密度相同,折射率也相等.

当单色平行光沿垂直于超声波传播方向通过液体时,由于光速远大于液体中的声速,可以认为光波的一波阵面通过液体的过程中,液体的疏密及折射率的周期性变化情况没有明显改变,相对稳定.这时,因折射率的周期性变化将使光波通过液体后在原先的波阵面上产生相应的周期性变化的位相差,在某特定方向上,出射光束会相干加强(或减弱),产生衍射,经透镜聚焦后,即可在焦平面上观察到衍射条纹.根据光栅方程,可得

$$d\sin\theta_k = k\lambda \quad (k = 0, \pm 1, \pm 2, \cdots) \quad (5.6\text{-}4)$$

式中,d 为光栅常数,等于超声波波长 λ_s,λ 为入射光波长,θ_k 为衍射角.

如图 5.6-2 所示,当衍射角 θ_k 很小时,有

$$\sin\theta_k = \frac{l_k}{f} \quad (5.6\text{-}5)$$

式中,l_k 为衍射光谱中 k 级到零级的距离,f 为透镜 L_2 的焦距.光栅衍射条纹是等间距的,设间距为 Δl_k,则超声波的波长可以表示为

$$\lambda_s = d = \frac{k\lambda}{\sin\theta_k} = \frac{k\lambda f}{l_k} = \frac{\lambda f}{\Delta l_k} \quad (5.6\text{-}6)$$

因此,超声波在液体中传播的速度的计算公式为

$$v = \lambda_s \nu = \frac{\lambda \nu f}{\Delta l_k} \quad (5.6\text{-}7)$$

式中,ν 为超声波在液体中传播时的频率,可由超声光栅仪上的频率计读出.式(5.6-7)即为超声光栅测声速的计算公式.

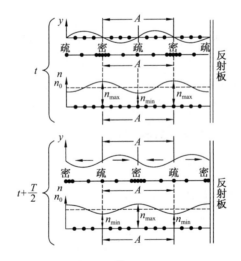

图 5.6-1 超声驻波相隔 $\frac{T}{2}$ 时波形与折射率分布情况

二、超声光栅声速仪

超声光栅测声速的光路图如图 5.6-2 所示,超声光栅声速仪的核心元件是压电陶瓷片,它是一个重要的传感器,它能把电信号转换为振动信号.为便于理解,可把它内部的每一个分子简化为一个正负中心不重合的电偶极子.一旦给它强加一个外电场,由于电场力偶的作用,电偶极矩矢量 p 将沿场强方向顺排.从微观的角度看,每个分子都顺排,在宏观上就表现为陶瓷片的外形尺寸发生变化.如果外电场大小、方向都呈周期性变化,则陶瓷片的厚度就

一会儿伸张,一会儿收缩,即发生振动,振动在弹性媒质中传播就是波,一旦振动频率高于 20 000 Hz,这波就是超声波.压电陶瓷片的这种特性被称为逆压电效应.

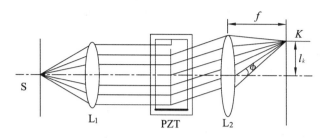

图 5.6-2　超声光栅测声速的光路图

【实验仪器】

超声光栅声速仪、分光计、酒精、高压汞灯、测微目镜,如图 5.6-3 所示.

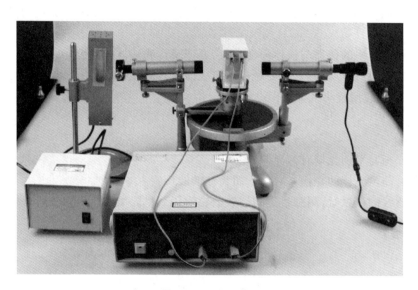

图 5.6-3　实验装置

【实验内容及步骤】

1. 调节分光计,使望远镜对准无穷远,望远镜轴线与分光计中心轴线相互垂直,平行光管出射平行光.调节方法见实验 4.5.

2. 将酒精注入液体槽内,液面高度以液体槽侧面的液体高度刻线为准.连接好液槽上的压电陶瓷片与高频功率信号源上的连线,将液槽放置到分光计的载物台上,调节载物台水平调节螺丝,使反射回的绿十字像与分划板调整叉丝水平线重合,确保光路与液槽内超声波传播方向垂直.

3. 调节准直管套筒,使狭缝像与分划板调整叉丝竖线重合.调节高频功率信号源的频率,使可以观察到±2 级衍射条纹,调节狭缝宽度调节螺丝,使衍射条纹最细,固定望远镜.

4. 将望远镜目镜换成测微目镜,前后移动测微目镜,使衍射条纹最清晰,旋转测微目镜,使目镜视场中分划板标尺与衍射条纹平行,固定测微目镜.

5. 测量相邻条纹的间距.

(1) 将测微目镜分划板标尺移至 -3 级黄光衍射条纹左侧,单向移动标尺,逐次测出 -2、-1、0、1、2 级条纹位置,并填入表 5.6-1.

(2) 重复上面操作,分别对绿光、蓝光进行测量.

(3) 利用逐差法,计算出相邻条纹间距 Δl_k.

【注意事项】

1. 锆钛酸铅陶瓷片未放入有媒质的液体槽前,禁止开启信号源.测量完毕应将超声池内待测液体倒出,不能长时间将锆钛酸铅陶瓷片浸泡在液体槽内.

2. 实验过程中要防止震动,也不要碰触连接超声池和高频电源的两条导线.因为导线分布电容的变化会对输出电频率有微小影响.只有压电陶瓷片表面与对面的玻璃槽壁表面平行时才会形成较好的表面驻波,因而实验时应将超声池的上盖盖平.

3. 实验时间不宜太长.特别注意不要使频率长时间调在 11 MHz 以上,以免振荡线路过热.

4. 声波在液体中的传播与液体温度有关,要记录待测液体的温度,并进行温度修正.

5. 提取液槽时应拿两端面,不要触摸两侧表面通光部位,以免污染,如已有污染,可用酒精乙醚清洗干净,或用镜头纸擦净.

【思考题】

1. 超声光栅与平面光栅有何异同?
2. 为什么超声光栅的光栅常数等于超声波的波长?
3. 测量谱线的位置时,测微目镜的读数鼓轮为什么只能沿一个方向旋转?

【知识拓展】

拉曼-奈斯衍射

光束在超声波作用的介质中传播时,由于折射率随介质密度的变化而变化,使出射光波的波前不再是平面波的波面,而是波浪状曲面.波面上的各点作为次波源,发出子波在空间相互干涉而形成多级衍射条纹,这种类似于普物面光栅的作用而产生的声光衍射,称为拉曼-奈斯衍射.此时,入射光仍然保持直线方向传播,而介质的折射率影响下的光学不均匀性只对通过声柱的光的相位产生影响,因此,超声光栅相当于形成以声速运动的、周期等于声波周期的相位光栅,这种衍射遵循普通相位光栅的衍射定律.

【数据记录】

表 5.6-1 利用超声光栅测定声速

环境条件（温度）	光波的波长		
k 级条纹位置 l_k/mm	$\lambda_{黄}=578.0$ nm	$\lambda_{绿}=546.1$ nm	$\lambda_{蓝}=435.8$ nm
-2			
-1			
0			
1			
2			
$\Delta l_k = \dfrac{(l_1-l_{-2})+(l_2-l_{-1})}{6}$ /mm			
ν/MHz			
f/mm			
$v=\dfrac{\lambda\nu f}{\Delta l_k}$ /(m·s^{-1})			

教师签字：_____

实验日期：_____

【数据处理】

1. 查表，声速理论值 $v_理 = $ 　　　　．

2. 声速相对误差：

黄光实验值：

$$v_黄 = \frac{\lambda \nu f}{\Delta l_k} =$$

相对误差：

$$\frac{v_黄 - v_理}{v_理} =$$

绿光实验值：

$$v_绿 = \frac{\lambda \nu f}{\Delta l_k} =$$

相对误差：

$$\frac{v_绿 - v_理}{v_理} =$$

蓝光实验值：

$$v_蓝 = \frac{\lambda \nu f}{\Delta l_k} =$$

相对误差：

$$\frac{v_蓝 - v_理}{v_理} =$$

实验 5.7　太阳能电池基本特性的测定

太阳能电池是一种由于光生伏特效应而将太阳光能直接转化为电能的器件,是一个半导体光电二极管.当太阳光照到光电二极管上时,光电二极管就会把太阳的光能变成电能,产生电流.当多个电池串联或并联起来时就可以成为有比较大的输出功率的太阳能电池方阵.太阳能电池是一种大有前途的新型电源,具有永久性、清洁性和灵活性三大优点.

【实验目的】

1. 了解太阳能电池的工作原理和使用方法.
2. 掌握开路电压和短路电流及与光强的函数关系的测试方法.
3. 掌握太阳能电池特性及其测试方法.

预习视频

【实验原理】

太阳光照在半导体 p-n 结上,形成新的空穴-电子对,在 p-n 结电场的作用下,空穴由 n 区流向 p 区,电子由 p 区流向 n 区,接通电路后就形成电流.这就是光伏效应太阳能电池的工作原理.

在没有光照时,可将太阳能电池视为一个二极管,其正向偏压 U 与通过的电流 I 的关系为

$$I = I_0 (e^{\frac{qU}{nkT}} - 1) \tag{5.7-1}$$

式中,I_0 是二极管的反向饱和电流;n 是理想二极管的参数,理论值为 1;k 是玻尔兹曼常数;q 为电子的电量;T 为热力学温度.(可令 $\beta = \dfrac{q}{nkT}$)

由半导体理论知,二极管主要是由如图 5.7-1 所示的能隙为 $E_c - E_v$ 的半导体构成的.E_c 为半导体导电带,E_v 为半导体价电带.当入射光子能量大于能隙时,光子被半导体所吸收,并产生电子-空穴对.电子-空穴对受到二极管内电场的影响而产生光生电动势,这一现象称为光伏效应.

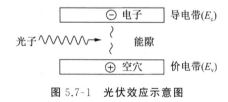

图 5.7-1　光伏效应示意图

太阳能电池的基本技术参数除短路电流 I_{sc} 和开路电压 U_{oc} 外,还有最大输出功率 P_{max} 和填充因子 FF. 最大输出功率 P_{max} 也就是 IU 的最大值.填充因子 FF 定义为

$$FF = \frac{P_{max}}{I_{sc} U_{oc}} \tag{5.7-2}$$

FF 是代表太阳能电池性能优劣的一个重要参数.FF 值越大,说明太阳能电池对光的利用率越高.

【实验仪器】

白炽灯源、太阳能电池板、光照度计、电压表、电流表、滑动变阻器、稳压电源、单刀开关、连接导线若干.

【实验内容及步骤】

一、硅太阳能电池的暗伏安特性测量

太阳能电池的基本结构是一个大面积平面 p-n 结,它的伏安特性虽类似于普通二极管,但取决于太阳能电池的材料、结构及组成组件时的串并联关系.用遮光罩罩住太阳能电池,分别测试并画出单晶硅、多晶硅太阳能电池组件在无光照时的暗伏安特性曲线.

1. 根据图 5.7-2 所示电路图连接电路.

2. 将电压源调到 0 V,然后逐渐增大输出电压,从 4 V 开始每间隔 1 V 记一次电流值至 18 V(表 5.7-1).然后再将电压输入调到 0 V,将"电压输出"接口的两根连线互换,即给太阳能电池加上反向电压,逐渐增大反向电压,记录电流随电压变化的数据(表 5.7-2).

3. 利用测得的正向偏压时的 I-U 关系数据,画出 I-U 曲线,并求出常数 $\beta = \dfrac{q}{nkT}$ 和 I_0 的值.

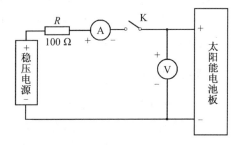

图 5.7-2　I-U 特性测量电路

二、开路电压、短路电流与光强关系测量

改变太阳能电池到光源的距离,用光照度计测量该处的光照度 L,测量太阳能电池接收到不同光照度 L 时相应的 I_{sc} 和 U_{oc} 的值.

1. 打开光源开关,预热 5 min.

2. 打开遮光罩.将光强探头装在太阳能电池板位置,探头输出线连接到太阳能电池特性测试仪的"光强输入"接口上.将测试仪设置为"光强测量".由近及远(从 10~50 cm)移动滑动支架,测量距光源一定距离(每隔 5 cm)的光强 I[表 5.7-3(a)].

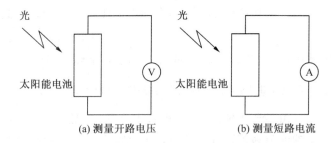

图 5.7-3　开路电压、短路电流与光强关系测量示意图

3. 将光强探头换成单晶硅太阳能电池,测试仪设置为"电压表"状态.按图 5.7-3(a)接线,按测量光强时的距离值(光强已知),记录开路电压值.按图 5.7-3(b)接线,记录短路电流值于表 5.7-3(b)中.将单晶硅换成多晶硅,重复测量,数据记录在表 5.7-3(c)中.

【注意事项】

1. 连接电路时,保持太阳能电池无光照条件.
2. 连接电路时,保持电源开关断开.
3. 打开白炽灯光源时间尽量要短,注意随时关掉.

【思考题】

1. 太阳能电池是由什么材料做成的?它的工作原理是什么?
2. 何谓短路电流?何谓开路电压?何谓填充因子?如何计算太阳能电池的填充因子?

【数据记录】

1. 全暗情况下(太阳能电池板倒扣在黑橡胶桌面上),太阳能电池在外加偏压时的伏安特性测量.

表 5.7-1　单晶硅太阳能电池正向偏压时的 *I-U* 特性

U/V	4	5	6	7	8	9	10	11	12	13	14	15	16	17	18
I/mA															

表 5.7-2　多晶硅太阳能电池正向偏压时的 *I-U* 特性

U/V	4	5	6	7	8	9	10	11	12	13	14	15	16	17	18
I/mA															

2. 开路电压、短路电流与光强关系的测量.

表 5.7-3　开路电压、短路电流与光强(功率)关系的测量

(a) 光强探头测光强

距离/cm	10	15	20	25	30	35	40	45	50
光强 I (功率)									

(b) 单晶硅

开路电压 U/V									
短路电流 I/mA									

(c) 多晶硅

开路电压 U/V									
短路电流 I/mA									

教师签字:＿＿＿＿＿＿＿＿

实验日期:＿＿＿＿＿＿＿＿

【数据处理】

1. 分别绘制单晶硅和多晶硅太阳能电池在外加偏压时的伏安特性曲线.

(1) 用坐标纸画出太阳能电池正向偏压时的 *I-U* 特性曲线(图 5.7-4),并求出常数 β 和 I_0 的值.

(2) 用坐标纸画出太阳能电池反向偏压时的 *I-U* 特性曲线(图 5.7-4).

2. 绘制单晶硅和多晶硅太阳能电池的开路电压随光强变化的关系曲线;绘制两种太阳能电池的短路电流随光强变化的关系曲线(图 5.7-5).

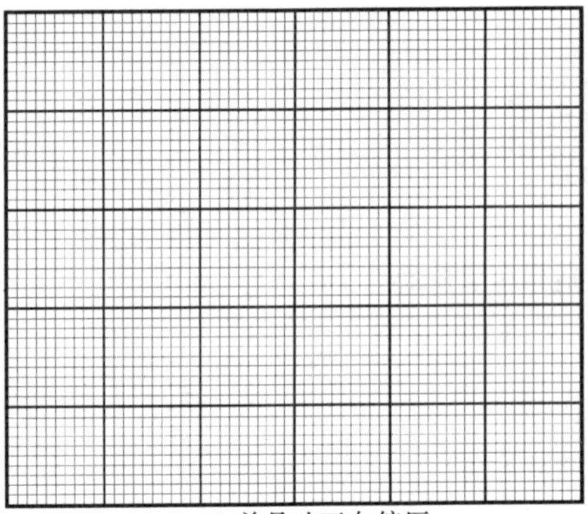

(a) 单晶硅正向偏压 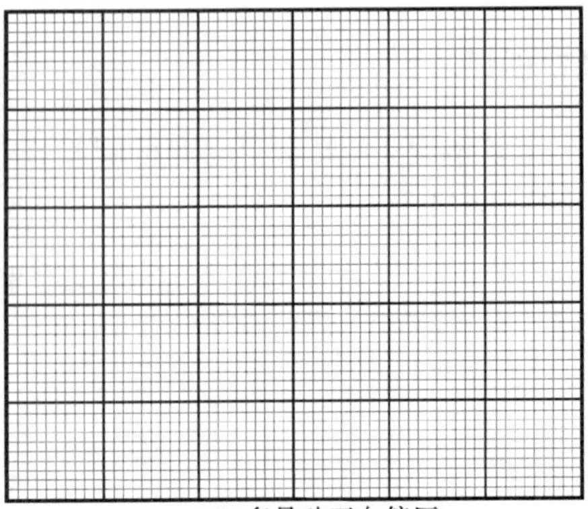   (b) 多晶硅正向偏压

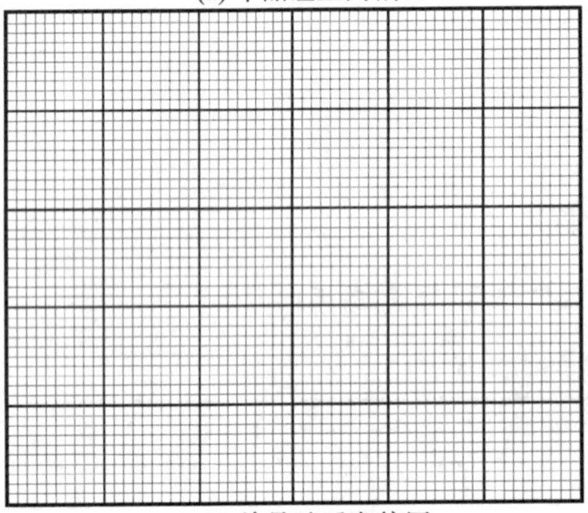

(c) 单晶硅反向偏压 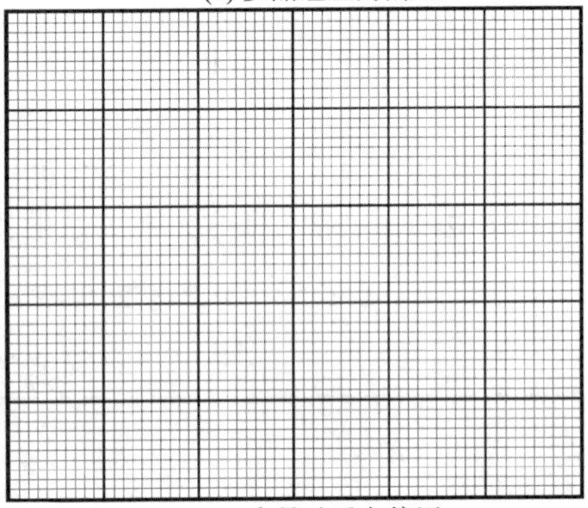   (d) 多晶硅反向偏压

图 5.7-4 单晶硅、多晶硅在外加偏压时的伏安特性曲线

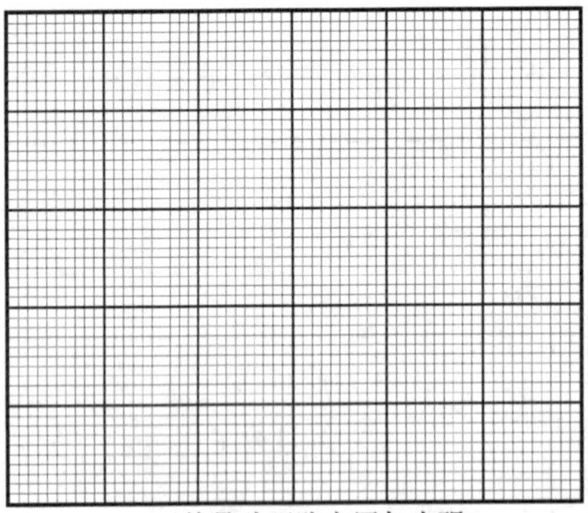

(a) 单晶硅开路电压与光强 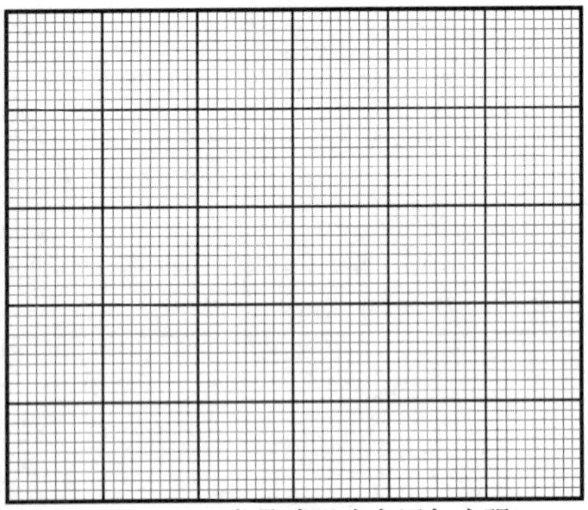   (b) 多晶硅开路电压与光强

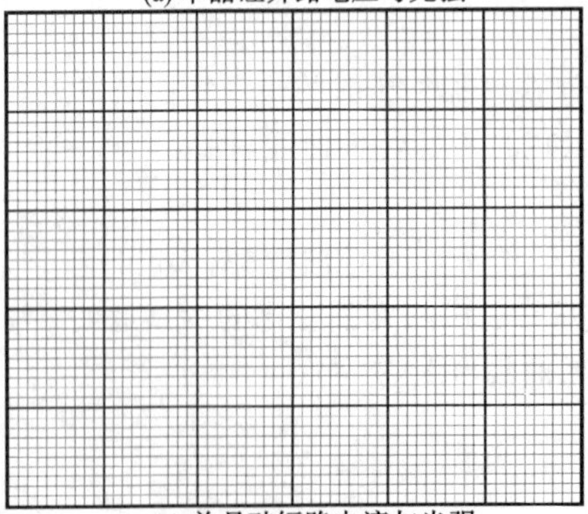

(c) 单晶硅短路电流与光强 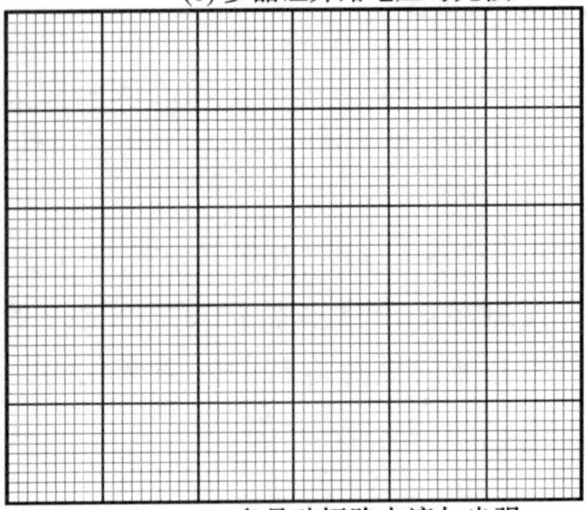   (d) 多晶硅短路电流与光强

图 5.7-5 单晶硅、多晶硅的开路电压、短路电流与光强的关系曲线

实验 5.8　音频信号光纤传输实验

随着网络时代的到来,人们对数据通信的带宽要求越来越高.光纤通信具有频带宽、高速、抗干扰等优点,已成为现代通信的主流.本实验主要通过研究光纤音频信号的传输来了解光纤通信的基本原理,初步认识光发送器件 LED 的电光特性、光检测器件光电二极管的光电特性及使用方法、基本的信号调制与解调方法,从而能完成光纤通信基本原理实验.

【实验目的】

1. 测量光纤的静态传输特性及系统频响特性.
2. 了解光纤传输的结构及选配各主要部件的原则.
3. 在音频光纤传输系统中获得较高的信号传输质量.

预习视频

【实验原理】

一、系统的组成

图 5.8-1 给出了一个音频信号直接调制光强的光纤传输实验系统的结构示意图,它主要包括由 LED 及其调制、驱动电路组成的光信号发送器,传输光纤和光信号接收器三个部分.

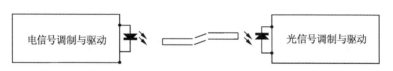

图 5.8-1　音频信号光纤传输实验系统示意图

本实验采用中心波长为 0.85 μm 附近的 GaAs 半导体发光二极管(LED)作光源,峰值响应波长为 0.8~0.9 μm 的硅光二极管(SPD)作光电检测元件.由于光导纤维对光信号具有很宽的频带,故在音频范围内,整个系统的频带宽度主要取决于发送端调制放大电路和接收端功放电路的幅频特性.

二、光导纤维的结构及传光原理

目前用于光通信的光纤一般采用石英光纤,它是在折射率较大的纤芯内部,覆上一层折射率较小的包层,光在纤芯与包层的界面上发生全反射而被限制在纤芯内传播.光纤实际上是一种介质波导,光被闭锁在光纤内,只能沿光纤传输,光纤的芯径一般从几微米至几百微米.光纤按其模式性质通常可以分成两大类:单模光纤和多模光纤.无论是单模光纤还是多模光纤,其结构均由纤芯和包层两部分组成.纤芯的折射率较包层折射率大,对于单模光纤,纤芯直径只有 5~10 μm,在一定的条件下,只允许一种电磁场形态的光波在纤芯内传播;多模光纤的纤芯直径为 50 μm 或 62.5 μm,允许多种电磁场形态的光波传播.以上两种光纤的包层直径均为 125 μm.按其折射率沿光纤截面的径向分布状况又分成阶跃型和渐变型两种光纤.对于阶跃型光纤,在纤芯和包层中折射率均为常数,但在纤芯-包层界面处折射率减到某一值后,在包层的范围内折射率保持这一值不变,根据光射线在非均匀介质中的传播理论可知:经光源耦合到渐变型光纤中的某些光射线,在纤芯内是沿周期性地弯向光纤轴线的曲线传播的.

本实验采用阶跃型多模光纤作为信道.现从几何光学角度来说明这种光纤的传光原理.阶跃型多模光纤结构如图 5.8-2 所示,它由纤芯和包层两部分组成,芯子的半径为 a,折射率为 n_1,包层的外径为 b,折射率为 n_2,且 $n_1 > n_2$.

当一束光投射到光纤端面时,进入光纤内部的光射线在光纤入射端面处的入射面包含光纤轴线的,称为子午线,这类射线在光纤内部的行径是一条与光纤轴线相交、呈"Z"字形前进的平面折线;若耦合到光纤内部的光射线在光纤入射端面处的入射面不包含光纤轴线,称为偏射线,偏射线在光纤内部不与光纤轴线相交,其行径是一条空间折线.

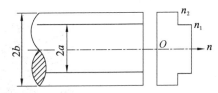

图 5.8-2 阶跃型多模光纤的结构示意图

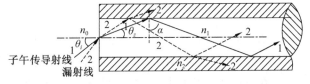

图 5.8-3 子午传导射线与漏射线

如图 5.8-3 所示,假设光纤端面与其轴线垂直.对于子午光射线,根据斯涅尔(Snell)定律及图 5.8-3 所示的几何关系,有

$$n_0 \sin\theta_i = n_1 \sin\theta_z \tag{5.8-1}$$

式中,$\theta_z = \dfrac{\pi}{2} - \alpha$,所以有

$$n_0 \sin\theta_i = n_1 \cos\alpha \tag{5.8-2}$$

式中,n_0 是光纤入射端面左侧介质的折射率.通常,光纤端面处在空气介质中,故 $n_0 = 1$.由式(5.8-2)可知:如果光线在光纤端面处的入射角 θ_i 较小,则它进入光纤内部后投射到纤芯-包层界面处的入射角 α 就会大于按下式决定的临界角 α_c:

$$\alpha_c = \arcsin\left(\dfrac{n_2}{n_1}\right) \tag{5.8-3}$$

在此情形下光射线在纤芯-包层界面处发生全内反射.该射线所携带的光功率就被局限在纤芯内部而不外溢.满足这一条件的射线称为传导射线.随着图 5.8-3 中入射角 θ_i 的增加,α 角就会逐渐减小,直到 $\alpha = \alpha_c$ 时,子午射线携带的光功率均可被局限在纤芯内.在此之后,若继续增加 θ_i,则 α 角就会变得小于 α_c,这时子午射线在纤芯-包层界面处的全反射条件受到破坏,致使光射线在纤芯-包层界面处的每次反射均有部分光功率溢出纤芯外,光导纤维再也不能把光功率有效地约束在纤芯内部.这类射线称为漏射线.

设与 $\alpha = \alpha_c$ 对应的 θ_i 为 $\theta_{i\max}$,凡是以 $\theta_{i\max}$ 为张角的锥体内入射的子午光线,投射到光纤端面上时,均能被光纤有效地接收而约束在纤芯内.根据式(5.8-2),有

$$n_0 \sin\theta_{i\max} = n_1 \cos\alpha_c \tag{5.8-4}$$

其中 n_0 表示光纤入射端面空气一侧的折射率,其值为 1,故

$$\sin\theta_{i\max} = n_1 \sqrt{1 - \sin^2\alpha_c} = \sqrt{n_1^2 - n_2^2} \tag{5.8-5}$$

通常把此式定义为光纤的理论数值孔径(Numerical Aperture),用英文字符 NA 表示,即

$$\mathrm{NA} = \sin\theta_{i\max} = \sqrt{n_1^2 - n_2^2} = n_1 \sqrt{2\Delta} \tag{5.8-6}$$

它是一个表征光纤对子午射线捕获能力的参数,其值只与纤芯和包层的折射率 n_1 和 n_2 有关,与光纤的半径 a 无关.在式(5.8-6)中,

$$\Delta = \frac{n_1^2 - n_2^2}{2n_1^2} \approx \frac{n_1 - n_2}{n_1} \tag{5.8-7}$$

称为纤芯和包层之间的相对折射率差,Δ 愈大,光纤的理论数值孔径 NA 愈大,表明光纤对子午线捕获的能力愈强,即由光源发出的光功率更易于耦合到光纤的纤芯内.这对于作传光用途的光纤来说是有利的.但对于通信用的光纤,数值孔径愈大,模式色散也相应增加,这不利于传输容量的提高.对于通信用的多模光纤,Δ 值一般限制在 1% 左右.由于通信用多模光纤的纤芯折射率 n_1 在 1.50 附近,故理论数值孔径的值在 0.21 左右.

三、光信号发送端的工作原理

信号调制采用光强度调制的方法,发送光强度调节电位器用以调节流过 LED 的静态驱动电流,从而相应改变发光二极管的发射光功率.设定的静态驱动电流调节范围为 0~20 mA,对应面板光发送强度驱动显示值 0~2 000 单位.当驱动电流在一定范围内时发光二极管的发射光功率与驱动电流基本呈线性关系,音频信号经电容、电阻网络及运放构成的跟随电路,被耦合到另一运放的负输入端,与发光二极管的静态驱动电流相叠加,使发光二极管发送随音频信号变化的光信号,并经光纤耦合器将这一光信号耦合到传输光纤.

四、光信号接收端的工作原理

从发送端发出的光信号经过光纤传输后,经光纤耦合器耦合到光电转换器件——光电二极管上,光电二极管把光信号转变为与之成正比的电流信号.光电二极管使用时应加反向偏压,经运放的电流、电压转换把光电流信号转换成与之成正比的电压信号,电压信号中包含的音频信号经电容、电阻耦合到音频功率放大器驱动喇叭发声.光电二极管的频响一般较高,系统的高频响应主要取决于运放等的响应频率.

【实验仪器】

音频信号光纤传输实验仪(图 5.8-4)、音频信号源、双踪示波器(图 5.8-5).

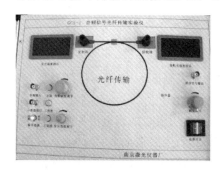

图 5.8-4　音频信号光纤传输实验仪

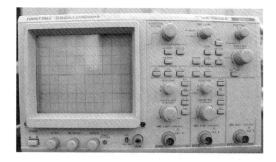

图 5.8-5　双踪示波器

【实验内容及步骤】

将仪器通入 220 V 电源,打开电源开关,预热 10 min.

一、光纤传输系统静态电光/光电传输特性测定

将仪器发光强度调至最小,再把内外转换开关打到"外部".然后调节面板上的发光强度旋钮,每隔200单位(相当于改变发光管驱动电流2 mA)分别记录发送光驱动强度数据与接收光强度数据,并填入表5.8-1中.仪器面板上两个三位半数字表头分别显示发送光驱动强度和接收光强度.在方格纸上绘制静态电光/光电传输特性曲线(图5.8-6).

二、光纤传输系统频响的测定

将输入选择开关打向"外",在音频接口上送入信号发生器发出的正弦波,将双踪示波器的通道1和通道2分别接到示波器接口和接收端音频输出端,保持输入信号的幅度不变,调节信号发生器频率,记录信号变化时输出端信号幅度的变化,测定系统的高频截止频率,并填入表5.8-2中.

三、多种波形光纤传输实验

将输入选择开关打向"内",然后将音频触发打到"波形"挡,将双踪示波器的通道1和通道2分别接到示波器接口和接收端音频输出端.分别调节转换开关,依次按下实验仪上的正弦波、方波和三角波信号按键,从接收端观察输出波形变化情况,画出发射波形和接收波形,并填入表5.8-3中.

四、LED偏置电流与无失真最大信号调制幅度关系测定

将从函数信号发生器输入的正弦波频率设定在1 kHz,输入信号幅度(音频幅度)调节电位器置于最大位置,然后在LED偏置电流为200 mA、400 mA、600 mA、800 mA、1 000 mA、1 200 mA、1 400 mA情况下,调节函数信号发生器输出幅度,使其从零开始增加,同时在接收端信号输出处通过示波器观察波形变化,直到波形出现失真现象时,记录此时电压波形的峰-峰值和调制信号的电压,由此确定LED在不同偏置电流下光功率的最大调制幅度(图5.8-7),并填入表5.8-4中.

五、音频信号光纤传输实验

将输入选择开关打向"内",调节发送光强度电位器,改变发送端LED的静态偏置电流,将触发开关置于"音乐"挡,观察在接收端听到的音乐声,并同时在示波器中观察语音信号波形的变化情况.

【注意事项】

1. 连接好线路后,接通电源开关,若发送器数字电流表有显示、光纤盘尾纤有红光输出、仪器面板上接收发光二极管亮,说明系统的电源部分正常工作.

2. 本实验系统的半导体发光二极管处于驱动电路晶体三极管的集电极回路中,在实验过程中,应避免它的引脚与实验系统和测试仪器的地线相碰,否则会造成LED的永久性损坏.

3. 实验过程中进行光导纤维与光功率计的耦合连接时,应注意光纤端面的保护,并按光纤的自然弯曲状态进行操作,不得用力弯折.

【思考题】

1. 本实验中LED偏置电流是如何影响信号传输质量的?
2. 本实验中光纤传输系统哪几个环节会引起光信号的衰减?
3. 光纤传输系统中如何合理选择光源与探测器?

【数据记录】

表 5.8-1　光纤传输系统静态电光/光电传输特性测定

发光强度	200	400	600	800	1 000	1 200	1 400	1 600
接收强度								

表 5.8-2　光纤传输系统频响的测定

调制频率							
接收波形幅度							
调制频率							
接收波形幅度							

表 5.8-3　多种波形光纤传输实验

调制信号	发射波形	接收波形
正弦波		
三角波		
方波		

表 5.8-4　LED 偏置电流与无失真最大信号调制幅度关系测定

LED 偏置电流/mA	200	400	600	800	1 000	1 200	1 400
调制信号源电压/V							
输出波形的峰-峰值电压/V							

教师签字：_____

实验日期：_____

【数据处理】

1. 绘制光纤传输系统静态电光/光电传输特性曲线(图 5.8-6).

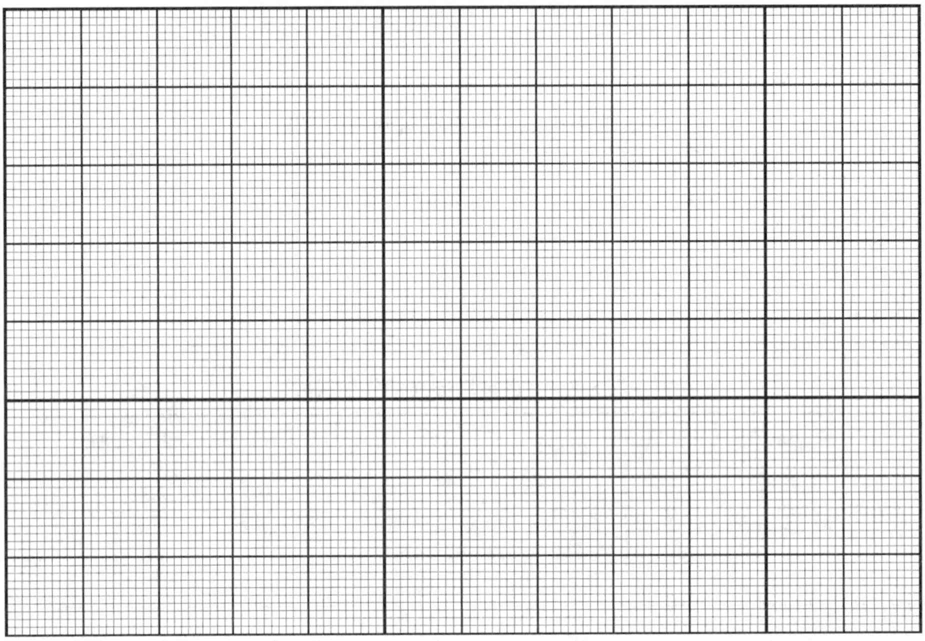

图 5.8-6　光纤传输系统静态电光/光电传输特性曲线

2. 绘制 LED 偏置电流与无失真最大信号调制幅度关系曲线(图 5.8-7).

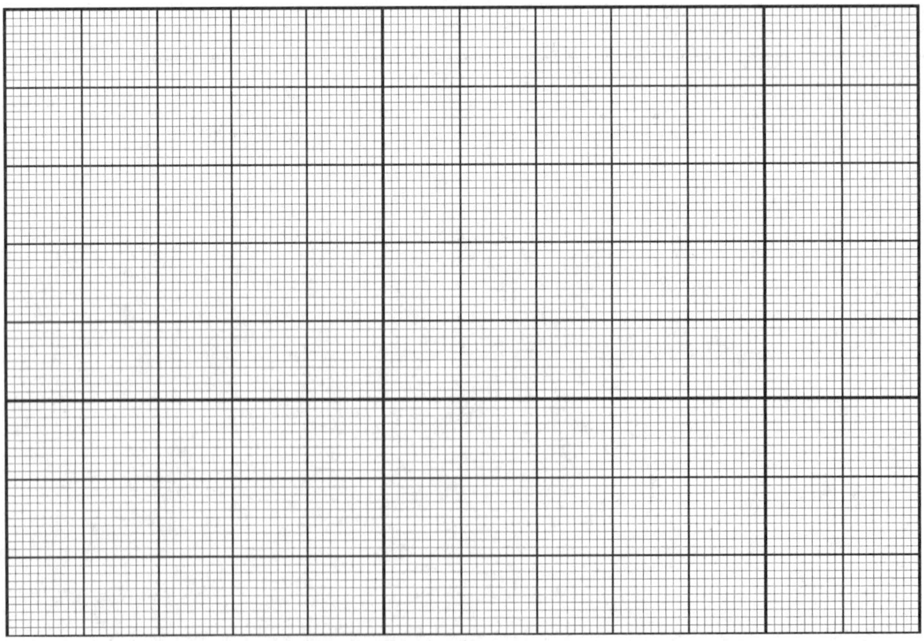

图 5.8-7　LED 偏置电流与无失真最大信号调制幅度关系曲线

实验 5.9 密立根油滴仪测电子的电荷量

电子的电荷量是物理学的基本常数之一,自 1897 年 J.J.汤姆孙通过阴极射线的研究测定电子的荷质比之后,急需解决的问题是要直接测量出电子的电荷量值.美国物理学家密立根(Milikan)从 1909—1917 年用实验的方法测定了电子的电荷量值,证实了基本电荷的存在,同时证实了物体带电的不连续性.密立根油滴实验设计巧妙,技术精湛,测量结果准确,由于在测定基本电荷值等方面做出的成就,密立根因此荣获了 1923 年的诺贝尔物理学奖.

【实验目的】

1. 掌握密立根油滴实验的设计思想、实验方法和实验技巧.
2. 验证电荷的不连续性并测定基本电荷的电荷量.
3. 了解 CCD 摄像机的原理及应用.

预习视频

【实验原理】

将油滴用喷雾器喷入电压为 U、距离为 d 的两平行板之间,如图 5.9-1 所示.

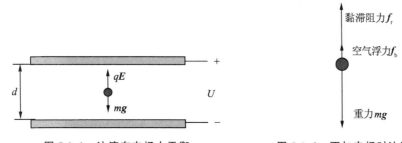

图 5.9-1 油滴在电场中平衡   图 5.9-2 不加电场时油滴受力情况

由于油滴带有电荷,调节两平行板间电压 U,可以使油滴静止.设其电荷量为 q,质量为 m,此时有

$$mg = qE = q\frac{U}{d} \tag{5.9-1}$$

如果知道了 U、d、m,则可以求出油滴的电荷量 q.其中 U、d 可以直接由仪器上读出,但是质量 m 不易直接测量,一般采用如下方法测量.

若 $U=0$,即平行板不加电压,油滴受重力作用加速下降.由于黏滞阻力 f_r 的作用,油滴下降一段距离之后以速度 v_g 匀速下降,此时,黏滞阻力 f_r 与重力 mg 平衡(空气浮力 f_b 忽略不计),如图 5.9-2 所示,即

$$f_r = 6\pi\eta a v_g = mg \tag{5.9-2}$$

其中,η 是空气的黏滞系数,a 是油滴的半径.

设油滴的密度为 ρ,油滴的质量 m 可以用下式表示:

265

$$m = \frac{4}{3}\pi a^3 \rho \tag{5.9-3}$$

由式(5.9-2)、式(5.9-3)得到油滴的半径为

$$a = \sqrt{\frac{9\eta v_g}{2\rho g}} \tag{5.9-4}$$

对于半径约 10^{-6} m 的小球,空气的黏滞系数 η 应做如下修正:

$$\eta' = \frac{\eta}{1+\frac{b}{pa}} \tag{5.9-5}$$

其中,b 是修正系数,$b = 6.17 \times 10^{-6}$ m·cmHg;p 为大气压强,单位为 cmHg.

则

$$a = \sqrt{\frac{9\eta v_g}{2\rho g \left(1+\frac{b}{pa}\right)}} \tag{5.9-6}$$

其中,修正项中的油滴半径 a 可以用式(5.9-4)去计算.

将式(5.9-6)代入式(5.9-3),得

$$m = \frac{4}{3}\pi \left[\frac{9\eta v_g}{2\rho g \left(1+\frac{b}{pa}\right)}\right]^{\frac{3}{2}} \rho \tag{5.9-7}$$

当两极板之间的电压为零时油滴匀速下降的速度 v_g 可以用下面的方法测出:设油滴匀速下降的距离为 l,时间为 t,则

$$v_g = \frac{l}{t} \tag{5.9-8}$$

将式(5.9-8)代入式(5.9-7),然后将结果代入式(5.9-1),得

$$q = \frac{18\pi}{\sqrt{2\rho g}} \left[\frac{\eta l}{t\left(1+\frac{b}{pa}\right)}\right]^{\frac{3}{2}} \frac{d}{U} \tag{5.9-9}$$

上式即为静态法测油滴电荷量的公式.

测量油滴上所带电荷量 q 的目的是找出电荷的最小单位 e.为此可以对不同的油滴,分别测出其所带的电荷量 q_i,它们应近似为元电荷的整数倍.油滴电荷量的最大公约数,或油滴所带电荷量之差的最大公约数,即为元电荷 e.

$$q_i = n_i e \; (n_i \text{ 为整数}) \tag{5.9-10}$$

也可用作图法求 e 值,根据式(5.9-10),e 为直线的斜率,通过拟合直线即可求得 e 值.我们建议实验中选择带 1～5 个电子的油滴(具体的选择方法会在后面提到),若油滴所带的电子过多,则不好确定该油滴所带的电子个数.

【实验仪器】

密立根油滴仪由主机、CCD 成像系统、油滴盒、监视器和喷雾器等部件组成,如图 5.9-3 所示.其中主机包括可控高压电源、计时装置、A/D 采样、视频处理等单元模块.CCD 成像系统包括 CCD 传感器、光学成像部件等.油滴盒包括高压电极、照明装置、防风罩等部件.监视

器是视频信号输出设备.

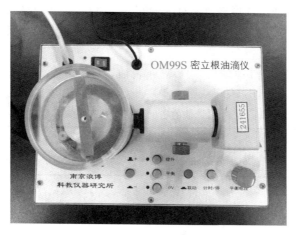

图 5.9-3 密立根油滴仪

CCD 成像系统用来捕捉暗室中油滴的像,同时将图像信息传给主机的视频处理模块.实验过程中可以通过调焦旋钮来改变物距,使油滴的像清晰地呈现在 CCD 传感器的窗口内.

旋转电压调节旋钮,可以调节极板之间的电压大小,用来控制油滴的平衡、下落及提升.按下"0 V"按键,使油滴开始下落并计时;切换"计时/停",计时开始或停止;按"平衡"按键,可使油滴处于平衡电压状态;按"提升"按键,可使油滴处于提升状态.

油滴盒是一个关键部件,中间是两个圆形平行平板电极,放在有机玻璃防风罩中,在上电极中心有一直径为 0.4 mm 的小孔,油滴经过油雾孔落入小孔,进入上下电极板之间,由照明灯照明,防风罩前装有测量显微镜,其目镜中有分划板.分划板刻度中垂直线的视场为 2 mm,刻度共分 8 格,每格 0.25 mm.防风罩上有一个可取下的油雾杯.

【实验内容及步骤】

1. 打开电源,整机开始预热,预热时间不得少于 10 min.

2. 调节仪器底部左右两只调平螺栓,使水平仪水泡指示水平.

3. 用喷雾器向油滴室喷油,转动显微镜的调焦手轮,使屏幕上出现清晰的油滴图.

4. 按下"平衡"按键,调节电压在 200 V 左右,从油雾室小孔喷入油滴,打开油雾孔开关,油滴从上电极板中间直径为 0.4 mm 的孔落入电场中.

5. 驱走不需要的油滴,直到剩下几颗缓慢运动、大小适中的油滴为止,选择其中一颗,仔细调节平衡电压,使油滴静止不动.

6. 按下"提升"键,使油滴移至屏幕上端,并迅速按下"平衡"按键,使其悬停.

7. 按下"0 V"按键,油滴匀速下降,秒表同时计时,下落距离为 1.5 mm,即刻度板为 6 格时,再将功能键拨至"平衡"挡,同时停止计时,此时完成一颗油滴的测量.

8. 如此反复测量多个不同油滴,得到该实验所需多组数据,并记录在表 5.9-2 中.

【注意事项】

1. 喷雾器内的油不可装得太满,否则会喷出很多"油",而不是"油雾",会堵塞电极的落油孔.每次实验完毕应擦拭油雾室内的积油.

2. 喷雾时喷雾器应竖拿,喷雾器要对准油雾室的喷雾口,轻轻喷入少许油即可.

3. 切勿将喷雾器插入油雾室,甚至将油倒出来,更不应该将油雾室拿掉后对准上电极板落油小孔喷油.

4. 本实验仪器选用上海中华牌 701 型钟表油,其密度随温度的变化关系如表 5.9-1 所示.

表 5.9-1　油的密度随温度的变化关系

$t/℃$	0	10	20	30	40
$\rho/(kg \cdot m^{-3})$	991	986	981	976	971

【思考题】

1. 如何判断油滴盒内两平行极板是否水平？若两平行极板不水平,对实验结果有何影响？

2. 实验时,怎样选择适当的油滴？如何判断油滴是否静止？

3. 用 CCD 成像系统观测油滴比直接从显微镜中观测油滴有何优点？

【知识拓展】

密立根测定电子电荷量

1897 年,J.J.汤姆孙发现电子并测量了这种基本粒子的比荷(荷质比),证实了这个比值是唯一的.许多科学家为测量电子的电荷量进行了大量的实验探索工作.电子电荷量的精确数值最早是由美国科学家密立根于 1917 年用实验测得的.密立根在前人工作的基础上改进仪器,并做了上百次测量,最终精确地测定了基本电荷量 e.实验中往往一个油滴就要盯住几个小时,异常艰难,但密立根测得的电子电荷量精确值最终结束了关于对电子离散性的争论,并使许多物理常数的计算获得较高的精度.

密立根电子电荷量的测量是一个不断发现问题并解决问题的过程.为了实现精确测量,密立根创造了实验所必需的环境条件,如油滴室的气压、温度的测量和控制.开始密立根用水滴作为电荷量的载体,由于水滴易蒸发,不能得到满意的结果,后来改用了挥发性小的油滴.

另外,密立根发现由实验数据通过公式计算出的 e 值随油滴的减小而增大,面对这一情况,密立根经过分析后认为导致这个谬误的原因在于,实验中选用的油滴很小,对它来说,空气已不能看作连续媒质,斯托克斯定律已不适用,因此,密立根通过分析和实验对斯托克斯定律作了修正,得到了合理的结果.

密立根的实验装置随着技术的进步而得到了不断的改进,但其实验原理至今仍在当代物理科学研究的前沿发挥着作用.例如,科学家用类似的方法确定出基本粒子——夸克的电荷量.油滴实验中将微观量测量转化为宏观量测量的巧妙设想和精确构思,以及用比较简单的仪器,测得比较精确而稳定的结果等都是富有启发性的.密立根的求实、严谨细致、富有创造性的实验作风也成为物理界的楷模.

【数据记录】

表 5.9-2　电子电荷量的测量——静态法　　　　　室温：_____

序号	U/V	t/s	q/($\times 10^{-19}$ C)	n	e/($\times 10^{-19}$ C)
1					
2					
3					
4					
5					
	$\bar{e}$				

教师签字：_____

实验日期：_____

【数据处理】

先用已知的参数对式(5.9-9)化简.

钟表油的密度 $\rho=981$ kg/m³(20 ℃),重力加速度 $g=9.80$ m/s²,20 ℃空气黏度 $\eta=1.83\times10^{-5}$ kg/(m·s),油滴匀速下降的距离 $l=2.00\times10^{-3}$ m,修正系数 $b=6.17\times10^{-6}$ m·cmHg,标准大气压 $p=76.0$ cmHg,平行极板间距 $d=5.00\times10^{-3}$ m,式中的时间 t 应为测量数次时间的平均值,实际大气压可由气压表读出.

对式(5.9-9)化简,有

$$q=\frac{1.43\times10^{-14}}{[t(1+0.02\sqrt{t})]^{\frac{3}{2}}}\cdot\frac{1}{U} \tag{5.9-11}$$

计算出各油滴的电荷量后,求出它们的最大公约数,即为基本电荷 e 值.可以用最大公约数法或者作图法得到单位电荷.

(1) 最大公约数法.一般用公认的电子电荷值 $e=1.60\times10^{-19}$ C 去除实验测得的 q 值,于是就得到一个接近于某个整数的值,此整数值就是油滴所带基本电荷的数目 n.然后用 n 去除测得的电荷量 q,就得到电子的电荷量值 e.

(2) 作图法.若求最大公约数有困难,可用作图法求 e 值.设实验得到 m 个油滴的带电荷量分别为 $q_1,q_2,\cdots,q_m$,由于电荷的量子化特性,应有 $q=ne$,此为一直线方程.n 为自变量,q 为因变量,e 为斜率,因此 m 个油滴对应的数据在 n-q 坐标系中将在同一条过原点的直线上.若找到满足这一关系的直线,就可用斜率求得 e 值.将 e 的实验值与公认值比较,求相对误差(公认值 $e=1.60\times10^{-19}$ C).

不确定度的计算:

$$\bar{e}=\frac{1}{n}\sum e_i=$$

$$S_{\bar{e}}=\sqrt{\frac{\sum(e_i-\bar{e})^2}{n(n-1)}}=$$

$e=\bar{e}\pm u_e=(\qquad\pm\qquad)$ C(注意有效数字位数)

第 6 章 研究性实验

实验 6.1 用拉伸法测量橡胶材料的泊松比

橡胶是一种具有可逆形变的高弹性聚合物,在工业及生活各方面都有广泛应用,测量其泊松比具有重要意义.当物体受力发生弹性形变时,其横向应变及纵向应变的绝对值之比即为泊松比.受拉伸法测量金属丝杨氏模量实验的启发,同时考虑到橡胶易发生形变的性质,这里提出使用拉伸法测量橡胶的泊松比,首次将单丝衍射法测量橡胶材料的泊松比实验引入大学物理实验课堂,主要是为了训练学生们的实验探究能力以及创新能力.

【实验目的】

1. 学会用拉伸法测定橡胶的泊松比.
2. 掌握用衍射法则细丝直径的方法.
3. 学会用逐差法处理数据.

预习视频

【实验原理】

泊松比是弹性材料的一个重要参数,由法国学者泊松提出.材料在单向受拉或受压时会发生形变,与此同时在垂直于载荷方向也会产生形变.材料在垂直方向上的应变(横向应变)与载荷方向上的应变(纵向应变)的比值被定义为材料的泊松比,常用 μ 表示.在本实验中,橡胶细丝原长设为 L_0,加挂重物后细丝长度变为 L;同时细丝的直径由 D_0 减小至 D,如图 6.1-1 所示.易知纵向形变量为 $\Delta L = L - L_0$,纵向应变为 $\frac{\Delta L}{L_0}$,L_0 和 L 采用米尺可以很方

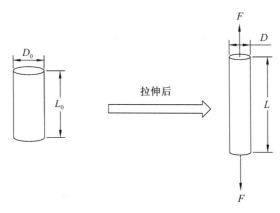

图 6.1-1 橡胶细丝拉伸前后示意图

便地测量;横向形变 $\Delta D = D - D_0$,横向应变为 $\dfrac{\Delta D}{D_0}$.实际测量过程中由于橡胶材料受力易形变,使用螺旋测微器等传统工具测量其直径时需卡紧细丝,导致细丝发生明显形变,使其直径难以准确测量.可以看出,该实验的关键在于对直径的精确测量.

为此,本实验使用衍射这一非接触的光学方法来精确测量橡胶细丝的直径.在实验中,使用激光照射固定的橡胶细丝,产生的衍射条纹使用 CCD 装置接收,对图像进行观察并使用 MATLAB 软件分析,可以得到橡胶细丝加挂重物前后的直径 D_0、D 以及细丝的横向形变 $\Delta D = D - D_0$,求得横向应变 $\dfrac{\Delta D}{D_0}$.最终得到橡胶材料的泊松比:

$$\mu = -\dfrac{\Delta D}{D_0} \cdot \dfrac{L_0}{\Delta L} \tag{6.1-1}$$

本实验测量橡胶细丝的直径主要利用光的单丝衍射来实现.根据巴比涅(Babinet)原理,一根细丝与相同宽度单缝的衍射图案除几何像点外其他部分完全相同.因此,可以利用已学的单缝夫琅禾费衍射知识来讨论本实验中的单丝衍射.这里橡胶细丝的直径 D 就相当于单缝衍射中狭缝的宽度 a.单缝衍射的原理简述如下:当波长为 λ 的平行单色光照射在宽度为 a 的狭缝上时,在透镜焦平面处的光屏上会形成明暗相间的衍射条纹,暗条纹分布满足

$$a \sin\theta = \pm k\lambda, \quad k = 1, 2, 3, \cdots \tag{6.1-2}$$

衍射条纹的光强随角位置的变化关系如图 6.1-2 所示.

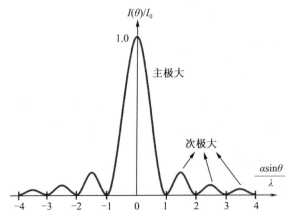

图 6.1-2 单缝衍射光强随衍射角的变化

由于狭缝宽度 a 远大于波长 λ,衍射角 θ 很小,有 $\sin\theta \approx \theta \approx \tan\theta$ 成立.因此,衍射屏上第 k 级暗条纹位置为

$$x = f\tan\theta \approx kf\dfrac{\lambda}{a} \tag{6.1-3}$$

这里 f 为聚焦透镜的焦距.可见狭缝宽度(即细丝直径)的改变将引起衍射明条纹宽度(即暗纹间距)Δx 的变化:

$$\Delta x = f\dfrac{\lambda}{a} \tag{6.1-4}$$

因此,可以利用衍射明纹宽度的变化来反推细丝直径的微小改变.当橡胶细丝加挂重物后,其直径将变小,衍射明条纹宽度 Δx 变大.衍射明条纹的宽度可以用 CCD 进行观察并测

量,最后根据式(6.1-4),即可反推出细丝直径 D:

$$D = a = f\frac{\lambda}{\Delta x} \tag{6.1-5}$$

本实验正是基于这一想法进行设计的.实验装置示意图如图 6.1-3 所示.通过自行编写软件实现了数据的自动采集与处理,光路系统及其原理简单易懂:一方面,增强学生对实验的理解,加深学生对单缝夫琅禾费衍射这一知识点的理解;另一方面,培养学生对所学知识融会贯通及自行设计实验的能力.

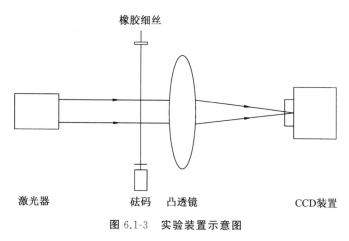

图 6.1-3 实验装置示意图

【实验仪器】

铁架台、CCD 装置、凸透镜、衰减片、支架、砝码、钢卷尺等.

【实验内容及步骤】

1. 长度测量.用米尺单次测量橡胶细丝的原长 L_0.
2. 根据图 6.1-3 搭建光路,选用实验室中拉伸法测量金属丝杨氏模量装置的铁架台,固定橡胶细丝,下方系一砝码钩,调节激光器、透镜、CCD 装置、衰减片,使它们处于同一高度.
3. 打开激光器,将平行单色激光($\lambda = 663$ nm)照射在固定的橡胶细丝上,经透镜聚焦,对 CCD 装置的位置进行调节,使之处于透镜的焦点处,使 CCD 装置接收到清晰的衍射图案.
4. 对 CCD 装置采集图像的像素进行定标.
5. 通过加减砝码,调节橡胶细丝的长度,对细丝拉伸前后的图像进行分析、对比.将采集到的数据记录在表 6.1-1 中.

图 6.1-4、图 6.1-5 分别是加挂砝码(质量 25 g)前后的圆柱形橡胶细丝的衍射图案,可以看出加挂砝码后各高级次衍射明条纹的宽度(即相邻两级衍射暗条纹的间距)明显变大.

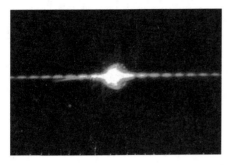
图6.1-4 未加挂砝码时的橡胶细丝衍射图案

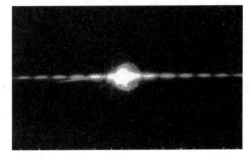
图6.1-5 加挂砝码后的橡胶细丝衍射图案

【注意事项】

1. 光学系统一经调好后,在实验过程中不可再移动;否则数据无效,实验应从头开始做起.
2. 增减砝码时应轻拿轻放,待系统稳定后才能用CCD装置采集图像.
3. 注意保护光学镜片,不能用手触摸.
4. 增减砝码时应该轻拿轻放,防止橡胶细丝抖动.

【思考题】

1. 材料相同、粗细不同的两根橡胶细丝,它们的泊松比是否相同?
2. 实验中如发生不慎碰动CCD装置的情况,应做如何处理?
3. 实验中为什么加砝码和减砝码时各记录一次相同负荷下的读数?

【知识拓展】

托马斯·杨简介

托马斯·杨(Thomas Young,1773—1829),出生于英国萨默塞特郡,毕业于剑桥大学,英国物理学家,是光的波动说的奠基人之一.他不仅在物理学领域成绩斐然、享誉世界,而且涉猎甚广,在力学、数学、光学、声学、语言学等领域均有建树.

托马斯·杨在物理学上最大的贡献是关于光学,特别是光的波动性质的研究.1801年,他进行了著名的杨氏双缝实验,证明光以波动形式存在,而不是牛顿所想象的光颗粒.然而,这个理论在当时并没有受到应有的重视,还被权威们讥为"荒唐"和"不合逻辑",这个自牛顿以来在物理光学上最重要的研究成果,就这样被缺乏科学讨论气氛的守旧的舆论压制了近20年.托马斯·杨并没有向权威低头,而是为此撰写了一篇论文,在论文中勇敢地反击:"尽管我仰慕牛顿的大名,但是我并不因此而认为他是万无一失的.我遗憾地看到,他也会弄错,而他的权威有时甚至可能阻碍科学的进步."这种科学的质疑精神至今值得我们学习.

20世纪初,物理学家将托马斯·杨的双缝实验结果和爱因斯坦的光量子假说结合起来,提出了光的波粒二象性,后来又被德布罗意利用量子力学引申到所有粒子上.托马斯·杨对弹性力学也很有研究,后人为了纪念他的贡献,把纵向弹性模量称为杨氏模量.

【数据记录】

米尺示值误差限＝_____，透镜的焦距 f＝_____，激光的波长 λ＝_____.

表 6.1-1　橡胶细丝受外力后伸长量的测量

测量次数	砝码质量/g	增砝码 Δx_1/mm	减砝码 Δx_2/mm	平均值 Δx/mm	细丝直径 D/mm	细丝长度 L_1/mm	细丝长度 L_2/mm	细丝长度平均值 L/mm	泊松比 μ
1	10								
2	20								
3	30								
4	40								
5	50								
6	60								

教师签字：_____

实验日期：_____

【数据处理】

(1) 根据 f、λ、Δx 的值，求橡胶细丝的直径.

$$D = a = f\frac{\lambda}{\Delta x}$$

$D_1 = $, $D_2 = $, $D_3 = $

$D_4 = $, $D_5 = $, $D_6 = $

(2) 用逐差法求泊松比 μ.

$$\mu = -\frac{\Delta D}{D_0} \cdot \frac{L_0}{\Delta L}$$

$$\Delta L_i = L_{i+3} - L_i, \quad \Delta D_i = D_{i+3} - D_i$$

$\Delta L_1 = $, $\Delta L_2 = $, $\Delta L_3 = $

$\Delta D_1 = $, $\Delta D_2 = $, $\Delta D_3 = $

$\mu_1 = $, $\mu_2 = $, $\mu_3 = $

所以 $\overline{\mu} = $

实验 6.2　劈尖干涉法测量金属的线胀系数

绝大多数物质都具有热胀冷缩的性质,这是由于物体内部热运动加剧或减弱造成的.这个性质在工程结构设计、机械仪表制造及金属加工等领域不容忽视.对于由不同金属构成的物质,在一定的温度变化条件下,它沿各个方向膨胀的长度略有不同;但对于各向同性的物体,它沿各个方向的膨胀系数相同.金属线胀系数是衡量金属热胀冷缩特性的参数,金属线胀系数测量的关键在于如何精确测出随温度变化的金属棒的长度的改变量,由于改变量为微米量级,这给实验带来了难度.传统的测量方法(光杠杆法等)存在测量准确度低、装备庞大等缺陷,本实验采用光学干涉方法精准测量.

【实验目的】

1. 学会用劈尖干涉法测量金属的线胀系数.
2. 掌握电子显微镜的使用方法.
3. 掌握利用 MATLAB 软件处理图像的方法.

预习视频

【实验原理】

线胀系数是选用金属的一项重要指标,如何方便又准确地测量线胀系数尤为重要,而测量的关键又在于准确测量其因温度变化而引起的长度微小变化量.实验装置示意图如图 6.2-1 所示.

在一定的温度范围内,金属的线胀系数是一个常量,其表达式为

$$\alpha = \frac{\Delta d}{d \Delta t} = \frac{d' - d}{d(t' - t)} \quad (6.2\text{-}1)$$

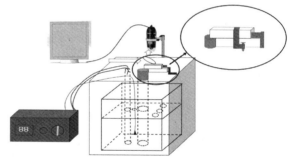

图 6.2-1　实验装置示意图

式中,d 为金属的原长度,d' 为金属变化后的长度,t 为初始温度,t' 为变化后的温度,实验中温度范围为 0 ℃~100 ℃,在此范围内金属的线胀系数为恒定值.

将两块光学玻璃板叠在一起,一边固定在平台上,另一边架在长度为 d 的金属棒上,则在两玻璃板间就形成了一个劈尖,如图 6.2-2 所示.

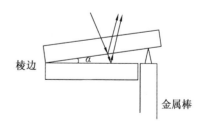

图 6.2-2　空气劈尖

由此可知,当平行单色光垂直入射时,在空气劈尖 ($n \approx 1$) 的上、下两表面所引起的反射光线为相干光,在劈尖厚度为 e 处的两光线的光程差为 $\delta = 2e + \frac{\lambda}{2}$.此处形成暗条纹的条件为

$$\delta = 2e + \frac{\lambda}{2} = (2k+1)\frac{\lambda}{2}, \quad k = 0, 1, 2, \cdots \quad (6.2\text{-}2)$$

277

任何两个相邻的暗条纹间所对应的空气膜的厚度差 $e_{k+1}-e_k=\dfrac{\lambda}{2}$,条纹如图 6.2-3 所示.劈尖倾角与条纹间距以及劈尖边缘金属突出高度 d 之间的关系为

$$\sin\alpha=\dfrac{\dfrac{\lambda}{2}}{l}=\dfrac{d_n}{L} \qquad (6.2\text{-}3)$$

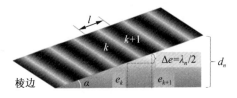

图 6.2-3　劈尖干涉条纹

金属长度变化的表达式为

$$\Delta d=d_n-d_{n-1}=\dfrac{L\lambda}{2}\left(\dfrac{1}{l_n}-\dfrac{1}{l_{n-1}}\right) \qquad (6.2\text{-}4)$$

式中,L 为两平面玻璃板的交线到金属棒边缘的距离,l 为两相邻的明条纹(或暗条纹)之间的距离(图 6.2-3),λ 为入射光的波长.

于是可以得到线胀系数为

$$\alpha=\dfrac{L\lambda}{2d(t'-t)}\left(\dfrac{1}{l_n}-\dfrac{1}{l_{n-1}}\right) \qquad (6.2\text{-}5)$$

【实验仪器】

金属管、自制水浴加热装置、钠光灯、48 mm 的自制劈尖装置(见仪器局部图)、热电偶温度计(双通道)、电子显微镜、MATLAB 软件.

【实验内容及步骤】

1. 调整实验平台,打开钠光灯电源,把电子显微镜连接到电脑,观察屏幕,调节放大倍率,优化条纹清晰度.
2. 取出标尺,对显微镜定标.
3. 打开加热开关和热电偶开关,观察温度变化和条纹的变化.

打开电源,设置温度,从 35 ℃开始,使用电子显微镜采集图片,测出 5 条暗条纹的间距,记录在表 6.2-1 中,求出各温度点的单个条纹宽度.

4. 在升温过程中,记录温度,每隔 5 ℃,在软件中采集一张图片,实验中可以连续采集 10 张.
5. 在降温过程中,重复升温过程的步骤.
6. 使用 MATLAB 程序计算劈尖倾角、材料伸长量以及线胀系数.

【注意事项】

1. 加热器在加热时,需要调整好温度,注意防止烫伤.
2. 采集图片时,要记录好双通道热电偶的温度,取其平均值作为记录温度.
3. 因金属伸长量极小,实验过程中,应保持仪器平台稳定.

【思考题】

1. 如何用劈尖干涉法测量金属的线胀系数?
2. 如何对电子显微镜进行定标?
3. 实验中影响测量精度的因素有哪些?

【数据记录】

室温:$T_0=$ _____.

表 6.2-1　不同温度下的条纹间距

	温度/℃	35	40	45	50	55	60	65	70	75	80
升温	5 格条纹宽度/mm										
	单个条纹宽度/mm										
降温	温度/℃										
	5 格条纹宽度/mm										
	单个条纹宽度/mm										

教师签字:_____

实验日期:_____

【数据处理】

1. 用逐差法求解金属的线胀系数.

(1) 升温过程采用逐差法，$\Delta = \left(\dfrac{1}{l_T} - \dfrac{1}{l_{T+25}}\right)$，得

$\Delta_1 =$, $\Delta_2 =$, $\Delta_3 =$

$\Delta_4 =$, $\Delta_5 =$

$\overline{\Delta} =$

代入公式，得

$\alpha_{升} =$

(2) 降温过程采用逐差法，$\Delta = \left(\dfrac{1}{l_T} - \dfrac{1}{l_{T+25}}\right)$，得

$\Delta_1 =$, $\Delta_2 =$, $\Delta_3 =$

$\Delta_4 =$, $\Delta_5 =$

$\overline{\Delta} =$

代入公式，得

$\alpha_{降} =$

故 $\overline{\alpha} =$

2. 该金属的线胀系数如表 6.2-2 所示(温度范围为 20 ℃～100 ℃)，计算相对误差 E.

表 6.2-2 金属的线胀系数

材料名称	线胀系数/℃$^{-1}$
锡青铜	17.6×10^{-6}

$E =$

实验 6.3 有效媒质理论的验证及研究

特定材料的介电常数通常是固定的,要实现介电常数的灵活调控,可以将不同材料优化组合,构建复合材料,复合材料用有效介电常数来描述其电磁特性.用于计算复合材料的有效介电常数的理论称为有效媒质理论,Maxwell-Garnett 理论是最早提出的有效媒质理论,它由英国物理学家 J.C.Maxwell Garnett(1869—1941)于 1904 年提出.J.C.Maxwell Garnett 的研究领域主要集中在电磁学和光学,他的工作在材料科学、光学、无线通信等领域中均有广泛影响,特别是其提出的 Maxwell-Garnett 有效媒质理论,不仅为理解复合材料的电磁特性提供了重要的理论基础,还为众多新材料的设计和应用奠定了基础,这一理论至今在材料科学、光学设计、纳米技术等领域中仍有着深远的影响.

【实验目的】

1. 了解 Maxwell-Garnett 有效媒质理论.
2. 验证一维、二维模型的有效媒质理论.
3. 测量三维模型的有效介电常数.

预习视频

【实验原理】

Maxwell-Garnett 有效媒质理论的基本假设是,基体材料中均匀分布着一种或多种颗粒,颗粒材料的电磁特性不同于基底材料,且颗粒体积比较小,颗粒之间的相互作用可以忽略不计.因此,该理论一般适用于颗粒体积分数较低的情况.

这里考虑一球形颗粒的简化模型,来探讨 Maxwell-Garnett 有效媒质理论,其截面图如图 6.3-1 所示.E_0 为施加在基底材料上的外加电场,E_d 为基底材料中的退极化场,E_S 表示由球形颗粒表面的束缚电荷产生的电场,P 是宏观极化强度,根据库仑定律推导可得

$$E_S = \frac{P}{4\pi\varepsilon_0} \int_0^{2\pi} d\varphi \int_0^{\pi} d\theta \sin\theta \cos^2\theta = \frac{P}{3\varepsilon_0} \tag{6.3-1}$$

式中,ε_0 为真空介电常数.作用于球形颗粒的洛伦兹局域场可以写为

$$E_L = E_0 + E_d + E_S \tag{6.3-2}$$

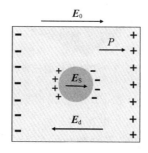

图 6.3-1 电场中球形颗粒的简化模型

E_0 和 E_d 之和是复合材料中的宏观电场 E，即 $E = E_0 + E_d$.因此,式(6.3-2)可以改写为

$$E_L = E + \frac{P}{3\varepsilon_0} \quad (6.3\text{-}3)$$

另一方面,宏观极化强度 P 可以通过球形颗粒的极化率 α 与局域场 E_L 联系起来:

$$P = N\alpha E_L = N\alpha \left(E + \frac{P}{3\varepsilon_0} \right) \quad (6.3\text{-}4)$$

式中,N 为球形颗粒的数目.结合本构关系 $D = \varepsilon_0 E + P = \varepsilon_0 \varepsilon E$,可得材料的微观极化率 α 和宏观相对介电常数 ε 之间的关系:

$$\frac{N\alpha}{3\varepsilon_0} = \frac{\varepsilon - 1}{\varepsilon + 2} \quad (6.3\text{-}5)$$

式(6.3-5)给出了微观参量 α 与宏观可观测参量 ε 之间的联系,它被称为 Clausius-Mossotti 关系式.这一关系式给出了构成晶体材料的每一个分子的电响应与晶体材料的宏观介电常数之间的联系,可进一步推广至由深亚波长微结构单元构成的复合材料,它们可以看作是由"微结构分子单元"构成的"人工晶体材料".

设基底材料和颗粒材料的相对介电常数分别为 ε_h 和 ε_1（图 6.3-2）,宏观可观测的复合材料的有效相对介电常数为 ε_{eff},则式(6.3-5)可以写成如下形式:

$$\frac{N\alpha}{3\varepsilon_0 \varepsilon_h} = \frac{\varepsilon_{eff} - \varepsilon_h}{\varepsilon_{eff} + 2\varepsilon_h} \quad (6.3\text{-}6)$$

极化率 α 可以写成下列形式:

$$\alpha = \frac{3\varepsilon_0 \varepsilon_h f_1}{N} \frac{\varepsilon_1 - \varepsilon_h}{\varepsilon_1 + 2\varepsilon_h} \quad (6.3\text{-}7)$$

式中,f_1 为球形颗粒的体积占空比.进一步将式(6.3-7)代入式(6.3-6)可得

$$\frac{\varepsilon_{eff} - \varepsilon_h}{\varepsilon_{eff} + 2\varepsilon_h} = f_1 \frac{\varepsilon_1 - \varepsilon_h}{\varepsilon_1 + 2\varepsilon_h} \quad (6.3\text{-}8)$$

即

$$\varepsilon_{eff} = \varepsilon_h \frac{\varepsilon_1 + 2\varepsilon_h + 2f_1(\varepsilon_1 - \varepsilon_h)}{\varepsilon_1 + 2\varepsilon_h - f_1(\varepsilon_1 - \varepsilon_h)} \quad (6.3\text{-}9)$$

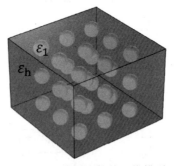

图 6.3-2 球形颗粒的三维模型

式(6.3-8)即为 Maxwell-Garnett 公式,该公式根据复合材料中各组分的相对介电常数和填充率给出了复合材料整体的有效介电常数.

该理论还可进一步推广至多维度、多种颗粒的情形.复合材料的有效相对介电常数 ε_{eff} 满足:

$$\frac{\varepsilon_{\text{eff}} - \varepsilon_h}{\varepsilon_{\text{eff}} + (d-1)\varepsilon_h} = \sum_i f_i \frac{\varepsilon_i - \varepsilon_h}{\varepsilon_i + (d-1)\varepsilon_h} \tag{6.3-10}$$

式中,ε_i 和 f_i 分别表示第 i 种球形颗粒的相对介电常数和填充率,d 表示维度;$d=3$ 表示三维模型,与式(6.3-8)一致;$d=1$ 和 2 分别表示一维和二维模型.

图 6.3-3 所示的是一种一维复合材料,它由相对介电常数分别为 ε_1 和 ε_h 的两种材料薄层堆叠构成,根据式(6.3-10),该一维复合材料的等效相对介电常数在竖直方向的分量满足

$$\frac{1}{\varepsilon_{\text{eff}}} = \frac{f_1}{\varepsilon_1} + \frac{1-f_1}{\varepsilon_h} \tag{6.3-11}$$

即

$$\varepsilon_{\text{eff}} = \frac{\varepsilon_1 \varepsilon_h}{(1-f_1)\varepsilon_1 + f_1 \varepsilon_h} \tag{6.3-12}$$

式中,f_1 为相对介电常数为 ε_1 的材料薄层的厚度与两种材料总厚度的比值.

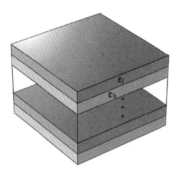

图 6.3-3　一维复合材料示意图

图 6.3-4 所示的是一种二维复合材料,它由相对介电常数为 ε_h 的基底材料与均匀置于其中的相对介电常数为 ε_1 的水平柱状材料构成,根据式(6.3-10),该二维复合材料的等效相对介电常数在竖直方向的分量满足

$$\frac{\varepsilon_{\text{eff}} - \varepsilon_h}{\varepsilon_{\text{eff}} + \varepsilon_h} = f_1 \frac{\varepsilon_1 - \varepsilon_h}{\varepsilon_1 + \varepsilon_h} \tag{6.3-12}$$

即

$$\varepsilon_{\text{eff}} = \frac{(1+f_1)\varepsilon_1 + (1-f_1)\varepsilon_h}{(1-f_1)\varepsilon_1 + (1+f_1)\varepsilon_h} \varepsilon_h \tag{6.3-13}$$

式中,f_1 为柱状材料的总截面积与复合材料侧面截面积的比值.

图 6.3-4　二维复合材料示意图

【实验仪器】

介电常数测试仪、LCR 数字电桥、待测样品等.实验装置如图 6.3-5 所示.

【实验内容及步骤】

一、验证一维样品材料的有效媒质理论

连接介电常数测试仪线路,核对无误后打开 LCR 电源,预热 5 min.

图 6.3-5　实验装置

1. 调节介电常数测试仪自带的螺旋测微器,将上下极板高度调至 5 mm 左右,将介质圆片样品 1 放入上下极板间,置于中央,旋转测微器使上下极板压实,记录上下极板距离,测试并记录电容值,重复测量 5 次.将实验数据填入表 6.3-1,并求其平均值.

2. 将介质圆片样品 2 置于上下极板间,重复上述实验步骤.

3. 将上下极板高度调至 2 cm 左右,圆片 1 和圆片 2 每个样品 3 片,先测量 6 个样品的厚度,然后交叉堆叠置于上下极板间,旋转测微器,将上极板调至压紧状态(请勿用力过大,破坏仪器),测量并记录电容值,重复 5 次,将实验数据填入表 6.3-1,并求其平均值.

4. 计算并验证一维样品材料的有效媒质理论.

二、验证二维样品材料的有效媒质理论

1. 测量二维样品的圆柱形中空结构的直径,测量该样品底面的长和宽,将实验数据填入表 6.3-2,并求其平均值.

2. 使用介电常数测试仪测量复合二维材料样品的介电常数.

3. 计算并验证二维样品材料的有效媒质理论.

三、探究三维样品材料的有效媒质理论

1. 实验中,三维样品由中间分布不规则的球形孔隙的聚甲醛树脂 3D 打印制成,使用质量分布的等效方法求出该样品球形孔隙的占空比.

2. 探究三维样品材料的有效媒质理论.

【思考题】

1. 什么是有效媒质理论?

2. 实验中分布电容对测量结果的准确性是否有影响?

3. 验证一维样品材料有效媒质理论时,改变材料堆叠顺序,对实验结果有何影响?

【数据记录】

1. 验证一维样品材料的有效媒质理论.

表 6.3-1　验证一维样品材料的有效媒质理论

待测量	测量次数					平均值
	1	2	3	4	5	
圆片 1 电容值/μF						
圆片 2 电容值/μF						
圆片堆叠电容值/μF						

$\varepsilon_l = $ _____，$\varepsilon_h = $ _____，$\varepsilon_{eff} = $ _____．

2. 验证二维样品材料的有效媒质理论.

表 6.3-2　验证二维样品材料的有效媒质理论

待测量	测量次数					平均值
	1	2	3	4	5	
直径/cm						
长/cm						
宽/cm						

二维样品材料的占空比 $f = $

$\varepsilon_l = $ _____，$\varepsilon_h = $ _____，$\varepsilon_{eff} = $ _____．

3. 探究三维样品材料的有效媒质理论.

三维样品材料的占空比 $f = $

$\varepsilon_l = $ _____，$\varepsilon_h = $ _____，$\varepsilon_{eff} = $ _____．

教师签字：_____

实验日期：_____

【数据处理】

1. 验证一维样品材料的有效媒质理论.

计算值 $$\varepsilon_{\text{eff}} = \frac{\varepsilon_1 \varepsilon_h}{(1-f_1)\varepsilon_1 + f_1 \varepsilon_h} =$$

实验测量值 $$\varepsilon =$$

$$E = \frac{|\varepsilon_{\text{eff}} - \varepsilon|}{\varepsilon} \times 100\% =$$

2. 验证二维样品材料的有效媒质理论.

计算值 $$\varepsilon_{\text{eff}} = \frac{(1+f_1)\varepsilon_1 + (1-f_1)\varepsilon_h}{(1-f_1)\varepsilon_1 + (1+f_1)\varepsilon_h}\varepsilon_h =$$

实验测量值 $$\varepsilon =$$

$$E = \frac{|\varepsilon_{\text{eff}} - \varepsilon|}{\varepsilon} \times 100\% =$$

3. 探究三维样品材料的有效媒质理论.

计算值 $$\varepsilon_{\text{eff}} = \varepsilon_h \frac{\varepsilon_1 + 2\varepsilon_h + 2f_1(\varepsilon_1 - \varepsilon_h)}{\varepsilon_1 + 2\varepsilon_h - f_1(\varepsilon_1 - \varepsilon_h)} =$$

实验测量值 $$\varepsilon =$$

$$E = \frac{|\varepsilon_{\text{eff}} - \varepsilon|}{\varepsilon} \times 100\% =$$

实验 6.4　基于声光效应的液体温度的测定

液体温度的测定在工业中有许多实际需求,使用温度计或热电偶虽然能方便准确地测量出液体的温度,但都是采用接触式测量的方法,对液体性质可能造成负面影响.本实验把声光效应测液体温度引入大学生普通物理课堂当中,对学生光路搭建、声光效应知识掌握和实践创新能力的培养具有促进作用.

【实验目的】

1. 学会用声光效应测量液体温度的方法.
2. 掌握使用 CCD 采集激光光斑的调节方法.
3. 掌握 CCD 像素定标的方法.

预习视频

【实验原理】

一、声光效应

声波是一种机械应力波,如果把这种应力波作用于声光介质(如水、玻璃等透明介质)中,就会引起压缩和伸张效应,使介质内部产生疏密层次变化.由于介质折射率与介质密度成正比,所以介质密度周期性的变化必将导致介质中折射率发生周期性的变化.

设介质在 y 方向上的高度 h 正好是超声波半波长的整数倍,在受到底部反射后就在介质中形成驻波场,有

$$U(y,t) = 2U_0 \cos(k_s y) \cdot \cos(\omega_s t) \tag{6.4-1}$$

式中,ω_s 为角频率,k_s 为波矢,它使得介质在 y 方向上的应变为

$$S = 2S_0 \sin(k_s y) \cdot \cos(\omega_s t) \tag{6.4-2}$$

可见驻波的作用可以成倍地引起振幅应变的变化.

介质的应变 S 引起的折射率发生相应的变化,可以表示为

$$\Delta\left(\frac{1}{n^2}\right) = pS \tag{6.4-3}$$

式中,n 是介质的折射率,p 是应变引起的 $\frac{1}{n^2}$ 的光弹系数,由于在诸如水这样的各向同性的介质中,p 与 S 都是标量.对于驻波声场,有

$$\Delta n = -\frac{n^3}{2} pS = -n^3 pS_0 \sin(k_s y) \cdot \cos(\omega_s t) = -2a \sin(k_s y) \cdot \cos(\omega_s t) \tag{6.4-4}$$

式中,$a = \frac{1}{2} n^3 pS_0$ 为超声波引起介质折射率变化的幅值,这样在声波传播的 y 方向上,折射率以

$$n(y) = n_0 + \Delta n = n_0 + 2a \sin(k_s y) \cdot \cos(\omega_s t) \tag{6.4-5}$$

的规律发生变化,使介质内部疏密层次也发生变化.

由驻波振动原理可知,驻波波节两侧的波段振动方向永远相反.设一波节点,某时刻波节两侧质点涌向该点形成密集区,而在半个周期后质点又左右散开形成疏密区,因此在振动过程中相邻节点光密与光疏交替排列,每隔半个周期交替变化,而同一时刻相邻波节附近的密集与稀疏正好相反.显然液体密度的空间变化距离正好为超声波的波长,用 A 表示.

当光线垂直于超声波传播方向透过超声场后,由于入射光的波速是声波的 10^5 倍,液体疏密短时的周期变化被忽略,因此介质在空间的分布可以认为是静止的.在光通过介质层时只有光速发生变化,从而引起相位变化,而光的振幅不变,使平面的光波波阵面变成褶皱波阵面,这样当光束通过有超声驻场波的介质时,就会产生光栅效应.

二、超声光栅

当超声波的频率 $\lambda \geqslant 100$ MHz,而超声水槽的厚度 L 较长时,满足 $2\pi\lambda L \gg A^2$ 条件,属于布拉格衍射,超声水槽类似一个单体光栅;当 L 不是很长,超声波的频率也不是很高(10 MHz 左右)时,满足 $2\pi\lambda L \ll A^2$ 条件,属于拉曼-奈斯衍射,它是位相光栅,常称为超声光栅,符合下列光栅方程:

$$A\sin\theta = k\lambda, \quad k = 0, \pm 1, \pm 2, \cdots \tag{6.4-6}$$

其中,A 为超声波的波长,θ 为衍射角,k 为衍射波级数,λ 为光波的波长.

三、超声光栅测量测温原理

让光束垂直通过装有 PZT 晶片的超声水槽,在水槽的另一侧,从 CCD 中即可观察到衍射光谱.从图 6.4-1 中可以看出,当 θ_k 很小时,有

$$\sin\theta_k = \frac{l_k}{f} \tag{6.4-7}$$

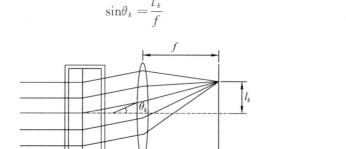

图 6.4-1 超声光栅仪衍射光路图

式中,l_k 为衍射光谱零级至 k 级的距离,f 为透镜的焦距.所以,超声波的波长

$$A = \frac{k\lambda}{\sin\theta_k} = \frac{k\lambda f}{l_k} \tag{6.4-8}$$

超声波在液体中的传播速度为

$$v = A\nu = \frac{\lambda f \nu}{\Delta l} \tag{6.4-9}$$

式中,ν 是振荡器和晶片的共振频率,Δl 为同一色光衍射相邻条纹间距.

由式(6.4-9)可知,在一定的温度下,由某种光源的衍射光谱中各谱线的间距 Δl 可以得到超声波在某种液体中的传播速度.改变温度,实验得到不同温度下超声波的传播速度,再对数据进行拟合,便得到温度与声速的关系式.要测量未知液体的温度,只需运用式(6.4-9)计算出超声波在其中的传播速度,再代入关系式即可求得.据此,我们以水为介质,可以测量

不同温度下氦-氖激光的衍射光谱,计算得到超声波的传播速度,继而得到温度和声速的关系式.

【实验仪器】

超声发射仪、陶瓷片、光学平台、CCD、激光发射器、光阑、反光镜、衰减片等.仪器光路如图 6.4-2 所示.

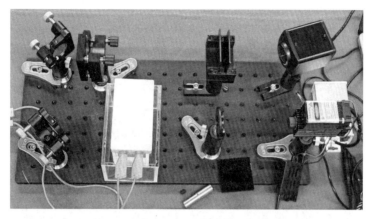

图 6.4-2 基于声光效应液体测温装置图

为了使 CCD 装置获得较为清晰的图像,需要对光源进行优化,设计了如图 6.4-3 所示的光源发射装置,其主要由激光源、光阑、超声光栅池、反光镜、会聚透镜、衰减片和 CCD 装置构成.该装置将大大提升光源质量,使得实验现象更加明显.采用 CCD 系统测量条纹间距,不仅提高了精度,而且能大大提高测量速度,实现了自动化测量.

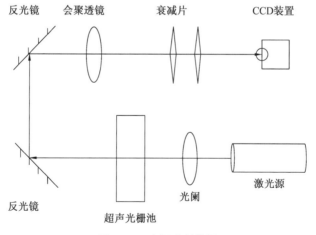

图 6.4-3 光源发射装置

【实验内容及步骤】

1. 根据图 6.4-3 所示的光路图,搭建光路.连接信号源和超声光栅池,打开电源,预热 5 min.

2. 将液体倒入超声光栅池,调节容器的位置,使容器高度与光源高度一致,可以使激光穿过容器的超声光栅池中.

3. 打开激光器,调整光阑孔径大小,调节反光镜和衰减片,使 CCD 能采集到激光圆点.

4. 对 CCD 进行定标,使用标准透明标尺测出一段距离的长度,进而计算出每个像素点的宽度.

5. 调节 CCD 的位置,使之处在透镜焦点处,量出透镜的焦距.

6. 调节信号源的频率,得到如图 6.4-4 所示的衍射图像,编写 MATLAB 程序进行图像处理,使图像更加清晰,并计算出±1 级衍射条纹到中央明条纹中心的间距.

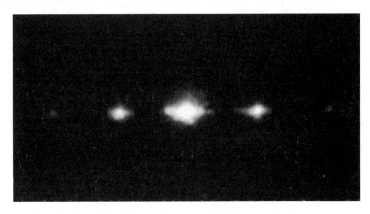

图 6.4-4　衍射光斑

7. 控制液体的温度,在升温过程和降温过程中分别采集不同温度下的 CCD 图片,根据条纹间距,计算出相应的超声传播速度(表 6.4-1),拟合出衍射相邻条纹间距与温度的曲线关系.

8. 根据表 6.4-1 中数据,作出衍射相邻条纹间距 Δl 与温度的关系曲线(图 6.4-5)以及声速与温度的关系曲线(图 6.4-6).

【注意事项】

1. 调节光路时要仔细,需要使 CCD 采集器处在透镜的焦点处,这样才能得到清晰的光斑,否则会影响测量精度.

2. 在调节过程中,打开激光时需要佩戴激光防护目镜,防止眼睛受伤.

3. 对 CCD 定标应该使用透明标准尺,准确计算出每个像素点的距离.

4. 液体加热温度较高时,应注意安全,防止烫伤.

【思考题】

1. 简述利用声光效应测量温度的原理.

2. 调节实验光路时,如何快速确定 CCD 已处于透镜的焦点处?

3. 实验中针对升温和降温过程各测量一次,这么做的目的是什么?

【数据记录】

1. 透镜的焦距 $f=$ _____,激光器光源的波长 $\lambda=$ _____.

表 6.4-1　不同温度下对应的声速

$t/℃$	升温过程			降温过程		
	ν/MHz	$\Delta l/\text{m}$	$v/(\text{m}\cdot\text{s}^{-1})$	ν/MHz	$\Delta l/\text{m}$	$v/(\text{m}\cdot\text{s}^{-1})$
30						
40						
50						
60						
70						
80						

教师签字：_____

实验日期：_____

【数据处理】

1. 衍射相邻条纹间距 Δl 与温度的关系(图 6.4-5).

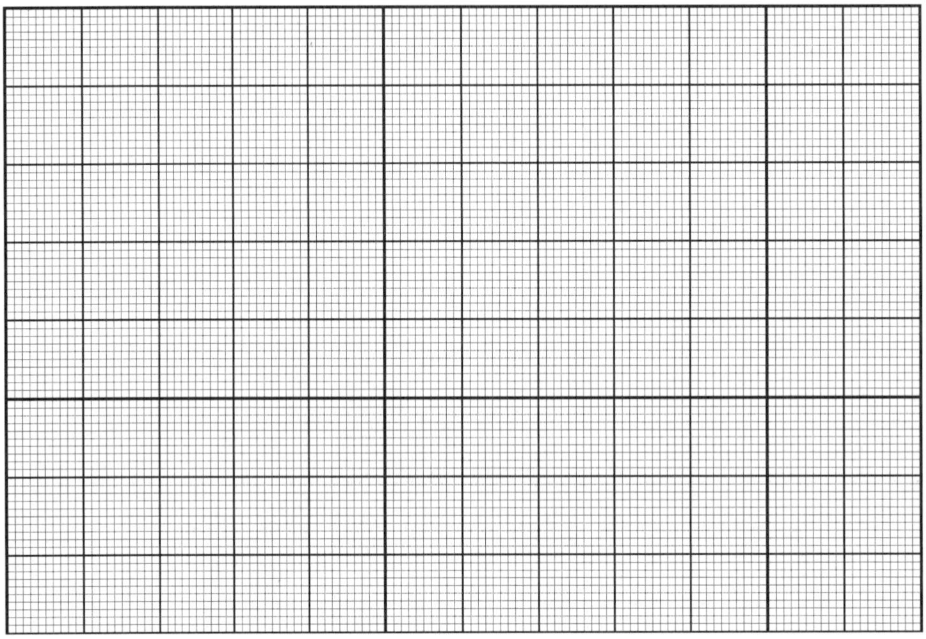

图 6.4-5　衍射相邻条纹间距 Δl 与温度的关系曲线

2. 声速与温度的关系(图 6.4-6).

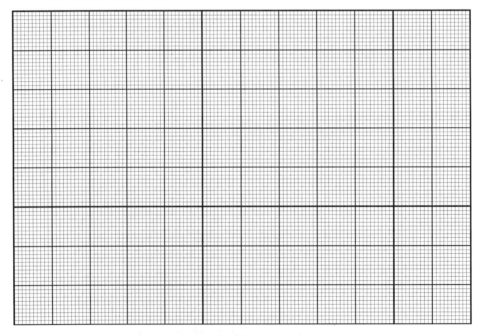

图 6.4-6　声速与温度的关系曲线

实验 6.5 　光声效应及其应用研究

1880 年,亚历马大·贝尔(Alexander Bell)发现了固体中的光声效应,随后发现液体和气体中也有着同样的效应.光声效应是指当采用快速脉冲调制光束照射物质时,物质会产生与光束相同频率的声波.该效应已被广泛应用于医疗诊断、电网油气分析等领域.光声光谱技术就是一种基于光声效应来检测吸收物体积分数的光谱技术,通过测量气体对特征吸收峰的特定波长红外光的吸收量,对该气体进行定性和定量分析,此方法具备动态范围大、响应速度快、抗干扰性能强等特点.本实验探究利用光声光谱技术测量空气中 CO_2 的浓度.

【实验目的】

1. 了解利用光声光谱技术测量气体浓度的原理.
2. 探究光声光谱技术中影响测量气体浓度的因素.
3. 学会使用光声光谱监测仪测量空气中 CO_2 的浓度.

预习视频

【实验原理】

一、光的选择性吸收

由量子理论可知,气体分子跃迁时不是吸收或发射任意频率的光子,需要满足能级跃迁规则:

$$\Delta E = E_2 - E_1 = h\nu \tag{6.5-1}$$

其中,ΔE 为分子吸收的能量,E_1、E_2 代表能级跃迁前后分子的能量,ν 是光子的频率,h 表示普朗克常量.式(6.5-1)可称为光子被气体吸收所需要满足的基本条件.光谱学吸收理论的基本规律之一,便是介质(此处为气体分子)对光(电磁波)的选择吸收特性.具体表现为:入射的光子能量正好等于能级之差时才会被气体分子吸收.此外,气体分子的不同结构也会影响吸收的效果,这最终导致了不同种类的气体对光频率的选择吸收特性.对于 CO_2 气体,其在红外波段存在多个吸收峰(包括 4.26 μm、4.28 μm、2.69 μm),其中 4.26 μm 吸收峰的相对强度超过 95%.

二、比尔-朗伯定律

比尔-朗伯定律(Beer-Lambert Law)主要描述物质对某一波长光吸收的强弱与吸光物质的浓度及其厚度间的关系,是光谱学中的基本定律之一.

对于一段光程为 L、压强为 p、浓度为 C、温度为 T 的气体介质,当一束频率为 ν 的单色激光透过该物质时.其透射光强 $I_t(\nu)$ 和入射光强 $I_0(\nu)$ 的关系可表示为

$$I_t(\nu) = I_0(\nu) e^{-\delta CL} = I_0(\nu) e^{-\alpha_\nu L} \tag{6.5-2}$$

式中,$I_t(\nu)$ 为经吸收后的出射光强,$I_0(\nu)$ 为入射光强,δ 是分子的吸收截面,C 为待测物质浓度,L 为相互作用的吸收光程,α_ν 为光谱吸收系数.根据上述公式,在已经知道吸收物质的吸收光程及分子吸收截面情况下,可以通过测量入射和出射光强来获得对应频率处的吸光度,进而直接获得该物质的浓度信息.对于吸收光强,则可用下式表示:

$$I(\nu)=I_0(\nu)-I_t(\nu)=I_0(\nu)-I_0(\nu)e^{-\alpha_\nu L} \tag{6.5-3}$$

在光声效应中,由于吸收光强正比于光声信号强度,因此,可以根据光声信号强度,利用式(6.5-3)计算出光谱吸收系数或待测物质的浓度.

三、光声效应基本原理

放在密闭容器里的试样,当用经过斩波器调制的强度以一定频率变化的光照射时,容器内能产生与斩波器频率相同的声波.在测量过程中,气体吸收光能而产生光声信号,如图 6.5-1 所示.由此我们把光声效应及检测分为五个过程:

(1) 气体吸收特定波长的光子能量,分子处于激发态.

(2) 样品气体通过分子间碰撞以热的方式释放吸收的能量,产生周期性局部瞬间的热膨胀.

(3) 受热气体周期性膨胀产生热声波(频率与调制光源频率相同).

(4) 使用微音器(麦克风)测量光声池内的声波信号强度,并将之转化为电信号.

(5) 对光声效应的电信号进行处理,得到气体的浓度.

基于上述基本流程,可以设计利用光声光谱技术测量气体浓度的实验.

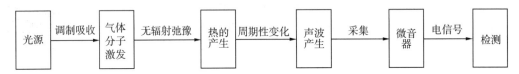

图 6.5-1　光声光谱技术测量气体浓度的原理示意图

四、热的产生

当有与气体分子振动频率相同的光入射时,根据跃迁规则,部分光能被气体分子吸收,吸收了光子能量的气体分子会从基态 E_0 跃迁至激发态 E_1,从而导致振动振幅增大.该物理过程可以简单表述为图 6.5-2 所示的双能级系统.设气体分子数密度为 N,则热量的变化及温度的变化为

$$H_0 = N\delta I_0 = \alpha I_0 \tag{6.5-4}$$

$$\Delta T = \frac{\tau_D H_0}{\rho c} \tag{6.5-5}$$

其中,$\alpha = N\delta$ 为气体分子的吸收系数,单位是 cm^{-1};N 为气体分子数密度;δ 为分子的吸收截面;c 为介质的比热容;ρ 为密度;I_0 为入射到样品上的激光光强;τ_D 为介质吸收的热量在扩散过程中所需的弛豫时间,即热扩散时间.当入射光为固定光强时,对于吸收截面为 δ 的气体分子,可根据 H_0 值,进一步推导气体分子浓度.通过测量气体分子吸收系数随光的波长而产生的变化,可以得到待测气体分子对应的吸收谱线.因此,式(6.5-5)即为气体分子吸收光能产生热的原理公式.

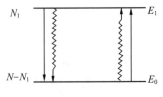

图 6.5-2　分子跃迁示意图

五、声音的激发

对于圆柱形光声池(半径为 a,长度为 L)而言,非共振条件下光声池中唯一的非零模式的振幅 A 可以表示为

$$A(\omega) = \frac{\alpha(\gamma-1)P_0(1-e^{-a_\nu L})}{\pi a^2} \cdot \frac{i}{\omega + \frac{i}{\tau}} \tag{6.5-6}$$

式中,$\gamma = \frac{c_P}{c_V}$ 为气体的比热容比(c_P 为气体的定压摩尔热容,c_V 为气体的定容摩尔热容),P_0 表示入射至光声池的总光功率,ω 为光调制频率,τ 为声压阻尼时间.

由式(6.5-6),可进一步得到

$$|A(\omega)|^2 = \frac{k^2}{\omega^2 + \frac{1}{\tau^2}} \quad \text{或} \quad \omega^2 = \frac{k^2}{|A(\omega)|^2} - \frac{1}{\tau^2} \tag{6.5-7}$$

式中,$k = \frac{\alpha(\gamma-1)P_0(1-e^{-a_\nu L})}{\pi a^2}$.对于驻极体式的微音器而言,振幅(即声压)$A$ 与光声信号强度(即电压)成正比,因此以光声信号强度平方的倒数为横坐标,以光调制频率的平方为纵坐标,可以绘制一条直线,根据该直线的纵轴截距,便可以计算出声压阻尼时间 τ.

适当降低光源的调制频率 ω 和减小光声池腔体的横截面积 πa^2,在非饱和吸收情况下应尽量提高入射光有效功率 P_0,并且保证工作在封闭状态下,可以有效提高非共振模式下的光声信号.

【实验仪器】

光声光谱实验装置、光声光谱测试仪、二氧化碳气囊、数字示波器等.

实验装置如图 6.5-3 所示.

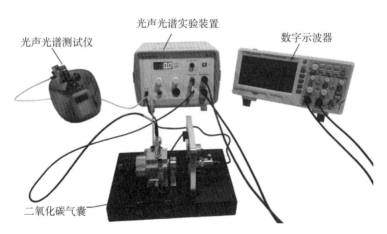

图 6.5-3 光声光谱实验仪

【实验内容及步骤】

一、测量光声信号与 CO_2 气体浓度的关系

因为光源的调制频率决定激发出的声波频率,在光源固定条件下,声波的强度只与该待

测气体的浓度有关,那么只需确定出浓度和声强之间的定量数值关系,便能获得待测气体的浓度,气体浓度越高,则声音信号越强.这种定量的线性关系,使得可以通过分析声强来反推出对应待测气体的浓度.

1. 将无贴膜介质片安装在光声池底部.顺时针缓慢旋转电机旋钮(若启转困难,可先沿切线方向拨动一次斩波器),同时观察示波器上光声信号的频率,将该频率(即调制频率)调至(15 ± 0.5)Hz.

2. 将气囊出气端的 DC 接口连接 DC 5V 电源适配器,接通风扇,并打开 CO_2 浓度计,双击按键,取消提示音.

3. 打开气囊安全阀,向储气袋中吹入一口气(其中含有大量 CO_2),然后将储气袋快速接入气囊,按压和释放一次气囊后取下储气袋.此后气囊中的 CO_2 气体浓度 C 逐渐升高.若浓度显示 5 000 ppm,说明气囊内浓度过高,可按压和释放一次气囊,等待数秒,若仍显示 5 000 ppm,则再次按压和释放一次气囊,重复等待数秒,直到浓度出现下降,便不再按压气囊;若浓度较低,可再经储气袋注入一次 CO_2.等待数值基本稳定后(约 3~5 min)记录该浓度数据.浓度数值推荐在 3 500~5 000 范围内.

4. 打开电磁阀进气和出气开关,然后一只手缓慢按压气囊(注意:此时仅按压,严禁释放!),使气囊内的气体进入光声池,待气囊快按压到极限时,用另一只手先关闭进气开关,再关闭出气开关.然后释放气囊,让环境中的空气进入气囊,与气囊中剩余的气体混合.因为实验室环境中的 CO_2 浓度一般较低,可以看到混合后 CO_2 气体浓度在下降.

5. 待示波器上光声信号 U_{p-p} 基本稳定后读取并记录(若调制频率发生变化,应重新调至 15 Hz).

6. 待气囊中的 CO_2 浓度再次基本稳定,记录该浓度数据,并多次重复步骤 4 和 5.相关实验数据记录在表 6.5-1 中.

7. 根据表 6.5-1 数据,绘制光声信号与 CO_2 气体浓度的关系曲线.用公式 $y=A_1-A_2 e^{-kx}$ 拟合该曲线,则光声池的底噪振幅等于 A_1-A_2.

二、测量空气中的 CO_2 气体浓度

1. 在前一实验基础上保持调制频率不变.

2. 打开电磁阀进气和出气开关,多次按压释放气囊,使气囊内混入空气的比例大大增加,以至于最后气囊内的气体成分几乎与环境空气一致,CO_2 浓度数值不再降低,此时记录该浓度数据作为参考值.

3. 关闭进气开关和出气开关,待示波器上光声信号 U_{p-p} 基本稳定后读取并记录.

4. 根据光声信号 U_{p-p},利用前一实验的曲线拟合公式,计算出未知 CO_2 气体的浓度,并与参考值比较,计算相对误差.相关实验数据记录在表 6.5-2 中.

【思考题】

1. 什么是光声效应,其与声光效应有何区别?
2. 实验中对光源有何要求?
3. 如何用该仪器测量光声信号与调制频率的关系?

【数据记录】

1. 测量光声信号与 CO_2 气体浓度的关系.

表 6.5-1 测量光声信号与 CO_2 气体浓度的关系

光调制频率：_____ Hz

测量次数	1	2	3	4	5	6	...
CO_2 浓度 C/ppm							
光声信号 U_{p-p}/mV							

2. 测量空气中的 CO_2 气体的浓度.

表 6.5-2 实验记录表

光调制频率：_____ Hz

光声信号 U_{p-p}/mV	未知 CO_2 浓度计算值 C_1/ppm	未知 CO_2 浓度参考值 C_0/ppm	相对误差

教师签字：_____

实验日期：_____

【数据处理】

1. 作出光声信号与 CO_2 气体浓度的关系曲线(图 6.5-4).

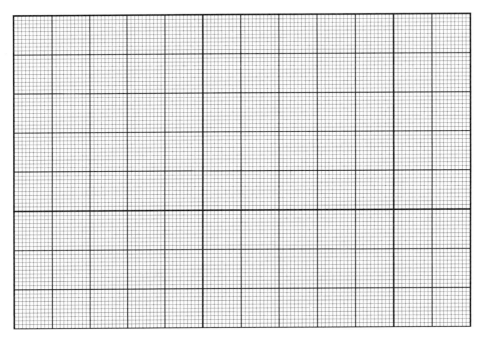

图 6.5-4　光声信号与 CO_2 气体浓度的关系曲线

2. 计算测量 CO_2 气体浓度的百分误差.

$$E = \frac{|C_1 - C_0|}{C_0} \times 100\% =$$

实验 6.6　光分支流现象及其物理特性研究

波在无序系统中的传播问题是凝聚态物理、光学等学科的重要前沿研究问题.2001 年,M.A.Topinka 等人发现,当二维电子气在满足一定条件的无序分布势场中传播时,电子流会出现类似树枝状的分支流现象,其散射特性并不遵循通常物理学中所预测的瑞利散射规律.由于这一分支流现象是无序系统中普遍存在的波动结果,随后在海浪波、电磁微波、声波、石墨烯中的电子气等不同领域,也都观察到类似的分支流现象.2020 年 7 月,《Nature》主刊发表了首次观察到的光分支流的研究文章,文章介绍当激光射入肥皂膜时,激光在肥皂膜表面并非沿直线传播或发生均匀的散射,而是出现枝丫状的分支流现象.在大学物理实验中引入此实验,通过让学生自制液体薄膜材料,重现光分支流现象,采用自制光分支流测试仪对其物理特性进行研究,能有效地培养学生的创新能力.

【实验目的】

1. 了解和观察光分支流现象.
2. 学会制备稳定液体薄膜材料的方法.
3. 观察光分支流断层现象并分析其原因.

预习视频

【实验原理】

与其他分支流现象类似,光分支流现象与波导的无序弱相关势场密切相关.图 6.6-1 是肥皂膜的微观结构示意图.物理上,有限厚度的肥皂膜相当于一个介质波导层,光在其中可以以各种形态的模式沿着膜的水平方向传播.由于空气扰动和本身流体力学性质的影响,表面呈现出不规则的厚度分布.通常肥皂膜的厚度与激光的波长在同一数量级,通过理论分析可知,在这样的条件下肥皂膜的厚度变化与光传播时的等效势能直接相关.

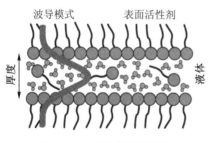

图 6.6-1　肥皂膜微观结构

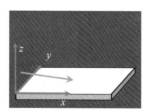

图 6.6-2　薄膜的基本模型

一、薄膜波导理论

液体薄膜在物理上相当于一个导光介质波导.图 6.6-2 所示为薄膜的基本模型,薄膜在 xOy 平面延伸,z 方向的厚度为 d.激光在 xOz 平面以较大的入射角入射耦合进入薄膜后,光主要沿 x 方向传播,并伴随有 y 方向的分支流偏移.理论上讲,该介质波导中存在无数个分立的波导模式,其传播遵循亥姆霍兹方程:

$$\nabla^2 \psi + n^2 k_0^2 \psi = 0 \tag{6.6-1}$$

其中，ψ 为电磁波的某一电场/磁场的某方向振幅；n 为材料的几何折射率，在空气中为 1.00，水膜中为 1.33，甘油膜中为 1.47；$k_0 = \dfrac{2\pi}{\lambda}$，为真空中光的波矢.

二、白光干涉原理

在白光照射下，肥皂膜在这样的厚度下还会呈现等厚干涉的彩色条纹，如图 6.6-2 所示，进而通过彩色条纹，再根据干涉条件，理论上确定肥皂膜的厚度空间分布，如图 6.6-3 所示，这使得定量研究薄膜光分支流成为可能.

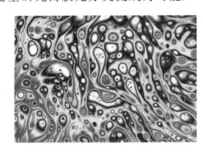 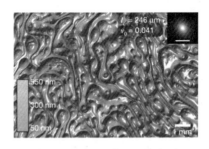

图 6.6-2 肥皂膜白光干涉图   图 6.6-3 肥皂膜厚度分布图

如图 6.6-4 所示，灰色区域是折射率为 n 的一透明薄膜，处于折射率为 n_1 和 n_2 两层均匀介质中，膜厚为 d. 从面光源上 S 点发出的光线 a 以入射角 i 射到膜上 A 点后，分成两部分，即反射光 a' 和折射光 b，折射光在膜下表面 C 处又反射，之后经 P 处折射到介质 n_1 中，即 b' 光. 显然，a'、b' 光是平行的，因为 a'、b' 光是来自同一入射光的两部分，因此，a'、b' 的振动方向相同，频率相同，在 P 点的相位差固定. 所以，二者产生干涉. 因为 a'、b' 各占入射光 a 的一部分，所以此种干涉被称为分振幅干涉.

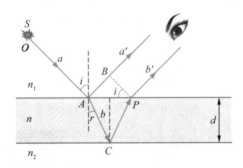

图 6.6-4 薄膜干涉光路图

反射光和折射光会产生的相位差取决于 $AC+CP$ 与 AB 之间的光程差，有

$$\begin{aligned}\delta &= n(AC+CP) - \left(n_1 AB - \dfrac{\lambda}{2}\right) = 2nAC - n_1 AB + \dfrac{\lambda}{2} \\ &= 2n\dfrac{d}{\cos r} - n_1 AP \sin i + \dfrac{\lambda}{2} = 2n\dfrac{d}{\cos r} - n_1 \cdot 2d \cdot \tan r \cdot \sin i + \dfrac{\lambda}{2} \\ &= \dfrac{2d}{\cos r}(n - n_1 \sin r \cdot \sin i) + \dfrac{\lambda}{2}\end{aligned} \tag{6.6-2}$$

式中，$\sin r = \dfrac{n_1}{n}\sin i$，$\cos r = \sqrt{1 - \dfrac{n_1^2}{n^2}\sin^2 i} = \dfrac{1}{n}\sqrt{n^2 - n_1^2 \sin^2 i}$，所以有

$$\delta = 2d\sqrt{n^2 - n_1^2 \sin^2 i} + \frac{\lambda}{2} \tag{6.6-3}$$

当 δ 满足以下公式时,会出现明条纹(暗条纹):

$$\delta = 2d\sqrt{n^2 - n_1^2 \sin^2 i} + \frac{\lambda}{2} = \begin{cases} k\lambda, & k = 1, 2, \cdots \quad (\text{明条纹}) \\ (2k+1)\frac{\lambda}{2}, & k = 0, 1, 2, \cdots \quad (\text{暗条纹}) \end{cases} \tag{6.6-4}$$

从式(6.6-4)可以分析出薄膜所呈现的颜色取决于薄膜的厚度和入射角度,本实验中所采用的是白光正入射,故入射角 $i = 0$.这样薄膜的厚度决定了色彩.当然薄膜干涉要求膜的厚度要适当,这是因为原子发出的波列有一定的长度,如果膜过厚,则 a'、b' 光到人眼时不能相遇,这就谈不上干涉,所以要求膜要薄.能看到干涉现象的最大光程差叫作相干长度.而在实验中,随着液膜的挥发,薄膜厚度也会随之变化,因而观察到的颜色也是在逐渐变化的,这也会对分支流的观察造成一定的影响.

三、光分支流特殊的物理特性——断层现象

分支流轨迹通常缓慢衰减,在实验条件下,轨迹在传播方向的延伸范围最高可达 5 cm 左右.然而在某些情况下,在不断进行分支流时,波前在经过一条线(或一片区域)时光强突然大幅度下降,形成了如图 6.6-5(a)和(b)所示的断层现象.从图中可见,断层现象直接截断了正常的分支流轨迹.这一断层现象的物理机制是:观察到的分支流基本上是高阶波导模式的传输行为,从色散关系可知其存在一个临界厚度.当薄膜的厚度小于这个截止厚度时,该模式则不能在薄膜中传播.由理论推导可知,对于模式数为 q 的 TE 波和 TM 波,均有截止厚度:

$$d_{\text{th}} = \frac{q\pi}{\sqrt{n^2 - 1}\, k_0} = \frac{q\lambda}{2\sqrt{n^2 - 1}} \tag{6.6-5}$$

因此,当某些模式的分支流从薄膜中较厚的区域传播到较薄的区域时,往往在厚度低至截止厚度时,分支流的现象逐渐减弱,或者出现断层.事实上,在实验上确实观测到某些时刻薄膜出现较大范围的厚度突变,形成很明显的厚度边界.例如,如图 6.6-5(c)和(d)干涉条纹所示,可以看到:左侧的膜色彩鲜艳,厚度非常小,而右侧的膜色彩对比度较低,厚度很大,两者交界处厚度梯度也很大,呈现出断崖式的厚度分布.实验中可以观察到大量类似的厚度分布,这是肥皂膜表面常见的流体现象.

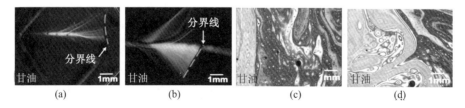

(a)和(b)为甘油膜中光学分支流在行进中突然出现的断层现象;
(c)和(d)为甘油膜的白光干涉条纹,可以看到明显的厚度突变界面

图 6.6-5 光分支流的断层现象

【实验仪器】

低倍 LED 同轴光视频显微镜、激光器、圆环、肥皂液等,实验装置如图 6.6-6 所示.

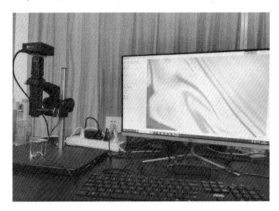

图 6.6-6　实验装置

【实验内容及步骤】

一、薄膜材料的制备

由于液体蒸发、空气扰动等因素,肥皂膜并不稳定.在肥皂膜中添加了少量瓜尔胶、小苏打等物质,配置甘油为基质液体的肥皂液,可以很好地解决此问题.同时由于光束在二维薄膜中传播时向垂直于薄膜方向发出的散射光较为微弱,使用通常的配方从垂直方向观察到的分支流现象往往非常微弱.可以在肥皂液中加入少量荧光物质玫瑰红,使得光束在液体中时发出黄色荧光,使分支流现象更为明显,这也证实了分支流现象是光线与液体膜直接耦合作用的结果.参考水型的配方为:1 000 mL 水、60 mL 洗洁精、1.5 g 瓜尔胶、2 g 小苏打、罗丹明;参考甘油型的配方为 1 000 mL 甘油、60 mL 洗洁精、1.5 g 瓜尔胶、2 g 小苏打、罗丹明.

二、搭建光路

固定激光,搭建反射光路,通过调节反射镜角度,可以更精细地微调激光的入射方向与位置,得到质量较高的图像.

三、光分支流现象的重现

将圆环浸入肥皂液,使其产生薄膜并固定,调整入射点位置和角度,仔细尝试,重现并观察光分支流现象.

四、分别利用水和甘油为基底测量

采用以水为基底和以甘油为基底的两种液膜分别重复步骤三,记录两种液膜破碎时间(表 6.6-1),并分析分支流的特点.

五、大量实验

尝试找到光分支流断层现象,用白光干涉的方法估计液膜在分支流断层处的厚度分布.

【思考题】

1. 什么是光分支流现象?
2. 以水为基底和以甘油为基底的两种液膜在实验中的分支流现象有何不同?
3. 如何估计白光干涉中不同颜色的厚度?

【数据记录】

1. 记录水膜和甘油膜的破碎时间,并比较白光干涉图像的稳定性,分析两种液膜的光分支流现象的特点.

表 6.6-1　实验记录表

序号	水膜的破碎时间 t_1/s	甘油膜的破碎时间 t_2/s
1		
2		
3		
4		
5		
平均值		

水膜的特点分析:_____.

甘油膜的特点分析:_____.

2. 不断尝试实验,找到光分支流断层现象,记录此现象发生时的白光干涉图像,估算其不同位置的厚度分布.

　　　　　　　　　教师签字:_____

　　　　　　　　　实验日期:_____

【数据处理】

时间计算：

$$\overline{t_1} = \frac{\sum_{i=1}^{5} t_{1,i}}{5} =$$

$$\overline{t_2} = \frac{\sum_{i=1}^{5} t_{2,i}}{5} =$$

附　表

附表1　国际单位制的基本单位与辅助单位

	量的名称	单位名称	单位符号
基本单位	长度	米	m
	质量	千克(公斤)	kg
	时间	秒	s
	电流	安[培]	A
	热力学温度	开[尔文]	K
	物质的量	摩[尔]	mol
	发光强度	坎[德拉]	cd
辅助单位	平面角	弧度	rad
	立体角	球面度	sr

附表2　常用物理量常数

真空中的光速	$c = 2.997\,924\,58 \times 10^8\,\mathrm{m \cdot s^{-1}}$
电子的静止质量	$m_e = 9.109\,534 \times 10^{-31}\,\mathrm{kg}$
电子的电荷	$e = 1.602\,177\,33 \times 10^{-19}\,\mathrm{C}$
普朗克常量	$h = 6.626\,075\,5 \times 10^{-34}\,\mathrm{J \cdot s}$
阿伏加德罗常数	$N_A = 6.022\,136 \times 10^{23}\,\mathrm{mol^{-1}}$
原子质量单位	$U = 1.660\,565\,5 \times 10^{-27}\,\mathrm{kg}$
氢原子的里德伯常量	$R_H = 1.097\,373 \times 10^7\,\mathrm{m^{-1}}$
摩尔气体常数	$R = 8.314\,510\,\mathrm{J \cdot mol^{-1} \cdot K^{-1}}$
玻耳兹曼常量	$k = 1.380\,658 \times 10^{-23}\,\mathrm{J \cdot K^{-1}}$
引力常量	$G = 6.672\,0 \times 10^{-11}\,\mathrm{N \cdot m^2 \cdot kg^{-2}}$
标准大气压	$p_0 = 101\,325\,\mathrm{Pa}$
冰点的绝对温度	$T_0 = 273.15\,\mathrm{K}$
标准状态下干燥空气的密度	$\rho_{空气} = 1.293\,\mathrm{kg \cdot m^{-3}}$
标准状态下水银的密度	$\rho_{水银} = 13\,595.04\,\mathrm{kg \cdot m^{-3}}$
标准状态下理想气体的摩尔体积	$V_m = 22.413\,83 \times 10^{-3}\,\mathrm{m^3 \cdot mol^{-1}}$

附表3 常用实验仪器的最大允差 $\Delta_{仪}$

仪器名称	量程	最小分度值	最大允差
钢板尺	150 mm 500 mm 1 000 mm	1 mm 1 mm 1 mm	±0.10 mm ±0.15 mm ±0.20 mm
钢卷尺	1 m 2 m	1 mm 1 mm	±0.8 mm ±1.2 mm
游标卡尺	125 mm	0.02 mm 0.05 mm	±0.02 mm ±0.05 mm
螺旋测微器(千分尺)	0~25 mm	0.01 mm	±0.004 mm
读数显微镜			0.02 mm
三级天平 (分析天平)	200 g	0.1 mg	1.3 mg(接近满量程) 1.0 mg(1/2量程附近) 0.7 mg(1/3量程附近)
普通温度计 (水银或有机溶剂)	0 ℃~100 ℃	1 ℃	±1 ℃
精密温度计(水银)	0 ℃~100 ℃	0.1 ℃	±0.2 ℃
电表(0.5级)			0.5%×量程
电表(0.1级)			0.1%×量程
秒表(3级)		0.1 s	±0.5 s
各类数字仪表			仪器最小读数

附表4 20 ℃时常用固体和液体的密度

物质	密度 $\rho/(kg \cdot m^{-3})$	物质	密度 $\rho/(kg \cdot m^{-3})$
铝	2 698.9	窗玻璃	2 400~2 700
铜	8 960	冰	880~920
铁	7 874	甲醇	792
银	10 500	乙醇	789.4
金	19 320	乙醚	714
钨	19 300	汽车用汽油	710~720
铂	21 450	氟利昂-12	1 329
铅	11 350	变压器油	840~890
锡	7 298	甘油	1 260
水银	13 546.12	蜂蜜	1 435
钢	7 600~7 900	石蜡	870~930
石英	2 500~2 800	泡沫塑料	22~33
水晶玻璃	2 900~3 000		

附表 5　标准大气压下不同温度的水的密度

温度 t/℃	密度 ρ/(kg·m^{-3})	温度 t/℃	密度 ρ/(kg·m^{-3})	温度 t/℃	密度 ρ/(kg·m^{-3})
0	999.841	17	998.774	34	994.371
1	999.900	18	998.595	35	994.031
2	999.941	19	998.405	36	993.681
3	999.965	20	998.203	37	993.325
4	999.973	21	997.992	38	992.962
5	999.965	22	997.770	39	992.591
6	999.941	23	997.538	40	992.212
7	999.902	24	997.296	41	991.826
8	999.849	25	997.044	42	991.432
9	999.781	26	996.783	50	988.030
10	999.700	27	996.512	60	983.191
11	999.605	28	996.232	70	977.759
12	999.498	29	995.944	80	971.785
13	999.377	30	995.646	90	965.304
14	999.244	31	995.340	100	958.345
15	999.079	32	995.024		
16	998.943	33	994.700		

附表 6　一些液体的黏度系数

物质	η/(mPa·s)				
	0 ℃	10 ℃	20 ℃	50 ℃	100 ℃
苯胺	10.2	6.5	4.40	1.80	0.80
丙酮	0.395	0.356	0.322	0.246	—
苯	0.91	0.76	0.65	0.436	0.261
溴	1.253	1.107	0.992	0.746	
水	1.787	1.304	1.002	0.548	0.284
甘油	12 100	3 950	1 499	—	—
醋酸	—	—	1.22	0.74	0.46
蓖麻油	—	2420	986	—	16.9
轻机油	—	—	—	—	4.9
精致汽缸油	—	—	—	—	18.7
硝基苯	3.09	2.46	2.01	1.24	0.70

续表

物质	$\eta/(mPa\cdot s)$				
	0 ℃	10 ℃	20 ℃	50 ℃	100 ℃
戊烷	0.283	0.254	0.299	—	—
汞	1.685	1.615	1.544	1.407	1.240
二硫化碳	0.433	0.396	0.366		
硅酮	201	135	99.1	47.6	21.5
甲醇	0.817	0.68	0.584	0.396	—
乙醇	1.78	1.41	1.19	0.701	0.326
甲苯	0.786	0.667	0.586	0.420	0.271
四氯化碳	1.35	1.13	0.97	0.65	0.387
氯仿	0.70	0.63	0.57	0.426	—
乙醚	0.296	0.268	0.243	—	0.118
松节油	—	—	1.49		
硝酸(25%)	—	—	1.2		
硫酸(100%)	—	—	26.7		

附表7 各种固体的弹性模量

名称	杨氏模量 $E/$ $(\times 10^{10}\,N\cdot m^{-2})$	切变模量 $G/$ $(\times 10^{10}\,N\cdot m^{-2})$	泊松比	名称	杨氏模量 $E/$ $(\times 10^{10}\,N\cdot m^{-2})$	切变模量 $G/$ $(\times 10^{10}\,N\cdot m^{-2})$	泊松比
金	8.1	2.85	0.42	硬铝	7.14	2.67	0.335
银	8.27	3.03	0.38	磷青铜	12.0	4.36	0.38
铂	16.8	6.4	0.30	不锈钢	19.7	7.57	0.30
铜	12.9	4.8	0.37	黄铜	10.5	3.8	0.374
铁(软)	21.19	8.16	0.29	康铜	16.2	6.1	0.33
铁(铸)	15.2	6.0	0.27	熔融石英	7.31	3.12	0.170
铁(钢)	20.1～21.6	7.8～8.4	0.28～0.30	玻璃(冕牌)	7.1	2.9	0.22
铝	7.03	2.4～2.6	0.355	玻璃(火石)	8.0	3.2	0.27
锌	10.5	4.2	0.25	尼龙	0.35	0.122	0.4
铅	1.6	0.54	0.43	聚乙烯	0.077	0.026	0.46
锡	5.0	1.84	0.34	聚苯乙烯	0.36	0.133	0.35
镍	21.4	8.0	0.336	橡胶(弹性)	$(1.5\sim5)\times10^{-4}$	$(5\sim15)\times10^{-5}$	0.46～0.49

附表 8　固体的线胀系数

1.013×10⁵ Pa

物质	温度/℃	线胀系数/($\times 10^{-6}$ ℃$^{-1}$)	物质	温度/℃	线胀系数/($\times 10^{-6}$ ℃$^{-1}$)	物质	温度/℃	线胀系数/($\times 10^{-6}$ ℃$^{-1}$)
金	20	14.2	磷青铜	—	17	陶瓷	—	3~6
银	20	19.0	镍钢(Ni10)	—	13	大理石	25~100	5~16
铜	20	16.7	镍钢(Ni43)	—	7.9	花岗岩	20	8.3
铁	20	11.8	石蜡	16~38	130.3	混凝土木材	−13~21	6.8~12.7
锡	20	21	聚乙烯	—	180	(平行纤维)木材	—	3~5
铅	20	28.7	冰	0	52.7	垂直纤维	—	35~60
铝	20	23.0	碳素钢	—	约 11	电木板	—	21~33
镍	20	12.8	不锈钢	20~100	16.0	橡胶	16.7~25.3	77
黄铜	20	18~19	镍铝合金	100	13.0	硬橡胶	—	50~80
殷铜	−250~100	−1.5~2.0	石英玻璃	20~100	0.4	冰	−50	45.6
锰铜	20~100	18.1	玻璃	0~300	8~10	冰	−100	33.9

附表 9　在不同温度下水与空气接触时的表面张力系数

温度/℃	σ/($\times 10^{-3}$ N·m^{-1})	温度/℃	σ/($\times 10^{-3}$ N·m^{-1})	温度/℃	σ/($\times 10^{-3}$ N·m^{-1})
0	75.62	16	73.34	30	71.15
5	74.90	17	73.20	40	69.55
6	74.76	18	73.05	50	67.90
8	74.48	19	72.89	60	66.17
10	74.20	20	72.75	70	66.17
11	74.07	21	72.60	80	62.60
12	73.92	22	72.44	90	60.17
13	73.78	23	72.28	100	58.84
14	73.64	24	72.12		
15	73.48	25	71.96		

附表10 电介质的介电常数

物质	温度/℃	相对介电常数	物质	温度/℃	相对介电常数
气态乙醚	100	1.004 9	水	16.3	81.5
二氧化碳	0	1.000 98	液态氨	14	16.2
气态甲醇	100	1.005 7	液态氦	−270.8	1.058
气态乙醇	100	1.006 5	液态氢	−253	1.22
水蒸气	140～150	1.007 85	液态氧	−182	1.465
气态溴	180	1.012 8	液态氮	−185	2.28
氦	0	1.000 074	液态氯	0	1.9
氢	0	1.000 26	煤油	—	2～4
氧	0	1.000 51	松节油	2	2.2
氮	0	1.000 58	苯	20	2.283
氩	0	1.000 56	油漆	—	3.5
气态汞	400	1.000 74	甘油	20	45.8
空气	0	1.000 585	硬橡胶	—	4.3
硫化氢	0	1.004	纸	—	2.5
真空	—	1	干砂	—	2.5
乙醚	20	4.335	湿砂(15%水)	—	约9
液态二氧化碳	0	1.585	木头	—	2～8
甲醇	20	33.7	琥珀	—	2.8
乙醇	20	25.7	冰	−5	2.8
醋酸	20	6.4	虫胶	—	3～4
固体乙醇	−172	3.12	赛璐珞	—	3.3
固体氨	−90	40.1	玻璃	—	4～11
固体醋酸	2	4.1	黄磷	20	4.1
石蜡	—	2.0～2.1	硫	16	4.2
聚苯乙烯	—	2.4～2.6	碳(金刚石)	—	5.5～16.5
无线电瓷	—	6～6.5	云母	—	6～8
超高频瓷	—	7～8.5	花岗岩	—	7～9
二氧化氮	—	1.6	大理石	—	8.3
氧化铝	—	116	食盐(氯化钠)	—	6.2
钛酸钡	—	10^3～10^4			
橡胶	—	2～3	氧化铍	—	7.5

附表11 一些液体的折射率

物质	温度/℃	折射率	物质	温度/℃	折射率
水	20	1.333 0	丙酮	20	1.359 1
乙醇	20	1.361 4	二硫化碳	18	1.625 5
甲醇	20	1.328 8	三氯甲烷	20	1.446
苯	20	1.501 1	甘油	20	1.474
乙醚	22	1.351 0	加拿大树胶	20	1.530

附表 12　常用光源的谱线波长

单位：nm

元素	波长	颜色	元素	波长	颜色	元素	波长	颜色
氢(H)	656.28($H_α$)	红	氖(Ne)	650.65	红	汞(Hg)	690.75	红
	486.13($H_β$)	绿蓝		640.23	红		623.44	红
	434.05($H_γ$)	蓝		638.30	红		579.07	黄
	410.17($H_δ$)	蓝紫		626.65	红		576.96	黄
	397.01	蓝紫		621.73	橙		546.07	绿
氦(He)	706.52	红		614.31	橙		491.60	绿蓝
	667.82	红		588.19	黄		435.83	蓝
	587.56(D_3)	黄		585.25	黄		407.78	蓝紫
	501.57	绿	镉(Cd)	643.85	红		404.66	蓝紫
	492.19	绿蓝		609.92	红	He-Ne 激光	632.8	红
	471.31	蓝		508.58	绿	氩离子激光	514.53	绿
	447.15	蓝		479.99	蓝		487.99	绿蓝
	402.62	蓝紫		467.82	蓝	红宝石激光	693.4	红
	388.87	蓝紫	钠(Na)	589.592	黄	—	—	—
				588.995	黄	—	—	—

附表 13　铜-康铜热电偶分度表(0 ℃～229 ℃)

温差/℃	热电动势/mV	温差/℃	热电动势/mV	温差/℃	热电动势/mV	温差/℃	热电动势/mV	温差/℃	热电动势/mV
0	0	18	0.709	36	1.444	54	2.207	72	2.997
1	0.039	19	0.749	37	1.486	55	2.252	73	3.042
2	0.078	20	0.789	38	1.528	56	2.294	74	3.087
3	0.117	21	0.83	39	1.569	57	2.337	75	3.131
4	0.156	22	0.87	40	1.611	58	2.38	76	3.176
5	0.195	23	0.911	41	1.653	59	2.424	77	3.221
6	0.234	24	0.951	42	1.695	60	2.467	78	3.266
7	0.273	25	0.992	43	1.738	61	2.511	79	3.312
8	0.312	26	1.032	44	1.78	62	2.555	80	3.357
9	0.351	27	1.073	45	1.822	63	2.599	81	3.402
10	0.391	28	1.114	46	1.865	64	2.643	82	3.447
11	0.43	29	1.155	47	1.907	65	2.687	83	3.493
12	0.47	30	1.196	48	1.95	66	2.731	84	3.538
13	0.51	31	1.237	49	1.992	67	2.775	85	3.584
14	0.549	32	1.279	50	2.035	68	2.819	86	3.63
15	0.589	33	1.32	51	2.078	69	2.864	87	3.676
16	0.629	34	1.361	52	2.121	70	2.908	88	3.721
17	0.669	35	1.403	53	2.164	71	2.953	89	3.767

续表

温差/℃	热电动势/mV	温差/℃	热电动势/mV	温差/℃	热电动势/mV	温差/℃	热电动势/mV	温差/℃	热电动势/mV	温差/℃	热电动势/mV
90	3.813	118	5.131	146	6.502	174	7.924	202	9.392		
91	3.859	119	5.179	147	6.552	175	7.975	203	9.446		
92	3.906	120	5.227	148	6.602	176	8.027	204	9.499		
93	3.952	121	5.275	149	6.652	177	8.079	205	9.553		
94	3.998	122	5.324	150	6.702	178	8.131	206	9.606		
95	4.044	123	5.372	151	6.753	179	8.183	207	9.659		
96	4.091	124	5.42	152	6.803	180	8.235	208	9.713		
97	4.137	125	5.469	153	6.853	181	8.287	209	9.769		
98	4.184	126	5.517	154	6.903	182	8.339	210	9.82		
99	4.231	127	5.566	155	6.954	183	8.391	211	9.874		
100	4.277	128	5.615	156	7.004	184	8.443	212	9.928		
101	4.324	129	5.663	157	7.055	185	8.495	213	9.982		
102	4.371	130	5.712	158	7.106	186	8.548	214	10.036		
103	4.418	131	5.761	159	7.15	187	8.6	215	10.09		
104	4.465	132	5.81	160	7.207	188	8.652	216	10.144		
105	4.512	133	5.859	161	7.258	189	8.705	217	10.198		
106	4.559	134	5.908	162	7.309	190	8.757	218	10.252		
107	4.607	135	5.957	163	7.36	191	8.81	219	10.306		
108	4.654	136	6.007	164	7.411	192	8.863	220	10.36		
109	4.701	137	6.056	165	7.462	193	8.915	221	10.414		
110	4.749	138	6.105	166	7.513	194	8.968	222	10.469		
111	4.796	139	6.155	167	7.564	195	9.021	223	10.523		
112	4.844	140	6.204	168	7.615	196	9.074	224	10.578		
113	4.891	141	6.254	169	7.66	197	9.127	225	10.632		
114	4.939	142	6.303	170	7.718	198	9.18	226	10.687		
115	4.987	143	6.353	171	7.769	199	9.233	227	10.741		
116	5.035	144	6.403	172	7.821	200	9.286	228	10.796		
117	5.083	145	6.452	173	7.872	201	9.339	229	10.851		